【 学研ニューコース 】

中3理科

Gakken

はじめに

『学研ニューコース』シリーズが初めて刊行されたのは，1972（昭和47）年のことです。当時はまだ，参考書の種類も少ない時代でしたから，多くの方の目に触れ，手にとってもらったことでしょう。みなさんのおうちの人が，『学研ニューコース』を使って勉強をしていたかもしれません。

それから，平成，令和と時代は移り，世の中は大きく変わりました。モノや情報はあふれ，ニーズは多様化し，科学技術は加速度的に進歩しています。また，世界や日本の枠組みを揺るがすような大きな出来事がいくつもありました。当然ながら，中学生を取り巻く環境も大きく変化しています。学校の勉強についていえば，教科書は『学研ニューコース』が創刊した約10年後の1980年代からやさしくなり始めましたが，その30年後の2010年代には学ぶ内容が増えました。そして2020年の学習指導要領改訂では，内容や量はほぼ変わらずに，思考力を問うような問題を多く扱うようになりました。知識を覚えるだけの時代は終わり，覚えた知識をどう活かすかということが重要視されているのです。

そのような中，『学研ニューコース』シリーズも，その時々の中学生の声に耳を傾けながら，少しずつ進化していきました。新しい手法を大胆に取り入れたり，ときにはかつて評判のよかった手法を復活させたりするなど，試行錯誤を繰り返して現在に至ります。ただ「どこよりもわかりやすい，中学生にとっていちばんためになる参考書をつくる」という，編集部の思いと方針は，創刊時より変わっていません。

今回の改訂では中学生のみなさんが勉強に前向きに取り組めるよう，等身大の中学生たちのマンガを巻頭に，「中学生のための勉強・学校生活アドバイス」というコラムを章末に配しました。勉強のやる気の出し方，定期テストの対策の仕方，高校入試の情報など，中学生のみなさんに知っておいてほしいことをまとめてあります。本編では新しい学習指導要領に合わせて，思考力を養えるような内容も多く掲載し，時代に合った構成となっています。

進化し続け，愛され続けてきた『学研ニューコース』が，中学生のみなさんにとって，やる気を与えてくれる，また，一生懸命なときにそばにいて応援してくれる，そんな良き勉強のパートナーになってくれることを，編集部一同，心から願っています。

学研プラス

「わたしの好きなものはこれ！」って
心から言えるものを見つけたい
あなたのように

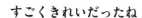
すごくきれいだったね

解説もわかりやすいって
クラスの子たちから
好評だったし
津田くんのおかげだね

オレはちょっと力を
貸しただけだよ

こんなにすごい
プラネタリウムが
完成したのは
戸川たちの頑張りが
あってこそだろ

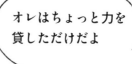

あ そういえば
解説変更した?
オレが昨日見たやつとは
ちょっとちがった気がして

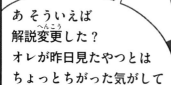

うん 昨日の夜
自分でもちょっと
調べて変えて
みたんだけど

……どうだったかな?

すごくよかった!
オレ あの解説好きだな
よく星のこと
調べたんだなって
すぐにわかったし

そっか
よかった

本書の特長と使い方

各章の流れと使い方

解説ページ

本文

本書のメインページです。基礎内容から発展内容まで、わかりやすくくわしく解説しています。

重要実験・観察

重要実験・観察をまとめたページです。実験の流れや注意点を確認できます。

問題

定期テスト予想問題

学校の定期テストでよく出題される問題を集めたテストで、力試しができます。

本文ページの構成

教科書の要点
この項目で学習する、テストによく出る要点をまとめてあります。

解説
ていねいでくわしい解説で、内容がしっかり理解できます。

豊富な写真・図解
豊富な写真や図表、動画が見られる二次元コードを掲載しています。重要な図には「ここに注目」「比較」のアイコンがあり、見るべきポイントがわかります。

 動画　 ここに注目　 比較

【3節】酸・アルカリとイオン

1 酸性とアルカリ性の水溶液

教科書の要点

① 酸性の水溶液
◎酸性の水溶液には、水素イオンH^+がふくまれている。
◎酸…水溶液にしたとき、電離して水素イオンH^+を生じる化合物のこと。

② アルカリ性の水溶液
◎アルカリ性の水溶液には、水酸化物イオンOH^-がふくまれている。
◎アルカリ…水溶液にしたとき、電離して水酸化物イオンOH^-を生じる化合物のこと。

③ 酸性、アルカリ性の水溶液の比較
◎酸性の水溶液…青色リトマス紙は赤色に、BTB溶液は黄色になり、マグネシウムリボンを入れると水素が発生する。
◎アルカリ性の水溶液…赤色リトマス紙は青色に、BTB溶液は青色に、フェノールフタレイン溶液は赤色になる。

④ イオンの移動
◎酸性の水溶液に電圧をかけると、水素イオンH^+が陰極側に移動する。
◎アルカリ性の水溶液に電圧をかけると、水酸化物イオンOH^-が陽極側に移動する。

⑤ pH
◎酸性・アルカリ性の強さを表す数値。

① 酸の水溶液
電解質の水溶液で、水溶液中に水素イオンH^+をふくんでいる。

❶酸…水溶液にしたとき、電離して水素イオンH^+を生じる化合物のこと。

酸 → H^+（水素イオン） ＋ 陰イオン

くわしく　代表的な酸の物質
塩酸（HCl）、硫酸（H_2SO_4）、硝酸（HNO_3）、炭酸（H_2CO_3）、酢酸（CH_3COOH）など。

66

16

本書の特長

教科書の要点が ひと目でわかる	授業の理解から 定期テスト・入試対策まで	勉強のやり方や， 学校生活もサポート

特集

章末コラム

日常生活に関連する課題や発展的な課題にとり組むことで，知識を深め，活用する練習ができます。

勉強法コラム

やる気の出し方，テスト対策のしかた，高校入試についてなど，知っておくとよい情報をあつかっています。

入試レベル問題

高校入試で出題されるレベルの問題にとり組んで，さらに実力アップすることができます。

重要用語・実験・観察ミニブック

この本の最初に，切りとって持ち運べるミニブックがついています。テスト前の最終チェックに最適です。

---

❷酸性の水溶液の性質

・青色リトマス紙につけると，赤色に変化する。赤色リトマス紙をつけても，色は変化しない。
・BTB溶液を加えると，水溶液が黄色になる。
・マグネシウムリボンを入れると，水素が発生する。
・電極を入れて電圧をかけると，電流が流れる。

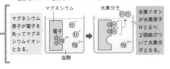

2 アルカリ性の水溶液

電解質の水溶液で，水溶液中に水酸化物イオンOH⁻をふくんでいる。

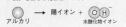

❶アルカリ…水溶液にしたとき，電離して水酸化物イオンOH⁻を生じる化合物のこと。

アルカリ ⟶ 陽イオン + 水酸化物イオン

❷アルカリ性の水溶液の性質

・赤色リトマス紙につけると，青色に変化する。青色リトマス紙をつけても，色は変化しない。
・BTB溶液を加えると，水溶液が青色になる。
・マグネシウムリボンを入れても，反応は起こらず，気体は発生しない。
・フェノールフタレイン溶液を加えると赤色になる。
・電極を入れて電圧をかけると，電流が流れる。

くわしく リトマス

リトマス紙の色のもとになっている物質は，もともとはリトマスゴケからとり出した色素で，昔は染料として用いられた。リトマス紙は，このリトマスをとかした液を紙にしみこませたもの。現在は，色素はリトマスゴケからとり出すのではなく，合成されている。

復習 金属の反応と気体の発生

うすい塩酸やうすい硫酸に鉄や亜鉛を入れると，マグネシウムリボンを入れたときと同じように水素が発生する。

くわしく BTBとは

BTBはブロモチモールブルー（bromotymol blue）の略。粉末で，エタノールの水溶液にとかして，酸性・中性・アルカリ性を調べる指示薬として使用する。

くわしく 代表的なアルカリの物質

水酸化ナトリウム（NaOH），水酸化バリウム（Ba(OH)₂），水酸化カリウム（KOH）など。

67

サイド解説

本文をより理解するためのくわしい解説や関連事項，テストで役立つ内容などをあつかっています。

くわしく	本文の内容をよりくわしくした解説。	**発展**	発展的な学習内容の解説。
テストで注意	テストでまちがえやすい内容の解説。	**復習**	小学校や前の学年の学習内容の復習。
高校では	上の学年で学習する内容の解説。	**生活**	日常生活に関連する内容の解説。

思考 なぜそうなるのか，こうするとどうなるのかなど，理科的な考え方の解説。

重要ポイント

公式や，それぞれの項目の特に重要なポイントがわかります。

Column コラム

理科の知識を深めたり広げたりできる内容をあつかっています。思考を深めるものには「思考」，日常生活に関連するものには「生活」アイコンをつけて示しています。

学研ニューコース
Gakken New Course
for Junior High School
Students

中3理科

もくじ

Contents

はじめに……………………………………… 3

本書の特長と使い方………………………16

● **中学生のための勉強・学校生活アドバイス** …… 22

入試に役立つ！　1・2年の要点整理…………25

1章　化学変化とイオン

資料　元素の周期表……………………… 36

1節　水溶液とイオン

1　水溶液と電流　………………………… 38

2　原子の構造とイオン　………………… 42

3　電気分解とイオン　…………………… 46

　✓ チェック　基礎用語 ………………… 53

2節　電池

1　電池のしくみ　………………………… 54

2　身のまわりの電池　…………………… 62

　✓ チェック　基礎用語 ………………… 65

3節　酸・アルカリとイオン

1　酸性とアルカリ性の水溶液　………… 66

2　酸とアルカリの反応・中和と塩　……… 74

　✓ チェック　基礎用語 ………………… 81

　定期テスト予想問題……………………… 82

● **探究するコラム**

　材料によって料理の色が変わる？…………… 86

● **中学生のための勉強・学校生活アドバイス**

　受験は夏が本番？…………………………… 88

2章　生命の連続性

1節　生物の成長とふえ方
1 生物の成長と細胞分裂 ・・・・・・・・・・・・・・ 90
2 生物の生殖とふえ方 ・・・・・・・・・・・・・・・ 95
　チェック　基礎用語 ・・・・・・・・・・・・・・・・・・ 105

2節　遺伝子と遺伝の規則性
1 遺伝のきまり ・・・・・・・・・・・・・・・・・・・・ 106
2 遺伝子と DNA ・・・・・・・・・・・・・・・・・・・ 112
　チェック　基礎用語 ・・・・・・・・・・・・・・・・・・ 115

3節　生物の多様性と進化
1 脊椎動物の出現と進化 ・・・・・・・・・・・・ 116
　チェック　基礎用語 ・・・・・・・・・・・・・・・・・・ 121
　定期テスト予想問題・・・・・・・・・・・・・・・・・・ 122

● **探究するコラム**
　遺伝の規則性を考える・・・・・・・・・・・・・・・ 126
● **中学生のための勉強・学校生活アドバイス**
　目標の高校を決めよう！・・・・・・・・・・・・・ 128

3章　運動とエネルギー

1節　力の合成と分解
1 力の合成と分解 ・・・・・・・・・・・・・・・・・・ 130
2 水の圧力と浮力 ・・・・・・・・・・・・・・・・・・ 136
　チェック　基礎用語 ・・・・・・・・・・・・・・・・・・ 147

2節　物体の運動
1 運動のようす ・・・・・・・・・・・・・・・・・・・・ 148
2 運動の変化と力 ・・・・・・・・・・・・・・・・・・ 152
　チェック　基礎用語 ・・・・・・・・・・・・・・・・・・ 163

3節　仕事とエネルギー
1 仕事 ・・・・・・・・・・・・・・・・・・・・・・・・・・・ 164
2 物体のもつエネルギー ・・・・・・・・・・・・ 170
3 多様なエネルギーと変換 ・・・・・・・・・・ 178
　チェック　基礎用語 ・・・・・・・・・・・・・・・・・・ 183
　定期テスト予想問題・・・・・・・・・・・・・・・・・・ 184

● **探究するコラム**
　斜面を下る物体にはどのような力がはたらくのか
　・・・・・・・・・・・・・・・・・・・・・・・・・・・・・・・・・・・・・ 188
● **中学生のための勉強・学校生活アドバイス**
　スケジュールを見つめ直そう・・・・・・・・・・ 190

4章　地球と宇宙

資料　四季の星座‥‥‥‥‥‥‥‥‥‥‥‥ 192

1節　宇宙の広がり
1 太陽 ‥‥‥‥‥‥‥‥‥‥‥‥ 194
2 太陽系 ‥‥‥‥‥‥‥‥‥‥ 198
3 銀河系 ‥‥‥‥‥‥‥‥‥‥ 201
　✓チェック 基礎用語 ‥‥‥‥ 203

2節　地球の動きと天体の動き
1 地球の自転と天体の動き ‥‥‥‥‥ 204
2 地球の公転と天体の動き ‥‥‥‥‥ 214
3 季節の変化 ‥‥‥‥‥‥‥ 222
　✓チェック 基礎用語 ‥‥‥‥ 225

3節　月と惑星の見え方
1 月の満ち欠け，日食・月食 ‥‥‥‥ 226
2 惑星の見え方 ‥‥‥‥‥‥ 234
　✓チェック 基礎用語 ‥‥‥‥ 241
　定期テスト予想問題‥‥‥‥‥‥‥‥ 242

● **探究するコラム**
　外惑星の見かけの大きさ‥‥‥‥‥‥ 246

● **中学生のための勉強・学校生活アドバイス**
　同じ問題集を何度もやろう！‥‥‥‥ 248

5章　自然・科学技術と人間

1節　科学技術と人間
1 エネルギー資源の利用 ‥‥‥‥‥‥ 250
2 さまざまな物質とその利用 ‥‥‥‥ 255
3 科学技術の発展 ‥‥‥‥‥ 259
　✓チェック 基礎用語 ‥‥‥‥ 263

2節　生態系と食物連鎖
1 食物連鎖 ‥‥‥‥‥‥‥‥ 264
2 生態系における生物の役割 ‥‥‥‥ 270
3 炭素と酸素，有機物の循環 ‥‥‥‥ 275
　✓チェック 基礎用語 ‥‥‥‥ 277

3節　自然と人間
1 身近な自然環境の調査 ‥‥‥‥‥‥ 278
2 自然の恵みと災害 ‥‥‥‥ 282
　✓チェック 基礎用語 ‥‥‥‥ 287
　定期テスト予想問題‥‥‥‥‥‥‥‥ 288

● **探究するコラム**
　自然界での生物量はどのように保たれるのか
　‥‥‥‥‥‥‥‥‥‥‥‥‥‥‥‥‥ 292

● **中学生のための勉強・学校生活アドバイス**
　集中が続かないときはどうしたらいい？‥‥ 294

入試レベル問題‥‥‥‥‥‥‥‥‥‥‥‥ 296
解答と解説‥‥‥‥‥‥‥‥‥‥‥‥‥‥ 304
さくいん‥‥‥‥‥‥‥‥‥‥‥‥‥‥‥ 312

理科動画 ▶動画

1	化学電池のしくみ ………………	59
2	酸・アルカリとイオンの移動① ………	70
3	酸・アルカリとイオンの移動② ………	71
4	中和反応 …………………………	76
5	細胞分裂の順序 …………………	92
6	被子植物の有性生殖 ……………	97
7	動物の有性生殖 …………………	100
8	植物の分類 ………………………	119
9	浮力の大きさを調べる …………	143
10	速さが大きくなる運動 …………	155
11	太陽系の惑星 ……………………	199
12	地球の自転 ………………………	207
13	星の日周運動 ……………………	210
14	星座の移り変わり ………………	219
15	金星の見え方 ……………………	237
16	生物のつり合いが保たれるしくみ …	266

重要実験／重要観察／実験操作

 重要実験　 重要観察　 実験操作

水溶液に電流が流れるかどうかを調べる …	39
塩化銅水溶液とうすい塩酸の電気分解 …	41
金属のイオンへのなりやすさを調べる …	55
水溶液と金属で電流がとり出せるか調べる …	57
ダニエル電池の作製 ………………	61
イオンの移動 ………………………	72
酸とアルカリを混ぜたときの変化 ………	75
こまごめピペットの使い方 ……………	75
細胞分裂の観察 ……………………	93
花粉管がのびるようす ………………	99
遺伝子カードを使った遺伝のモデル実験 …	110
一直線上にない2力の合力 …………	131
水圧の大きさと向きを調べる …………	137
水圧と水の深さの関係 ………………	138
浮力の大きさと向きを調べる …………	142
台車の運動の速さ …………………	151
斜面を下る台車の運動の記録 ………	153
斜面を下る台車の運動 ………………	154
自由落下の記録 ……………………	155
滑車を使った仕事の実験 ……………	168
位置エネルギーの大きさと高さと質量の関係を調べる実験 …	171
運動エネルギーの大きさと速さや質量の関係を調べる実験 …	174
エネルギーの移り変わりを確かめる実験 …	182
太陽の黒点のようすを調べる ………	197
透明半球による太陽の動きの観測 …	205
星の1日の動きを調べる ……………	211
星座早見の使い方 …………………	221
季節ごとの太陽光の当たり方を調べる …	223
月の位置と形の変化を調べる ………	229
金星の大きさや形の変化を調べる …	235
土中の細菌類によるデンプンの分解を調べる …	274
水生生物で水の汚れを調べる ………	281

中学生のための 勉強・学校生活 アドバイス

受験生として入試に向き合おう

　中3では，**入試に向けての勉強が本格化します**。入試では，中学校で習うすべての範囲が出題されます。そのため，中3の範囲の勉強だけではなく，中1・中2の復習もしっかりと行う必要があります。

　夏以降は模擬試験を受けたり，入試の過去問題を解いたりする機会もふえるでしょう。自分の得意な分野・苦手な分野を理解し，苦手な分野は早めにきっちりと克服しておきたいところです。

　受験が近づいてくると，だんだんプレッシャーも大きくなっていきます。早い時期からとり組むことで，自信をもって試験にのぞめるようになります。

中3の理科の特徴

　中3の理科では，小学校で学んだ月と星，太陽，また，小学校や中1で学んだ水溶液の性質，力のつり合い，中2で学んだ植物や動物，細胞，化学変化を，より深めてくわしく学ぶことになります。仕事やエネルギーといった抽象的な用語も多く登場するので，文字だけでなく，具体的な例をあげて考えるなど，自分なりのイメージをもつことが内容理解を助けます。

　また，生物と環境とのかかわりや科学技術と人間とのかかわりなど，より広い視点で理科を学ぶことになるのも中3の理科の特徴です。理科はわたしたちのくらしと密接にかかわる教科なので，自分ごととしてとらえて学習するようにしましょう。

ふだんの勉強は「予習→授業→復習」が基本

　中学校の勉強では，**「予習→授業→復習」の正しい勉強のサイクルを回すことが大切**です。

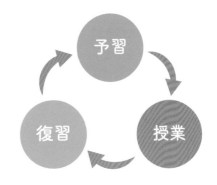

✅ 予習は軽く。要点をつかめばOK！

　予習は1回の授業に対して5〜10分程度にしましょう。完璧（かんぺき）に内容を理解する必要はありません。「どんなことを学ぶのか」という大まかな内容をつかみ，授業にのぞみましょう。

✅ 授業に集中！わからないことはすぐに先生に聞け!!

　授業中は先生の説明を聞きながらノートをとり，気になることやわからないことがあったら，授業後にすぐ質問をしに行きましょう。

　授業中にボーっとしてしまうと，テスト前に自分で理解しなければならなくなるので，効率がよくありません。**「授業中に理解しよう」としっかり聞く人は，時間の使い方がうまく，効率よく学力をのばすことができます。**

✅ 復習は遅（おそ）くとも週末に。ためすぎ注意！

　授業で習ったことを忘れないために，**復習はできればその日のうちに。それが難しければ，週末には復習をするようにしましょう。** 時間をあけすぎて習ったことをほとんど忘れてしまうと，勉強がはかどりません。復習をためすぎないように注意してください。

　復習をするときは，教科書やノートを読むだけではなく，問題も解くようにしましょう。問題を解いてみることで理解も深まり記憶（きおく）が定着します。

公立高校入試と私立高校入試のちがいは？

大きくちがうのは教科の数で，**公立の入試は5教科が一般的**なのに対し，**私立の入試は英語・数学・国語の3教科が一般的**。ただし教科が少ないといっても，私立の難関校では教科書のレベル以上に難しい問題が出されることもあります。一方，公立入試は，教科書の内容以上のことは出題されないので，対策のしかたが大きく異なることを知っておきましょう。

また入試は大きく一般入試と，推薦入試に分けられます。一般入試は，おもに内申点と当日の試験で合否が決まり，推薦入試は，おもに面接や小論文で合否が決まります。推薦入試は，内申点が高校の設定する基準値に達している生徒だけが受けられます。「受かったら必ずその高校に行きます」と約束する単願推薦や，「ほかの高校も受験します」という併願推薦があります。

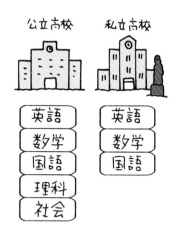

公立高校　私立高校

英語	英語
数学	数学
国語	国語
理科	
社会	

入試はいつあるの？

受験期間はおもに中3の1〜3月。まずは1〜2月までに，推薦入試と私立高校の一般入試が行われます。公立高校の一般入試は2〜3月に行われることが多いです。この時期は風邪やインフルエンザが流行します。体調管理に十分気をつけるようにしましょう。

志望校を最終的に決めるのは12〜1月です。保護者と学校の先生と三者面談をしながら，公立か私立か，共学か男女別学などを考え，受ける高校を絞っていきます。6月ごろから秋にかけては高校の学校説明会もあるので，積極的に参加して，自分の目指す高校を決めていきましょう。

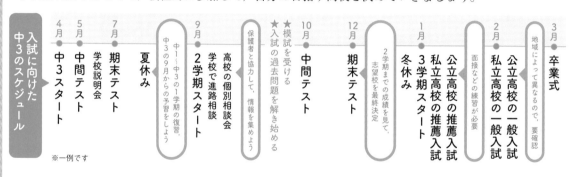

入試に向けた中3のスケジュール

4月 中3スタート
5月 中間テスト
7月 期末テスト
夏休み
中1〜中3の1学期の復習，中3の9月からの予習をしよう
9月 2学期スタート
学校で進路相談 高校の個別相談会
保護者と協力して，情報を集めよう
★模試を受ける ★入試の過去問題を解き始める
10月 中間テスト
12月 期末テスト
2学期までの成績を見て，志望校を最終決定
1月 冬休み 3学期スタート 私立高校の推薦入試 公立高校の推薦入試
面接などの練習が必要
2月 私立高校の一般入試 公立高校の一般入試
3月 卒業式
地域によって異なるので，要確認

※一例です

入試に役立つ！ 1・2年の要点整理

1・2年生で学習してきたことをまとめてあります。模試や入試の前に活用してください。

1年の範囲

植物のからだのつくり

□ 花のつくり

被子植物 / おしべ / めしべ / 花粉 / やく / 胚珠 / 子房 / 花弁 / がく

裸子植物 / 雌花 / 雄花 / りん片 / 胚珠 / りん片 / 花粉のう

□ 種子のでき方　▶ 子房は果実，胚珠は種子になる。

□ 子葉の数と植物　▶ 子葉が1枚の植物が単子葉類，2枚の植物が双子葉類。

□ 根毛　▶ 根の表面の細胞の一部が細長くのびたもの。

□ ひげ根　▶ 単子葉類のひげのような根。

□ 主根と側根　▶ 双子葉類の根で，主根はまっすぐのびた太い根，側根は主根から枝分かれしている細い根。

□ 葉脈のつくり　▶ 単子葉類は平行脈，双子葉類は網状脈。

植物のなかま

□ 被子植物　▶ めしべに子房がある。単子葉類と双子葉類に分けられる。
　　　　　　　　葉脈は平行，ひげ根をもつ。←　　　→葉脈は網目状，主根と側根をもつ。

□ 裸子植物　▶ 子房がなく，胚珠がむき出しでついている。

□ 植物の分類

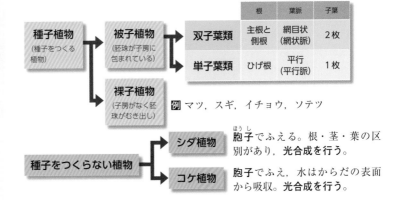

	根	葉脈	子葉
双子葉類	主根と側根	網目状（網状脈）	2枚
単子葉類	ひげ根	平行（平行脈）	1枚

種子植物（種子をつくる植物）

被子植物（胚珠が子房に包まれている） → 双子葉類 / 単子葉類

裸子植物（子房がなく胚珠がむき出し）　例 マツ，スギ，イチョウ，ソテツ

種子をつくらない植物

シダ植物　胞子でふえる。根・茎・葉の区別があり，光合成を行う。

コケ植物　胞子でふえ，水はからだの表面から吸収。光合成を行う。

25

□ 脊椎動物
□ 無脊椎動物
□ 動物の特徴

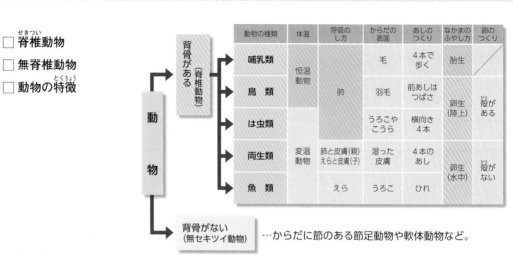

動物の種類	体温	呼吸のし方	からだの表面	あしのつくり	なかまのふやし方	卵のつくり
哺乳類	恒温動物	肺	毛	4本で歩く	胎生	
鳥類			羽毛	前あしはつばさ	卵生(陸上)	殻がある
は虫類	変温動物		うろこやこうら	横向き4本		
両生類		肺と皮膚(親)えらと皮膚(子)	湿った皮膚	4本のあし	卵生(水中)	殻がない
魚類		えら	うろこ	ひれ		

背骨がある〈脊椎動物〉

背骨がない(無セキツイ動物) …からだに節のある節足動物や軟体動物など。

動物

□ 胎生　　▶ 子どもを体内である程度育ててからうむ。
□ 卵生　　▶ 卵をうんでなかまをふやす。

□ 有機物
□ 無機物
□ 密度

▶ 成分として炭素をふくむ物質…砂糖・デンプン・プラスチックなど。

▶ 成分として炭素をふくまない物質…食塩・金属など

▶ 物質 1 cm³ あたりの質量。

$$密度〔g/cm^3〕= \frac{質量〔g〕}{体積〔cm^3〕}$$

金属の性質
● 特有の光沢がある。
● 電気をよく通す。
● たたく(引っぱる)とよくのびる。
● 熱をよく伝える。

□ おもな気体の性質

おもな気体	特有の性質	水へのとけ方	密度と重さ
二酸化炭素 CO_2	石灰水に通すと白くにごる。	少しとけ,酸性を示す。	空気より密度が大きい(重い)。
酸素 O_2	他のものを燃やす。(助燃性)	とけにくい。	空気よりやや密度が大きい(重い)。
水素 H_2	ポッと音をたてて燃える。	とけにくい。	空気より密度が小さい(軽い)。
アンモニア NH_3	特有の刺激臭があり,有毒。	よくとけ,アルカリ性を示す。	空気より密度が小さい(軽い)。

□ 気体の集め方

▶ 水上置換法は水と置き換えて集める。…酸素・水素など
上方置換法は空気より密度が小さい(軽い)気体を集める。…アンモニアなど
下方置換法は空気より密度が大きい(重い)気体を集める。…二酸化炭素など

● 上方置換法,下方置換法は,水にとけやすい気体の捕集法。

● 水上置換法は,純粋に近い気体を集めることができる。

<table>
<tr><td rowspan="6">水溶液の性質</td><td>□ 溶　液
（ようえき）</td><td>▶ 物質がとけている液体。溶媒（ようばい）が水のときを水溶液という。

溶媒…とかしている液体。　　**溶質**…とけている物質。</td></tr>
<tr><td>□ 濃度を求める（のうど）
　　公式</td><td>濃度〔%〕= 溶質の質量〔g〕／溶液の質量〔g〕×100 = 溶質の質量〔g〕／（溶媒の質量＋溶質の質量）〔g〕×100</td></tr>
</table>

水溶液の性質	□ 溶　液 （ようえき）	▶ 物質がとけている液体。溶媒（ようばい）が水のときを水溶液という。 **溶媒**…とかしている液体。　　**溶質**…とけている物質。
	□ 濃度を求める （のうど） 　公式	$$濃度〔\%〕=\frac{溶質の質量〔g〕}{溶液の質量〔g〕}×100=\frac{溶質の質量〔g〕}{（溶媒の質量＋溶質の質量）〔g〕}×100$$
	□ 溶解度 （ようかいど）	▶ 物質が100gの水にとける限度の量。とける量は水の温度で変わる。 └→物質によって決まっている。
	□ 結　晶 （けっしょう）	▶ いくつかの平面で規則正しく囲まれた固体で，純粋な物質。
	□ 再結晶	▶ 固体を一度水にとかし，再び結晶として取り出すこと。
状態変化	□ 物質の状態と 　状態変化	▶ **固体・液体・気体**の3つの状態がある。 ● 状態変化では，物質の体積は変化するが質量は変化しない。
	□ 融　点 （ゆうてん）	▶ 固体がとけて液体に変化するときの温度。
	□ 沸　点 （ふってん）	▶ 液体が沸騰（ふっとう）して気体に変化するときの温度。
	□ 状態変化する 　温度	▶ 純粋な物質では，沸点や融点は**一定**。

状態変化	□ 蒸　留 （じょうりゅう）	▶ 液体を加熱して気体にし，**冷やして液体にする**操作。
力とそのはたらき	□ 力	▶ 物体の形を変えたり，運動のようすを変えたり，物体を支えたりする。物体と物体の間にはたらく。単位は〔N〕
	□ 重　力	▶ 地球が物体を地球の中心に向かって引っぱる力。
	□ 重　さ	▶ 物体にはたらく重力の大きさ。
	□ 力の表し方	▶ 矢印で表す。力の大きさは，矢印の長さ。
	□ ばねののび	▶ ばねののびは，加えた力の大きさに**比例**する（**フックの法則**）。
	□ 2つの力のつり 　合い	▶ 1つの物体に2つの力がはたらいていて物体が動かないとき，2つの力は**つり合っている**という。

1Nは約100gの物体にはたらく重力の大きさ。

□ 光の反射
□ 光の屈折

▶ 光は，鏡などの表面で反射する。光の反射の法則 **入射角＝反射角**

▶ 光は，ある物質中から異なる物質中へ斜めに進むとき，その境界面で屈折する。

● 空気から水に入るとき…**入射角＞屈折角**
　└→ガラスの場合も同じ。

● 水から空気に進むとき…**入射角＜屈折角**

● 全反射…水から空気に進む光の入射角がある角度以上になると，入射光はすべて反射する。

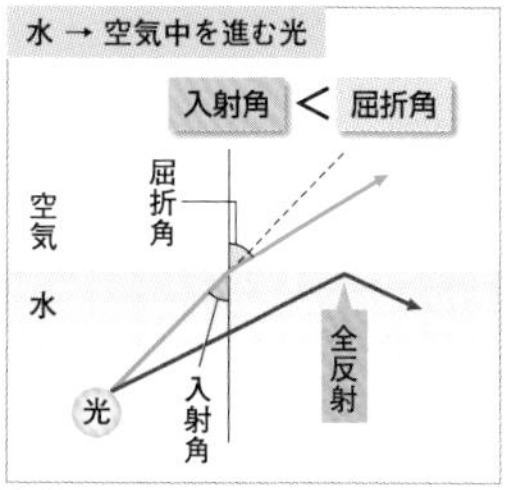

水 → 空気中を進む光
入射角 < 屈折角
空気
水
屈折角
全反射
光
入射角

□ 凸レンズの
　光の進み方

▶ 右図のように進む。

● 凸レンズの軸に平行に進んだ光…レンズで屈折して，焦点を通る。

● 凸レンズの中心を通る光…直進。

□ 実　像
□ 虚　像

▶ 実際に光が集まってできる像。
　└→スクリーンにうつる。

▶ 凸レンズを通して見えるが，スクリーンにうつらない。

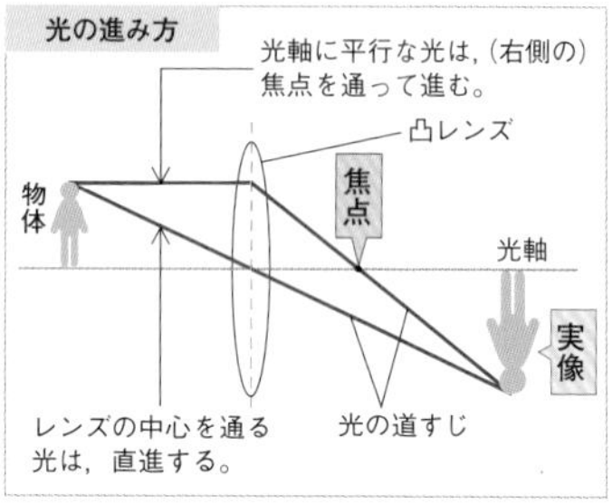

光の進み方
光軸に平行な光は，（右側の）焦点を通って進む。
凸レンズ
物体
焦点
光軸
実像
レンズの中心を通る光は，直進する。
光の道すじ

□ 音の伝わり方
□ 音の大小
□ 音の高低

▶ 物体が振動することにより伝わる。空気中での速さは約**340m/s**。

▶ 音源の振幅が大きいほど，音は大きい。

▶ 音源が一定時間に振動する回数（振動数）が多いほど，音は高い。

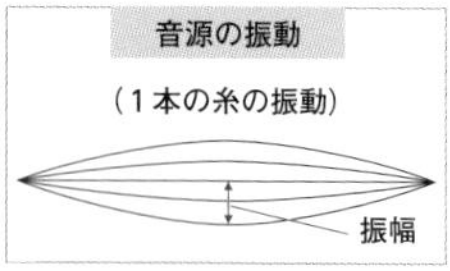

音源の振動
（1本の糸の振動）
振幅

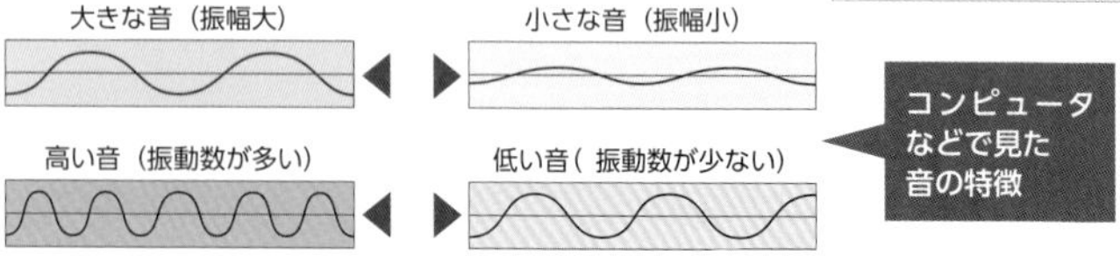

大きな音（振幅大）　　　小さな音（振幅小）

高い音（振動数が多い）　　低い音（振動数が少ない）

コンピュータなどで見た音の特徴

□ 地震のゆれ

□ 地震のゆれの
　伝わり方

□ 震　度

□ マグニチュード

▶ 初期微動と主要動がある。
　└→小さなゆれ　└→大きなゆれ

▶ 震源から出た波は，四方に同心円状に伝わっていく。

▶ 地面のゆれの大きさを表す。

▶ 地震そのものの規模の大小を表す。（記号はM）

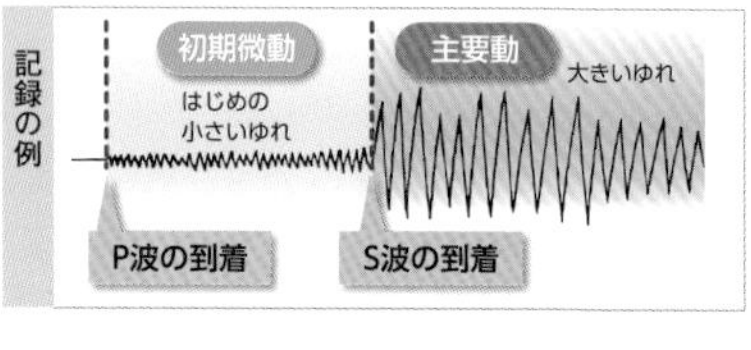

記録の例
初期微動　　　　主要動　　大きいゆれ
はじめの小さいゆれ
P波の到着　　　S波の到着

□ 地震の原因

例 地球内部に力がはたらく　➡　岩石にひずみが生じる　➡　破壊され断層ができ，地震が発生
　　　└→プレートの動きが原因。

火をふく大地

□ 火山の噴出物
▷ 溶岩，火山弾，軽石，火山灰，火山ガス，火山れきなど。

□ マグマ
▷ 地下にある高温で液体状の物質。

□ 火山の形
▷ マグマのねばりけによって決まる。

マグマのねばりけ	強 い	中 間	弱 い
火山の形	ドーム状	円すい形	傾斜がゆるやか

□ 火成岩
▷ マグマが冷えて固まった岩石。でき方とつくりから，火山岩と深成岩に分けられる。

□ 火山岩
▷ マグマが地表または，地表近くで急に冷えて固まってできた岩石。
▶ つくり…**斑状組織**

□ 深成岩
▷ マグマが地下深いところでゆっくり冷えて固まった岩石。
▶ つくり…**等粒状組織**

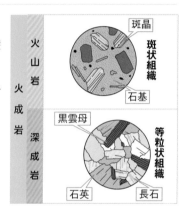

けずられる大地

□ 地表の変化
▷ 風化や，水のはたらきである侵食・運搬・堆積によって変化していく。

□ 地層
▷ 堆積物が押し固められたもの。

□ 堆積岩
▷ 地層がさらに固くなってできた岩石。

□ 堆積岩の特徴
▷ 粒は丸みをおびていて，大きさはほぼ一様。化石をふくむことがある。

□ 化石
▷ 地層中に残された過去の生物の死がいや生活の跡。
示相化石…堆積した当時の自然環境がわかる。 例サンゴ, アサリ
示準化石…堆積した時代がわかる。 例サンヨウチュウ, アンモナイト, ビカリア

□ 断層
▷ 地層に力がはたらき，上下方向や水平方向にずれたもの。

□ しゅう曲
▷ 地層が両側から押されて，波を打ったように曲がったもの。

2年の範囲

物質の分解・酸化・還元

□ 分解（ぶんかい）
▷ 物質が2つ以上の物質に分かれる変化。

　● 炭酸水素ナトリウム → 炭酸ナトリウム ＋ 水 ＋ 二酸化炭素

　● 酸化銀 → 銀 ＋ 酸素

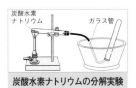

炭酸水素ナトリウムの分解実験

□ 電気分解
▷ 物質に電流を通して分解すること。

　例 水 → 水素 ＋ 酸素

□ 酸化（さんか）
▷ 物質が酸素と結びつく化学変化。　例 銅 ＋ 酸素 → 酸化銅

□ 還元（かんげん）
▷ 酸化物から酸素が除かれる化学変化。

　例 酸化銅 ＋ 炭素 → 銅 ＋ 二酸化炭素

おもな元素記号

水素 H	炭素 C	窒素 N
酸素 O	ナトリウム Na	マグネシウム Mg
硫黄 S	塩素 Cl	カルシウム Ca
鉄 Fe	銅 Cu	銀 Ag

□ 化学式
▷ 元素記号を使って物質のつくりを表した式。
　└→ 原子の種類

□ 化学式の表し方
▷ 右下に原子の数を書く　例 H_2, H_2O
　水素分子 ←┘　└→ 水分子

□ 化学反応式
▷ 化学式を用いて化学変化を表した式。

□ 化学反応式の表し方
▷ 反応する前の物質は左辺，できた物質は右辺に書く。

化学反応式の書き方（例：水の合成）

　反応物質は左辺　　　　　生成物質は右辺

$$2H_2 \ + \ O_2 \longrightarrow 2H_2O$$

係数をつけ，両辺の各原子の数を合わせる。

化学変化と質量

□ 空気中での反応
▷ ［気体が出る反応………反応後の質量 ＜ 反応前の質量
　沈殿（ちんでん）ができる反応……反応後の質量 ＝ 反応前の質量
　金属を加熱する反応…反応後の質量 ＞ 反応前の質量

せんをしめる
石灰石
塩酸

反応後，全体の質量は変わらない

□ 密閉容器中での反応（みっぺい）
▷ 容器中での物質の出入りがないため，反応の前後で，質量の総和は変わらない。（右図）

□ 質量保存の法則（しつりょうほぞん）
▷ 変化前の質量の総和＝変化後の質量の総和

□ 物質の質量比
▷ ［金属とその酸化物の質量…比例する。
　金属とその金属と反応する酸素の質量…比例する。
　グラフは原点を通る直線

□ 化学反応する物質の質量比
▷ 化合物をつくる成分の質量の割合は，つねに一定。

　銅　＋ 酸素 →　酸化銅　質量の割合（4：1：5）

動物のからだのはたらき

□ **細胞**
▶ 核，細胞質，細胞膜などからなる。
● 植物細胞にあって，動物細胞にないもの…葉緑体（光合成を行う），液胞（不要物などを貯蔵），細胞壁（じょうぶなしきり）。

□ **消化酵素**
▶ それ自身は変化しないで，養分を吸収しやすくする。（小さな分子に分解する。）

□ **消化と吸収**
▶
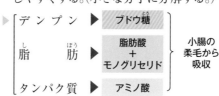
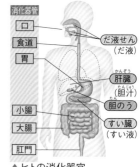

デンプン ▶ ブドウ糖
脂肪 ▶ 脂肪酸 + モノグリセリド
タンパク質 ▶ アミノ酸
小腸の柔毛から吸収

消化器管
口
食道
胃
だ液せん（だ液）
肝臓（胆汁）
胆のう
小腸
大腸
すい臓（すい液）
肛門

▲ヒトの消化器官

□ **肺のつくり**
□ **ヒトの血液循環**

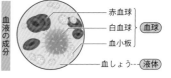

肺循環
肺動脈　肺静脈
肺　肺
心臓
けい動脈
大静脈　右心房　右心室　左心房　左心室　大動脈
体循環
肝門脈
肝臓　小腸
じん臓
毛細血管
からだの組織（下部）
■は動脈血。□は静脈血。

▶ 赤血球…酸素を運ぶ。
▶ 白血球…細菌をとらえて殺す。
▶ 血小板…血液の凝固に役立つ。
▶ 血しょう…液体成分。養分などを運ぶ。

□ **血液の成分とはたらき**

赤血球
白血球　血球
血小板
血しょう　液体
血液の成分

□ **不要物の排出**
▶ 肝臓でアンモニアが尿素に変えられ，じん臓で尿素などの不要物がこしとられ，尿として排出。

動物のからだのしくみ

□ **ヒトの神経系**
▶ **中枢神経**（脳，脊髄）と**末しょう神経**（感覚神経，運動神経）からなる。

□ **刺激の伝わり方**

刺激 ▶ 感覚器官 ▶ 感覚神経 ▶ 中枢神経 …信号を処理・判断して命令をくだす。
反応 ◀ 筋肉 ◀ 運動神経 ◀ 中枢神経

□ **反射**
▶ 刺激に対して，無意識に起こる反応。

□ **うでの屈伸**
▶ 1対の筋肉を，交互に伸び縮みさせる。

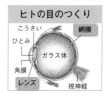

ヒトの目のつくり
こうさい
網膜
ひとみ
ガラス体
角膜
レンズ
視神経

ヒトの耳のつくり
耳小骨
鼓膜
うずまき管
聴神経

植物のからだのつくりとはたらき

- ☐ 道管 ▷ 根から吸収した水や養分が通る管。
- ☐ 師管 ▷ 葉でできた栄養分が通る管。
- ☐ 維管束 ▷ 道管と師管が集まって束状になったもの。
- ☐ 茎のつくり(断面) ▷ 双子葉類の維管束は輪状。
  単子葉類の維管束は散在。

双子葉類	単子葉類
維管束	維管束

- ☐ 葉脈 ▷ 葉に見られるすじで，葉の維管束。
- ☐ 気孔 ▷ 光合成や呼吸での酸素や二酸化炭素の出入り口で，蒸散の放出口。
- ☐ 光合成 ▷ 植物が水と二酸化炭素を原料に，栄養分と酸素をつくるはたらき。

光合成と呼吸のはたらき

光合成　光のエネルギー
二酸化炭素 ＋ 水 → デンプン ＋ 酸素
葉緑体
気孔から
根から茎を通って
気孔から空気中へ

光合成と呼吸は逆のはたらき
◎光合成と呼吸での気体の出入りは逆になる。

呼吸　生活活動のエネルギー
ブドウ糖デンプン ＋ 酸素 → 二酸化炭素 ＋ 水
細胞

- ☐ 呼吸 (細胞呼吸) ▷ 生物が栄養分と酸素を使ってエネルギーをとり出すはたらき。
- ☐ 蒸散 ▷ 植物体内の水が，おもに気孔から水蒸気となり放出されるはたらき。

回路を流れる電流

- ☐ 静電気 ▷ ちがう種類の電気は引き合う。　同じ種類の電気はしりぞけ合う。
  └→ ＋と－　　　　　　　　　　└→ ＋と＋，－と－
- ☐ オームの法則
  $$\underset{\text{〔V〕}}{\text{電圧}V} = \underset{\text{〔Ω〕}}{\text{抵抗}R} \times \underset{\text{〔A〕}}{\text{電流}I}$$
  ▷ 変形式… $I = \dfrac{V}{R}$, $R = \dfrac{V}{I}$

- ☐ 直列回路と電流・電圧・抵抗
  - 電流… $I = I_1 = I_2$
  - 電圧… $V = V_1 + V_2$
  - 抵抗… $R = R_1 + R_2$

- ☐ 並列回路と電流・電圧・抵抗
  - 電流… $I = I_1 + I_2$
  - 電圧… $V = V_1 = V_2$
  - 抵抗…全体の抵抗はどの1つの抵抗よりも小さい。 $\left(\dfrac{1}{R} = \dfrac{1}{R_1} + \dfrac{1}{R_2}\right)$

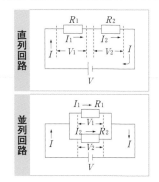

□ 磁　力（じりょく）　▶ 磁石の力。同極どうしは反発，異極どうしは引き合う。

□ 磁　界（じかい）　▶ 磁力がはたらく空間。磁界の向きは，方位磁針の**N極**のさす向き。
　　　　　　　　　　└→ 磁界の向きにそってかいた線が磁力線。

□ 電流のまわりの　▶ 電流を中心にして，**同心円状**にできる。
　　磁界

右ねじの法則　→　進む向き　▶　電流の向き
　　　　　　　　　　まわす向き　▶　磁界の向き

□ コイルのまわり　▶ 右の図で，4本の指を電流の向きに
　　の磁界の向きと　　にぎったとき，**親指の向きが磁界の**
　　強さ　　　　　　　**向き**となる。コイルの巻数（まきすう）が多く電
　　　　　　　　　　流が強いほど，磁界は強い。

4本の指を電流の向きににぎる　▶　親指が磁界の向き
磁界の向き　電流の向き
右手

□ 電流が磁界から　▶ 磁界の向き，電流の向き，受ける力の
　　受ける力　　　　向きは，たがいに**直角**。

□ 電磁誘導（でんじゆうどう）　▶ コイルの中の磁界が変化すると，そのコイルの両端（りょうたん）に電圧が生じ，
　　　　　　　　　　導線に電流が流れる。（磁界の中でコイルが運動しても生じる。）
　　　　　　　　　　└→ 誘導電流という。

□ 電　力　▶ 電流がもつ能力を表す。**電力P〔W〕 ＝ 電圧V〔V〕 × 電流I〔A〕**
　　　　　　　└→ 1秒間に消費する電気エネルギー

□ 電力量　▶ 電流が消費したエネルギーの量。
　　　　　　　電力量Q〔J〕 ＝ 電力P〔W〕 × 時間t〔s〕
　　　　　　　単位はジュール〔J〕，またはワット時〔Wh〕
　　　　　　　　　　　　　　　　　　└→ 電力P〔W〕×時間t〔h〕

□ 電流による熱量　▶ **電流による熱量Q〔J〕 ＝ 電力P〔W〕 × 時間t〔s〕**

□ 真空放電（しんくうほうでん）　▶ 気圧を非常に低くしたときに，空間を電
　　　　　　　　　　流が流れる現象。

□ 電子線（でんしせん）（陰極線（いんきょくせん））　▶ 真空放電管に電流を流したとき，電流の
　　　　　　　　　　道すじにそって蛍光板を光らせるもの。
　　　　　　　　　　電子が流れて蛍光板を光らせる。

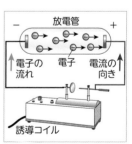

放電管
－　　　　　　＋
電子の流れ　電子　電流の向き
誘導コイル

□ 電　子　▶ －の電気を帯びた小さな粒子。電流の
　　　　　　　正体は電子の流れ。

□ 直　流　▶ 一定の向きに一定の大きさで流れる電流。

□ 交　流　▶ 流れる向きと強さが周期的に変化している電流。

気象観測と圧力・気圧

- □ 気象観測
  ▶ 降水がないときの天気は雲量で決める。

雲　量	0, 1	2〜8	9, 10
天　気	快晴	晴れ	くもり

- □ 圧力
  ▶ 1 ㎡あたりの面積を垂直に押す力。単位は〔Pa〕

$$圧力〔Pa〕=\frac{面を垂直に押す力〔N〕}{力がはたらく面積〔m^2〕}$$

- □ 気圧（きあつ）
  ▶ 大気の圧力。　**1気圧＝約1013hPa**
  └→ 海面からの高さが増すほど，気圧は低くなる。

- □ 高気圧・低気圧と風（北半球）

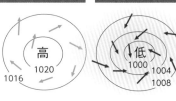

高　気　圧	低　気　圧
①まわりより気圧が高いところ。 ②中心付近は，下降気流が生じ天気はよい。	①まわりより気圧が低いところ。 ②中心付近は，上昇気流が生じ天気は悪い。

高 1020　1016

低 1000　1004　1008

前線と天気の変化

- □ 気　団
  ▶ 気温や湿度がほぼ一様な，大きな空気のかたまり。**高気圧**である。
- □ 寒冷前線（かんれいぜんせん）
  ▶ 寒気が暖気を押して進む。激しい雨が**短時間降る**。（▼▼▼▼）
- □ 温暖前線（おんだんぜんせん）
  ▶ 暖気が寒気を押して進む。おだやかな雨が**長時間降る**。（●●●●）
- □ 停滞前線（ていたいぜんせん）
  ▶ 寒気と暖気の勢力が同じ。長雨が降る。（●▼●▼）
  └→ 梅雨前線など
- □ 温帯低気圧（おんたいていきあつ）
  ▶ 南西に寒冷前線，南東に**温暖前線**ができる。
- □ 天気の変化
  ● 低気圧・前線近く → **天気が悪い。**
  ● 高気圧の地域 → **天気がよい。**
- □ 日本の天気
  ▶ 夏は小笠原（おがさわら）気団の影響で南高北低，冬はシベリア気団の影響で西高東低の気圧配置（えいきょう）になる。

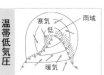

温帯低気圧

寒気　雨域　低　暖気

空気中の水蒸気の変化

- □ 露　点（ろてん）
  ▶ 空気中の水蒸気が凝結し始める（ぎょうけつ）温度。
- □ 飽和水蒸気量（ほうわすいじょうきりょう）
  ▶ 空気1m³中にふくむことのできる水蒸気の量の最大限度。
- □ 湿　度（しつど）
  ▶ 空気のしめりぐあい。単位 → ％

$$湿度(\%)=\frac{空気1 m^3中にふくまれている水蒸気量〔g/m^3〕}{その気温での飽和水蒸気量〔g/m^3〕}\times100$$

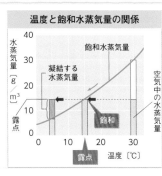

温度と飽和水蒸気量の関係

水蒸気量〔g/m³〕　飽和水蒸気量　凝結する水蒸気量　空気中の水蒸気量　露点　飽和　温度〔℃〕　露点

- □ 雲のでき方

水蒸気をふくむ空気が上昇　▶　空気が膨張し（ぼうちょう），温度が下がる。　露点以下になると　水蒸気が凝結し雲ができる。

1章

化学変化と
イオン

物質をつくる原子の種類を知ろう！

元素の周期表

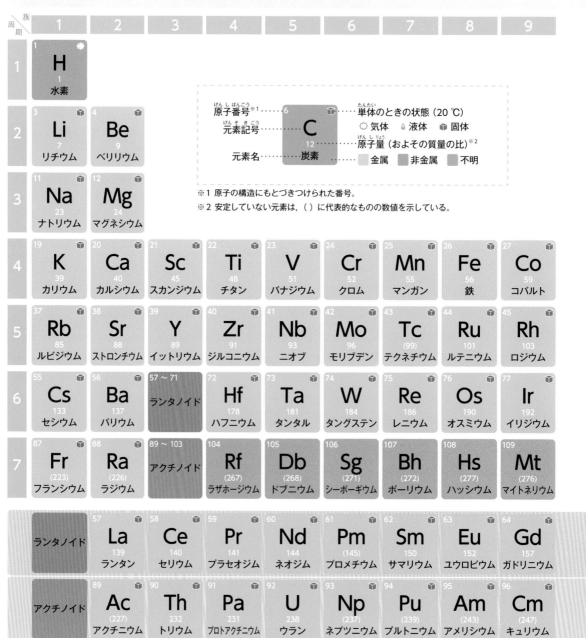

身のまわりの物質は，原子という非常に小さい粒子でできています。原子の種類を元素といい，現在約120種類が知られています。原子を原子番号の順に並べて，下のように整理した表を周期表といいます。

周期表で縦に並んでいる物質は，似た性質をもっているんだ。

10	11	12	13	14	15	16	17	18	
								2 **He** 4 ヘリウム	1
			5 **B** 11 ホウ素	6 **C** 12 炭素	7 **N** 14 窒素	8 **O** 16 酸素	9 **F** 19 フッ素	10 **Ne** 20 ネオン	2
			13 **Al** 27 アルミニウム	14 **Si** 28 ケイ素	15 **P** 31 リン	16 **S** 32 硫黄	17 **Cl** 35 塩素	18 **Ar** 40 アルゴン	3
28 **Ni** 59 ニッケル	29 **Cu** 64 銅	30 **Zn** 65 亜鉛	31 **Ga** 70 ガリウム	32 **Ge** 73 ゲルマニウム	33 **As** 75 ヒ素	34 **Se** 79 セレン	35 **Br** 80 臭素	36 **Kr** 84 クリプトン	4
46 **Pd** 106 パラジウム	47 **Ag** 108 銀	48 **Cd** 112 カドミウム	49 **In** 115 インジウム	50 **Sn** 119 スズ	51 **Sb** 122 アンチモン	52 **Te** 128 テルル	53 **I** 127 ヨウ素	54 **Xe** 131 キセノン	5
78 **Pt** 195 白金	79 **Au** 197 金	80 **Hg** 201 水銀	81 **Tl** 204 タリウム	82 **Pb** 207 鉛	83 **Bi** 209 ビスマス	84 **Po** (210) ポロニウム	85 **At** (210) アスタチン	86 **Rn** (222) ラドン	6
110 **Ds** (281) ダームスタチウム	111 **Rg** (280) レントゲニウム	112 **Cn** (285) コペルニシウム	113 **Nh** (278) ニホニウム	114 **Fl** (289) フレロビウム	115 **Mc** (289) モスコビウム	116 **Lv** (293) リバモリウム	117 **Ts** (293) テネシン	118 **Og** (294) オガネソン	7

65 **Tb** 159 テルビウム	66 **Dy** 163 ジスプロシウム	67 **Ho** 165 ホルミウム	68 **Er** 167 エルビウム	69 **Tm** 169 ツリウム	70 **Yb** 173 イッテルビウム	71 **Lu** 175 ルテチウム
97 **Bk** (247) バークリウム	98 **Cf** (252) カリホルニウム	99 **Es** (252) アインスタイニウム	100 **Fm** (257) フェルミウム	101 **Md** (258) メンデレビウム	102 **No** (259) ノーベリウム	103 **Lr** (262) ローレンシウム

原子番号113のニホニウムは，日本で発見されたはじめての元素である。2016年11月に国際純正・応用化学連合（IUPAC）で元素名が正式に決定した。

1 水溶液と電流

1 **電流の流れる水溶液**
◎ **電解質**…水にとかしたときに電流が流れる物質。
◎ **非電解質**…水にとかしたときに電流が流れない物質。

2 **電気分解**
◎ 塩化銅水溶液の電気分解
　⇒陰極の表面に銅が付着。　⇒陽極から塩素が発生。
◎ 塩酸の電気分解
　⇒陰極から水素が発生。　⇒陽極から塩素が発生。

1 電流の流れる水溶液

　物質には，水にとかして，その水溶液に電圧をかけたときに，電流が流れるものと流れないものがある。

❶電解質…水にとかしたときに電流が流れる物質。塩化ナトリウム，塩化銅など。

❷非電解質…水にとかしたときに電流が流れない物質。砂糖，エタノールなど。

電解質と非電解質の例

電流が流れる水溶液	電解質	状態
食塩水（塩化ナトリウム水溶液）	塩化ナトリウム	固体
塩化銅水溶液	塩化銅	固体
うすい塩酸	塩化水素	気体
うすい水酸化ナトリウム水溶液	水酸化ナトリウム	固体

電流が流れない水溶液	非電解質	状態
砂糖水	砂糖	固体
エタノールの水溶液	エタノール	液体

くわしく　蒸留水（精製水）

　水溶液をつくるときに用いる蒸留水は，水の中にほかの物質がとけていない純粋な水である。蒸留水には電解質がふくまれていないため，電圧をかけてもほとんど電流は流れない。水の電気分解（中2で学習）では，純粋な水に電流を流すために水酸化ナトリウムを少量とかして実験した。

> 純粋な水には，ほとんど電流が流れないんだよ。

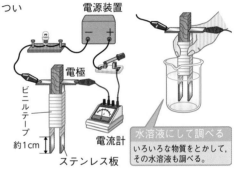

水溶液に電流が流れるかどうかを調べる

重要実験

目的 いろいろな物質の水溶液について，電流が流れるかどうか調べる。

準備 蒸留水（精製水）にいろいろな物質をとかして，水溶液をつくっておく。

とかすものの例：塩化ナトリウム，砂糖，エタノール，塩化水素，水酸化ナトリウム，塩化銅

方法 ①蒸留水（精製水）にステンレス電極の先を入れてスイッチ

を入れ，電流が流れるかどうか調べる。

②水溶液の１つについて①と同様に，電流が流れるか調べ

る。

③電極の先に蒸留水をかけて洗ってから，別の水溶液につい

て，同じように，電流が流れるか調べる。

注意

●水溶液が目に入らないよう，保護めがねをかける。

●水溶液が皮膚につかないよう注意する。

●ぬれた手で装置にさわらない。

●電極は，調べるときだけ水溶液に入れる。

電源装置

電極

ビニルテープ

約1cm

電流計

ステンレス板

水溶液にして調べる
いろいろな物質をとかして，その水溶液も調べる。

結果

調べた水溶液	電流が流れたか	電極付近のようす
蒸留水（精製水）	流れなかった	変化しなかった
食塩水	流れた	気体が発生した
砂糖水	流れなかった	変化しなかった
エタノール水溶液	流れなかった	変化しなかった
塩酸	流れた	気体が発生した
水酸化ナトリウム水溶液	流れた	気体が発生した
塩化銅水溶液	流れた	片方は色が変わり，もう一方から気体が発生した

結論 ・蒸留水には電流は流れない。水溶液には，電流が流れるものと流れないものがある。

・電流が流れる水溶液の電極付近では，気体が発生したり，電極の色が変わったりするなどの変化が起

こる。

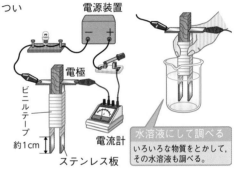

2　電気分解

電解質の水溶液に電極を入れ，電圧をかけて電流を流すと，電極付近に変化が起こる。

(1) 塩化銅水溶液の電気分解

❶電極での変化

a 陰極…表面に赤い物質が付着する。この物質をとり出して薬品さじでこすると金属光沢が見られる。⇒銅ができた。

b 陽極…気体が発生する。

・においをかぐとプールの消毒薬のような刺激臭がする。

・陽極付近の水溶液をスポイトでとって，赤インクで着色した水に滴下すると色が消える。

⇒塩素が発生した。

❷電気分解で起こった化学変化と化学反応式

塩化銅	⟶	銅	+	塩素

$$CuCl_2 \longrightarrow Cu + Cl_2$$

(2) 塩酸の電気分解

❶電極での変化

a 陰極…気体が発生する。

・マッチの火を近づけると，ポッと音を出して燃える。

⇒水素が発生した。

b 陽極…気体が発生する。

・においをかぐとプールの消毒薬のような刺激臭がする。

・陽極付近の水溶液をスポイトでとって，赤インクで着色した水に滴下すると色が消える。

⇒塩素が発生した。

❷電気分解で起こった化学変化と化学反応式

塩酸（塩化水素）	⟶	水素	+	塩素

$$2HCl \longrightarrow H_2 + Cl_2$$

くわしく　塩素の性質

塩素は刺激臭のある黄緑色の気体で，殺菌作用や漂白作用がある。殺菌作用を利用して，水道水やプールの水の殺菌に用いられる。赤インクの色が消えるのは漂白作用のためで，台所用の漂白剤などに利用されている。また，水にとけやすいため，塩酸の電気分解で発生する塩素と水素の量は同じだが，実際に集めることができる体積は水素より少ない。

↑塩素の漂白作用

復習　塩酸

塩化水素が水にとけた水溶液を塩酸という。

中2では　水の電気分解

水に少量の水酸化ナトリウムをとかして電流を流すと，水は水素と酸素に分解した。

$$2H_2O \longrightarrow 2H_2 + O_2$$

化学反応式から，生成される水素と酸素の体積比は2：1で，実際に発生する気体の体積比も2：1になる。

重要実験 塩化銅水溶液とうすい塩酸の電気分解

目的 塩化銅水溶液とうすい塩酸に電流を流して電極付近で起こる変化を観察し，生じた物質の性質を調べる。

方法 塩化銅水溶液とうすい塩酸に，図のようにして電流を流し，陽極と陰極での変化を観察する。

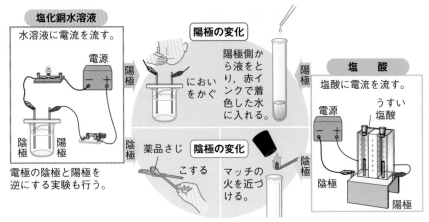

結果 (1)塩化銅水溶液

・陽極では，プールの消毒薬のようなにおいの気体が発生した。赤インクで着色した水に，陽極付近の水溶液を入れると，色が消えた。

・陰極についた赤色の物質を，薬品さじでこすると金属光沢が見られた。

・陰極と陽極を逆にすると，電極での変化は逆になった。

(2)うすい塩酸

・陽極では，塩化銅水溶液の電気分解と同じにおいの気体が発生した。赤インクで着色した水の色が消えるのも同じ。

・陰極で発生した気体にマッチの火を近づけると，音を立てて燃えた。

結論 ・塩化銅水溶液もうすい塩酸も，陽極からは塩素が発生した。

・塩化銅水溶液の場合，陰極では銅が発生した。

・うすい塩酸の場合，陰極では水素が発生した。

	陽極で発生	陰極で発生
塩化銅水溶液	塩素	銅
うすい塩酸	塩素	水素

チェック ・銅や塩素のもとになるものは，どこにあったと考えられるか。

▶**答え** ・銅や塩素のもとになるものが水溶液の中にあって，それが電極で銅や塩素として現れた。

2 原子の構造とイオン

(教科書の要点)

1 **原子の構造**

◎**原子**…原子は，原子核と電子からできている。

◎**原子核**…原子核は，陽子と中性子からできている。

◎**同位体**…同じ元素だが，中性子の数が異なる原子。

2 **イオン**

◎**イオン**…原子が＋または－の電気を帯びたもの。

◎**陽イオン**…原子が＋の電気を帯びたもの。

◎**陰イオン**…原子が－の電気を帯びたもの。

1 原子の構造

原子は化学変化によってそれ以上分けることができないが，原子もさらに小さい粒子が組み合わさってできている。

❶**原子の構造**…原子は，中心にある原子核と，そのまわりにある－の電気をもつ**電子**からできている。

❷**原子核**…原子核は，＋の電気をもつ**陽子**と，電気をもたない**中性子**からできている。

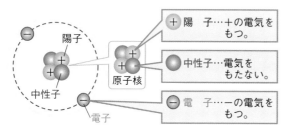

- ＋ 陽　子…＋の電気をもつ。
- ● 中性子…電気をもたない。
- － 電　子…－の電気をもつ。

❸**同位体**…同じ元素だが，中性子の数が異なる原子のこと。

❹**電気の量**…陽子1個のもつ＋の電気の量と，電子1個がもつ－の電気の量は等しい。陽子の数＝電子の数，なので，原子は全体として電気を帯びていない。

⧉ **原子の性質**

中2では

①原子は，化学変化でそれ以上分けることができない。

②原子は，化学変化によって，なくなったり，新しくできたり，ほかの種類の原子に変わったりしない。

③原子は種類によって，質量や大きさが決まっている。

🔍くわしく ▶ **水素の同位体**

電子

陽子

中性子をもたない水素原子

電子

陽子

中性子

中性子を1個もつ水素原子

●このような場合，たがいに同位体である，という。

2 イオン

原子はふつうの状態では電気を帯びていないが，電子を失ったり受けとったりすると，電気を帯びた粒子「イオン」になる。

❶**イオン**…原子が，＋または－の電気を帯びたもの。

▲重要
a 陽イオン…原子が電子を失って，＋の電気を帯びたもの。

例：水素イオン，ナトリウムイオン，マグネシウムイオンなど。

b 陰イオン…原子が電子を受けとって，－の電気を帯びたもの。　例：塩化物イオン，水酸化物イオンなど。

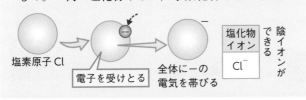

❷**原子の集団のイオン**…2個以上の原子が集まった原子の集団（原子団）が，全体として電気を帯びてできるイオンもある。

例：アンモニウムイオン，水酸化物イオンなど。

❸**イオンを表す化学式**…元素記号の右肩に，帯びている電気の符号と数をつけて表す。

a 陽イオンの場合…元素記号の右肩に＋の符号をつける。

b 陰イオンの場合…元素記号の右肩に－の符号をつける。

生活 **イオン飲料**

運動をして汗をかいたときによく飲むイオン飲料（スポーツドリンク）に電圧をかけると，少しだが電流が流れる。これは，イオン飲料には塩化ナトリウムや塩化カリウムといった電解質がふくまれているためである。人の体内の水分にはナトリウムイオンなどのイオンがふくまれているが，汗をかくと，水分とともにこれらのイオンも失われてしまう。イオン飲料を飲むと，水分だけでなく，失われたイオンも補うことができる。

くわしく **多原子イオン**

2個以上の原子が集まった原子の集団が，全体として電気を帯びてできるイオンのことを，多原子イオンという。

アンモニウムイオン

全体として，＋の電気を帯びる。

$$NH_4^+$$
原子団の電気
水素原子4個
窒素原子1個（1は略す）

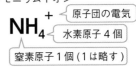
水酸化物イオン

全体として，－の電気を帯びる。

$$OH^-$$
原子団の電気
原子1個は略す

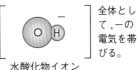

◎**その他の代表的な多原子イオン**

炭酸イオン　　　　硝酸イオン

$$CO_3^{2-}$$　　　$$NO_3^-$$

3 陽イオンのでき方

原子や原子の集団が，電子を失うと陽イオンになる。

❶ナトリウムイオン…ナトリウム原子が，電子1個を失って，ナトリウムイオンになる。

ナトリウムイオンの場合

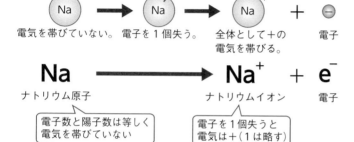

電気を帯びていない。　電子を1個失う。　全体として＋の　　　　電子
　　　　　　　　　　　　　　　　　　　　電気を帯びる。

$$Na \longrightarrow Na^+ + e^-$$

ナトリウム原子　　　　　　　　ナトリウムイオン　電子

電子数と陽子数は等しく
電気を帯びていない

電子を1個失うと
電気は＋（1は略す）

❷マグネシウムイオン…マグネシウム原子が，電子2個を失って，マグネシウムイオンになる。

マグネシウムイオンの場合

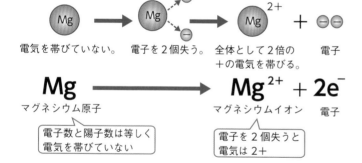

電気を帯びていない。　電子を2個失う。　全体として2倍の　　　電子
　　　　　　　　　　　　　　　　　　　　＋の電気を帯びる。

$$Mg \longrightarrow Mg^{2+} + 2e^-$$

マグネシウム原子　　　　　　　マグネシウムイオン　電子

電子数と陽子数は等しく
電気を帯びていない

電子を2個失うと
電気は2＋

おもな陽イオン

イオン	化学式	イオン	化学式
水素イオン	H^+	マグネシウムイオン	Mg^{2+}
ナトリウムイオン	Na^+	銅イオン	Cu^{2+}
カリウムイオン	K^+	亜鉛イオン	Zn^{2+}
銀イオン	Ag^+	カルシウムイオン	Ca^{2+}
アンモニウムイオン	NH_4^+	バリウムイオン	Ba^{2+}

くわしく **金属原子のイオンと非金属原子のイオン**

ナトリウム，マグネシウム，銅などの金属の原子は，ふつう，電子を失って陽イオンになる。

金属ではない物質（非金属）の原子は，電子を受けとって陰イオンになりやすい。

原子が電子をいくつ失うかで，帯びる電気の量が変わる。

くわしく **イオンの化学式の読み方**

イオンの化学式を読むときは，アルファベットのまま読み，続けて右肩についている電気の符号を読む。

例：H^+…「エイチ プラス」
　　Cl^-…「シーエル マイナス」
　　OH^-…「オーエイチ マイナス」

電気を2個分以上帯びているイオンの場合は，右肩の電気の符号を読む前に数字も読む。

例：Mg^{2+}…「エムジー 2プラス」
　　S^{2-}…「エス 2マイナス」

4 陰イオンのでき方

原子や原子の集団が，電子を受けとると陰イオンになる。

❶塩化物イオン…塩素原子が，電子1個を受けとって，塩化物イオンになる。

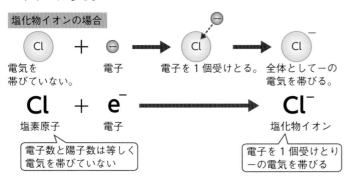

塩化物イオンの場合

電気を　　　　　電子　　　　　電子を1個受けとる。　全体として－の
帯びていない。　　　　　　　　　　　　　　　　　電気を帯びる。

$$Cl + e^- \longrightarrow Cl^-$$

塩素原子　　　電子　　　　　　　　　　　　　塩化物イオン

> 電子数と陽子数は等しく
> 電気を帯びていない

> 電子を1個受けとり
> －の電気を帯びる

❷硫化物イオン…硫黄原子1個が電子2個を受けとって，硫化物イオンになる。

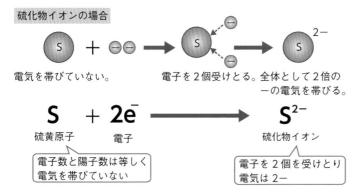

硫化物イオンの場合

電気を帯びていない。　　　　電子を2個受けとる。全体として2倍の
　　　　　　　　　　　　　　－の電気を帯びる。

$$S + 2e^- \longrightarrow S^{2-}$$

硫黄原子　　　電子　　　　　　　　　　　硫化物イオン

> 電子数と陽子数は等しく
> 電気を帯びていない

> 電子を2個を受けとり
> 電気は2－

おもな陰イオン

イオン	化学式	イオン	化学式
塩化物イオン	Cl^-	硫化物イオン	S^{2-}
水酸化物イオン	OH^-	硫酸イオン	$SO_4{}^{2-}$
硝酸イオン	$NO_3{}^-$	炭酸イオン	$CO_3{}^{2-}$

テストで注意 **塩化物イオン**

塩素が電子を受けとってイオンになったものは，塩化物イオンという。塩素イオンではないことに注意しよう。また，硫黄がイオンになったものも，硫化物イオン，水素と酸素の多原子イオンも水酸イオンではなく，水酸化物イオンという。

> 陽イオンの1＋のとき，
> 陰イオンの1－のとき，
> どちらも1を省略するよ。

3 電気分解とイオン

1 電離
◎電離…電解質が, 水にとけて陽イオンと陰イオンに分かれること。
◎電解質の水溶液に電流が流れるのは, 水溶液中のイオンが移動するからである。

2 電離を表す式
◎電離のようすは, 化学式を使って化学反応式と同じように表すことができる。

3 電気分解をイオンで考える
◎電気分解では, 水溶液中のイオンが電極と電子を受けわたしをしている。

4 電子配置で考えるイオン 発展
◎原子は, 陽イオンや陰イオンになることで, 安定した電子配置になる。

---

1 電離

電解質を水にとかすと陽イオンと陰イオンに分かれる。

重要

❶電離…電解質の物質が, 水にとけて陽イオンと陰イオンに分かれること。

a 塩化水素の電離…塩化水素は, 水にとけると, 水素イオンと塩化物イオンに分かれる。

塩化水素 HCl	→	水素イオン H^+	+	塩化物イオン Cl^-

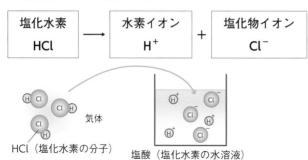

HCl（塩化水素の分子）　気体　塩酸（塩化水素の水溶液）

くわしく 塩酸

　気体の塩化水素が水にとけた水溶液を塩酸という。通常, 学校などで使う塩酸は濃度が低いので「希塩酸」（うすい塩酸という意味）ともいう。反対に, 濃度の高い塩酸を濃塩酸（濃い塩酸）という。

　濃塩酸はとても危険な物質で, 蒸気は猛毒で, 皮膚や眼についたりすると火傷や失明の危険性がある。基本的に, 塩酸は濃度に関係なく危険な物質だと考え, 先生の指示に従ってじゅうぶん注意して実験すること。

b塩化ナトリウムの電離…塩化ナトリウム（食塩）は，水にとけると，ナトリウムイオンと塩化物イオンに分かれる。

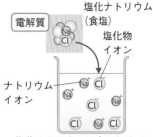

比較　**電解質と非電解質**

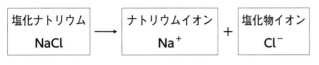

| 塩化ナトリウム NaCl | ナトリウムイオン Na$^+$ | 塩化物イオン Cl$^-$ |

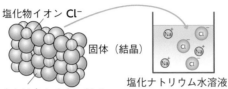

固体（結晶）

塩化ナトリウム

塩化物イオン Cl$^-$

ナトリウムイオン Na$^+$

塩化ナトリウム水溶液

塩化ナトリウムは水にとけてイオンに分かれる。

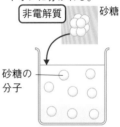

砂糖は水にとけてもイオンにならない。

2　電離を表す式

電離のようすは，物質やイオンの化学式を使うと，化学反応式と同じように表すことができる。

❶塩化水素の電離

電離前の物質名　　　　　　電離後のイオンの名前

| ① | 塩化水素 | → | 水素イオン | + | 塩化物イオン |
| ② | HCl | → | H$^+$ | + | Cl$^-$ |

式の書き方
①物質とイオンを名前で書く。
②①の下に，物質とイオンの化学式を書く。

❷塩化銅の電離

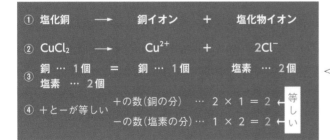

①	塩化銅	→	銅イオン	+	塩化物イオン
②	CuCl$_2$	→	Cu^{2+}	+	2Cl$^-$
③	銅 … 1個 ＝ 銅 … 1個　　塩素 … 2個
	塩素 … 2個
④	＋と－が等しい　＋の数（銅の分）… 2 × 1 ＝ 2
	－の数（塩素の分）… 1 × 2 ＝ 2

等しい

式の書き方
①物質とイオンを名前で書く。
②①の下に，物質とイオンの化学式を書く。
③矢印（→）の左右で原子とイオンの数が等しくなるように，係数をつける。
④矢印の右側で，イオンの＋と－の数が等しいか確認する。

1章／化学変化とイオン

1節／水溶液とイオン

47

③ 電気分解をイオンで考える

電気分解をイオンで考えると次のようになる。

❶塩化銅水溶液の電気分解

①電圧が加わる前の塩化銅水溶液のようす

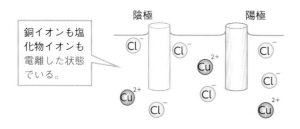

銅イオンも塩化物イオンも電離した状態でいる。

②電圧が加わると，イオンが電極に引きつけられる。

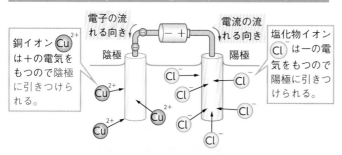

電子の流れる向き

電流の流れる向き

銅イオン Cu^{2+} は＋の電気をもつので陰極に引きつけられる。

塩化物イオン Cl^- は－の電気をもつので陽極に引きつけられる。

③イオンが電極で電子をわたし，原子になる。

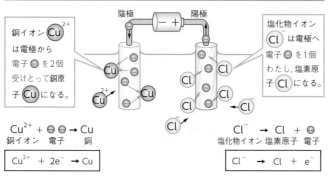

銅イオン Cu^{2+} は電極から電子 ⊖ を2個受けとって銅原子 Cu になる。

塩化物イオン Cl^- は電極へ電子 ⊖ を1個わたし，塩素原子 Cl になる。

$$Cu^{2+} + \ominus\ominus \rightarrow Cu$$
銅イオン　電子　銅

$$\boxed{Cu^{2+} + 2e^- \rightarrow Cu}$$

$$Cl^- \rightarrow Cl + \ominus$$
塩化物イオン　塩素原子　電子

$$\boxed{Cl^- \rightarrow Cl + e^-}$$

くわしく 塩化銅水溶液

塩化銅水溶液 $CuCl_2$ はきれいな青色をしているが，非常に濃いと褐色となり，うすめるとしだいに緑，青色に変化する。青色は銅イオンの色である。電気分解することで銅イオンが銅原子になって減っていくので，青色はうすくなる。

発展 水溶液の表記法「aq」

塩化銅水溶液を，$CuCl_2$ aq と溶質の物質名のあとにaqと加えて表記することがある。これだと塩化銅と塩化銅水溶液を区別して化学式で表記できる。例えば塩化水素（気体）は HCl，塩酸（塩化水素の水溶液）は HCl aqとなる。aqは aqua(アクア)の略で水を意味する。

くわしく 電流と電子の流れ

電流は電子の流れだが，流れる向きに注意しよう。電流は＋極→－極の向きに流れるが，電子は逆に－極→＋極の向きに移動している。

電流と電子の流れは逆なのに注意しよう。

④電極に，物質が発生する。

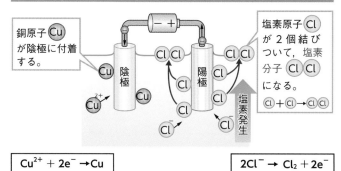

銅原子 Cu が陰極に付着する。

塩素原子 Cl が2個結びついて，塩素分子 Cl Cl になる。
Cl + Cl → Cl Cl

塩素発生

$$Cu^{2+} + 2e^- \rightarrow Cu$$

$$2Cl^- \rightarrow Cl_2 + 2e^-$$

●まとめると…

・**陰極**…銅イオン（陽イオン）が電子を受けとって銅原子になる。

・**陽極**…塩化物イオン（陰イオン）が電子をわたして塩素原子になる。→塩素原子が2個結びついて塩素分子になる。

❷うすい塩酸の電気分解

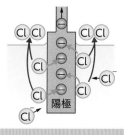

■陽極での変化

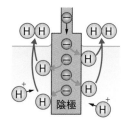

■陰極での変化

塩化物イオン Cl^- が電子 e^- 1個をわたして塩素原子 Cl になり，この塩素原子が2個結びついて塩素分子 Cl_2 になる。

水素イオン H^+ が電極から電子 e^- 1個を受けとり水素原子 H になり，水素原子が2個結びついて水素分子 H_2 になる。

●まとめると…

・**陽極**…塩化物イオンが電子をわたして塩素原子になる。

　→塩素原子が2個結びついて塩素分子になる。

・**陰極**…水素イオンが電子を受けとって水素原子になる。

　→水素原子が2個結びついて水素分子になる。

くわしく **銅の原子と塩素の分子**

　銅のような金属は，原子が集まった状態になっているが，塩素は原子2個が結びついた分子の状態になっている。そのため，陰極では銅イオンが電子を受けとって銅原子になると，そのまま電極にくっつくが，陽極では，塩化物イオンが電子をわたして塩素原子になったあと，塩素原子が2個結びついて塩素分子になる。塩素分子になってから，塩素の気体として発生する。

くわしく **発生する水素と塩素の体積**

　塩酸（塩化水素の水溶液）の中には，水素イオンと塩化物イオンが同数ふくまれているので，塩酸を電気分解すると，発生する水素と塩素の量（分子の数）は同じになる。

　しかし，水素はほとんど水にとけないが，塩素は水にとけやすいので，実際に発生する気体の体積は，塩素よりも水素の方が多くなる。

うすい塩酸と塩化銅水溶液の電気分解の問題

例題 右の図のように，塩酸と塩化銅水溶液中に，
炭素棒を電極として入れて電極をつなぎ，電
流を流して電気分解した。a〜dの電極で，
においのある気体が発生する電極はどれか。

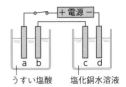

うすい塩酸　　塩化銅水溶液

ヒント それぞれの水溶液中での電離のようすを確認し，電極とイオンとの電子のやりとりを考えて，各電極
での変化をつかむ。

においのある気
体は何？
　　塩酸にふくまれているイオンは水素イオンと塩化物イオン，塩化銅水溶液にふくまれ
ているのは銅イオンと塩化物イオン。塩酸と塩化銅水溶液の電気分解で発生する気体の
うち，においのある気体は，刺激臭のある塩素。

塩素が発生する
しくみは？
　　塩素は，塩化物イオンが電子を電極にわたしてできた塩素原子が2個結びつき，塩素
分子になって発生する。

塩化物イオンが
移動する電極は？
　　塩化物イオンは陰イオンで－の電気をもっているから，陽極に引きつけられて移動す
る。塩化物イオンは，塩酸にも塩化銅水溶液にもふくまれているので，両方の陽極で発
生する。

答え a，c

問題 うすい塩酸の電気分解について，次の問いに答えよ。

(1) 電極aに引きつけられるイオンは何か。イオンの化学式で答えよ。

(2) 電極bから発生する気体の化学式を答えよ。

(3) 電極aから10個の気体の分子が発生したとき，電極bから発生する気
体の分子の数は何個か。

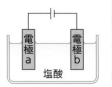

ヒント 塩化水素の電離のようすから，塩酸にふくまれている陽イオンと陰イオンの数を考えてみる。

答え (1) Cl⁻　(2) H₂　(3) 10個

④ 電子配置で考えるイオン 〔発展〕

原子によって，ナトリウム原子のように陽イオンになる原子と，塩素原子のように陰イオンになる原子がある。陽イオンになるか陰イオンになるかは，電子配置によって決まる。

❶**電子殻**…原子核のまわりにある電子は，いくつかの層に分かれて存在している。この層のことを電子殻という。電子殻には，入る電子の最大数がそれぞれ決まっている。

❷**電子配置**…電子は内側の電子殻から順に入る。電子が電子殻にどう入っているかを示したものを電子配置という。

❸**貴ガス**…周期表のいちばん右側にある物質（これらを18族といい，どれも気体）の電子配置は非常に安定しており，電子をわたしたり受けとったりすることがなく，化合物をつくりにくい。これらの気体を貴ガスという。

❹**安定した電子配置とイオン**…原子は，なるべく貴ガスと同じ安定した電子配置になろうとする。電子をわたしたり受けとったりしてイオンになることで，安定した電子配置になる。

ここ に注目 　酸素の電子配置

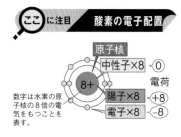

数字は水素の原子核の8倍の電気をもつことを表す。

くわしく　電子殻に入れられる電子の数

いちばん内側の電子殻には2個までしか電子が入らない。内側から2番目，3番目の電子殻にはそれぞれ8個，18個の電子が入る。

アルゴンでは，いちばん外側の電子殻に8個の電子が入っている。

↑アルゴンの電子配置

比較 　周期表の原子の電子配置の模式図

族周期	1	2	13	14	15	16	17	18
1	(1+) ₁H 水素	※ 原子核にある陽子数＋中性子数（質量数）→ 原子核にある陽子数（電子数）＝原子番号→ 元素記号↓ 元素名↓ ₄₂He ヘリウム						(2+) ₂He ヘリウム
2	(3+) ₃Li リチウム	(4+) ₄Be ベリリウム	(5+) ₅B ホウ素	(6+) ₆C 炭素	(7+) ₇N 窒素	(8+) ₈O 酸素	(9+) ₉F フッ素	(10+) ₁₀Ne ネオン
3	(11+) ₁₁Na ナトリウム	(12+) ₁₂Mg マグネシウム	(13+) ₁₃Al アルミニウム	(14+) ₁₄Si ケイ素	(15+) ₁₅P リン	(16+) ₁₆S 硫黄	(17+) ₁₇Cl 塩素	(18+) ₁₈Ar アルゴン

※ ここでは省略しているが，質量数を書くときは左上に表記する。

❺イオンの電子配置の例

　a ナトリウムイオン…ナトリウム原子Naは，いちばん外側
　の電子殻に1個の電子をもつ。この電子1個を失ってナト
　リウムイオンNa^+になると，電子配置が貴ガスのネオン
　原子と同じいちばん外側の電子が8個になるので安定する。

　b 塩化物イオン…塩素原子Clは，いちばん外側の電子殻に
　　7個の電子をもつ。電子を1個受けとり塩化物イオンにな
　　ると，電子配置が貴ガスのアルゴン原子と同じ，いちばん
　　外側の電子殻の電子が8個になるので安定する。

❻陽イオンになる原子，陰イオンになる原子…いちばん外側の
　電子殻にある電子の数が少ない原子は，電子を失って陽イオ
　ンになりやすい。一方，いちばん外側の電子殻にある電子の
　数が，その電子殻に入る電子の最大数に近い原子では，電子
　を受けとって，陰イオンになることが多い。

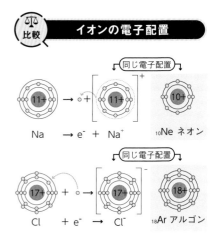

⚖ 比較　**イオンの電子配置**

ナトリウムイオンはネオン，塩化物イオンはアルゴンと同じ電子配置をもつ。

Column　**人のからだとイオン**

　わたしたちのからだの約60〜65%は水でできていて，その中には
いろいろな電解質がとけたイオンがたくさんふくまれています。健康な
生活にはこれらのイオンが必要で，イオンという形でからだに必要な物
質を運んだり，機能に利用したりしています。

血液…わたしたちは血液を通してからだの各部に酸素と養分を運び，血
　液を通して不要となった物質を運び出しています。この血液の成分
　のうち50%以上は血しょうです。血しょうの約90%は水分で，その
　中にナトリウムイオンや塩化物イオン，タンパク質などの物質がふく
　まれています。

体脂肪計…ひとのからだをつくっている組織には，筋肉組織や脂肪組織
　などがあります。筋肉組織には電解質の物質が多くふくまれているの
　で，電圧を加えると電流が流れますが，脂肪組織には電流があまり流
　れません。体脂肪計は，このようなからだの組織の性質を利用して，
　からだの筋肉と脂肪を流れる微弱な電流のちがいから，からだの中の
　脂肪の割合を計算しています。

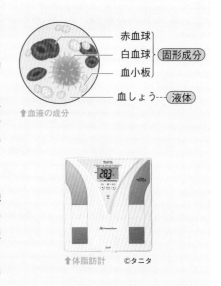

⬆血液の成分

赤血球
白血球 固形成分
血小板
血しょう--- 液体

⬆体脂肪計　©タニタ

1 水溶液と電流

□(1) 水にとかすと，水溶液に電流が流れる物質を〔　　　〕という。

□(2) 水にとかしても，水溶液に電流が流れない物質を〔　　　〕という。

□(3) 水溶液にしたとき，砂糖は電流が〔　流れ　流れず　〕，塩化ナトリウム（食塩）は電流が〔　流れる　流れない　〕。

□(4) 塩酸を電気分解すると，陽極から〔　　　〕が，陰極から〔　　　〕が発生する。

□(5) 塩化銅水溶液を電気分解すると，〔　　　〕極に〔　　　〕が付着し，〔　　　〕極から〔　　　〕が発生する。

(1) 電解質

(2) 非電解質

(3) 流れず，流れる

(4) 塩素，水素

(5) 陰，銅，陽，塩素

2 原子の構造とイオン

□(6) 原子は，原子核と〔　　　〕からできている。原子核はさらに，＋の電気をもつ〔　　　〕と，電気をもたない〔　　　〕からできている。

□(7) 原子が，＋または－の電気を帯びたものを〔　　　〕という。

□(8) 原子が電子を失い，＋の電気を帯びたものを〔　　　〕といい，電子を得て－の電気を帯びたものを〔　　　〕という。

(6) 電子, 陽子, 中性子

(7) イオン

(8) 陽イオン, 陰イオン

3 電気分解とイオン

□(9) 水溶液中で，電解質がイオンに分かれることを〔　　　〕という。

□(10) 電解質の水溶液を電気分解すると，〔　　　〕イオンは陽極に引きつけられ，〔　　　〕イオンは陰極へ引きつけられる。

□(11) 塩酸の電離の式は，$HCl \rightarrow$〔　　　〕$+$〔　　　〕である。

□(12) 電解質の水溶液の電気分解では，〔　　　〕イオンが陽極へ電子を渡し，〔　　　〕イオンが陰極から電子を受けとり，電流が流れる。

(9) 電離

(10) 陰，陽

(11) H^+, Cl^-

(12) 陰，陽

1 電池のしくみ

1 金属のイオンへのなりやすさ
◎金属の種類によって，イオンへのなりやすさにちがいがある。

2 電解質の水溶液と金属
◎電解質（でんかいしつ）の水溶液に2種類の金属を入れると，金属の間に電圧が生じる。

3 電池とイオン
◎2種類の金属と電解質の水溶液を組み合わせると電池ができる。
◎電池…物質がもっている化学エネルギーを電気エネルギーに変換してとり出す装置。

4 ダニエル電池
◎ダニエル電池…硫酸亜鉛（りゅうさんあえん）水溶液に入れた亜鉛板と，硫酸銅水溶液に入れた銅板を2つの電極とする電池。

1 金属のイオンへのなりやすさ

金属は陽イオンになりやすいが，イオンへのなりやすさは金属の種類によってちがう。

❶金属板付近で起こる化学変化

a マグネシウムを硫酸亜鉛水溶液に入れたとき

マグネシウムを硫酸亜鉛水溶液に入れると表面に亜鉛が付着する。

⇒マグネシウム原子が電子を失ってマグネシウムイオンになり，水溶液にとけ出し，水溶液にふくまれていた亜鉛イオンが電子をもらって亜鉛原子になる。

⇒マグネシウムの方が亜鉛よりもイオンになりやすい。

b 亜鉛を硫酸銅水溶液に入れたとき

亜鉛を硫酸銅水溶液に入れると表面に銅が付着する。

⇒亜鉛が電子を失って亜鉛イオンになり，水溶液にとけ出

比較 金属のイオンのなりやすさ

マグネシウムと硫酸亜鉛（$ZnSO_4$）水溶液
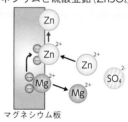
マグネシウム板

亜鉛と硫酸銅（$CuSO_4$）水溶液
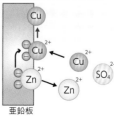
亜鉛板

し，水溶液にふくまれていた銅イオンが電子をもらって銅

原子になる。

⇒亜鉛の方が銅よりもイオンになりやすい。

❷**金属のイオンへのなりやすさ**…マグネシウムは亜鉛よりイオン

になりやすく，亜鉛は銅よりもイオンになりやすいことから，

イオンへのなりやすさは，マグネシウム＞亜鉛＞銅である。

Column イオン化傾向

ここまでで金属の陽イオンへのなりやすさにちがいがあることがわかった。マグネシウム，亜鉛，銅に限らず，
ほかのさまざまな金属についてもイオンへのなりやすさにちがいがある。

このような金属の陽イオンへのなりやすさのことを，**イオン化傾向**という。

おもな金属を，イオン化傾向の大きいものから順に並べると，次のようになる。

カリウム		ナトリウム		マグネシウム		亜鉛		鉄		（水素）		銅		銀		金
K	＞	Na	＞	Mg	＞	Zn	＞	Fe	＞	（H）	＞	Cu	＞	Ag	＞	Au

重要実験 金属のイオンへのなりやすさを調べる

目的 銅，亜鉛，マグネシウムのイオンへのなりやすさのちがいを調べる。

準備 マイクロプレート，銅片，亜鉛片，マグネシウム片，硫酸マグネシウム水溶液，硫酸銅水溶液，硫酸亜鉛
水溶液

方法 ①マイクロプレートの縦の列に右図のように硫酸マグ
ネシウム水溶液，硫酸亜鉛水溶液，硫酸銅水溶液を
入れる。

②マイクロプレートの横の列に右図のようにマグネシ
ウム片，亜鉛片，銅片を入れる。

③それぞれの金属片にどのような変化が起こるかを観
察する。

 注意 ▶

●水溶液が目に入らないよう，保護めがねをかける。

●水溶液が皮膚につかないよう注意する。

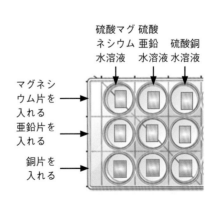

	硫酸マグネシウム水溶液	硫酸亜鉛水溶液	硫酸銅水溶液
マグネシウム片	変化なし	マグネシウム片がうすくなり，灰色の物質が付着した	マグネシウム片がうすくなり，赤色の物質が付着した
亜鉛片	変化なし	変化なし	亜鉛片がうすくなり，赤色の物質が付着した
銅片	変化なし	変化なし	変化なし

結論
- マグネシウムは，硫酸亜鉛水溶液に入れると，電子を失ってマグネシウムイオンになり，亜鉛イオンは電子を受けとって亜鉛になった。また，硫酸銅水溶液に入れると，電子を失ってマグネシウムイオンになり，銅イオンは電子を受けとって銅になったと考えられる。
- 亜鉛は，硫酸銅水溶液に入れると，電子を失って亜鉛イオンになり，銅イオンは電子を受けとって銅になったと考えられる。
- 以上の結果より，亜鉛は銅よりもイオンになりやすく，マグネシウムは亜鉛よりもイオンになりやすいと考えられるので，金属のイオンへのなりやすさにはちがいがあり，マグネシウムが最もイオンになりやすく，次いで亜鉛，銅の順になっていると考えられる。

2 電解質の水溶液と金属

電解質の水溶液に2種類の金属を入れると，金属の間に電圧が生じる。

❶電解質の水溶液と金属

電解質の水溶液に2種類の金属を電極として入れると，電極の間に電圧が生じ，電極どうしを導線でつなぐと電流が流れる。

⇒このしくみで電流がとり出せるようにしたものを**電池**という。

❷＋極と－極…電極どうしを導線でつないだときに，電流が導線に流れ出す側を＋極，導線から電流が流れこむ側を－極という。

ここに注目 電気分解と電池

●電気分解
- 2つの電極をつなぐ導線の途中に電源がある。
- 電流は電源から供給される。
- 電源の＋極につながっている電極を**陽極**，電源の－極につながっている電極を**陰極**という。
- 電流は，電源の＋極→陽極→（水溶液中）→陰極→電源の－極，と流れる。

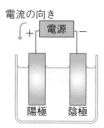

電流の向き

●電池
- 2つの電極をつなぐ導線の途中に電源はなく，豆電球や電圧計などがある。
- 電流は，水溶液と金属板でできた「電池」から供給される。
- 電流が流れ出る電極を**＋極**，電流が流れこむ電極を**－極**という。
- 電流は，＋極→（豆電球）→－極，と流れる。

電流の向き

重要実験 ## 水溶液と金属で電流がとり出せるか調べる

目的 水溶液の中に 2 枚の金属を入れたとき，電流がとり出せるかを調べる。

発泡
ポリスチレン

光電池用モーター

うすい塩酸

準備 水溶液は，うすい塩酸と砂糖水を用意する。
金属板は，銅板，亜鉛板，マグネシウムリボンを用意する。

方法 ①水溶液の中に 2 枚の金属板を入れ，金属板どうしの間に光電池用モーターをつないで観察する。
・2 種類の水溶液について実験する。
・2 枚の金属板の組み合わせを変えて実験する。
② ①で電流が流れた場合は，光電池用モーターのかわりに電圧計をつないで，電圧をはかる。

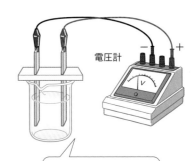

電圧計

− ＋

結果 ・水溶液として砂糖水を使った場合は電流が流れなかった。
・同じ種類の金属板 2 枚を組み合わせた場合は電流が流れなかった。
・水溶液としてうすい塩酸を使い，ちがう種類の金属板 2 枚を組み合わせたときは電流が流れた。そのときに生じた電圧は，金属の組み合わせによって変わった。

●＋極，−極の調べ方
電圧計の針が＋側にふれるように導線をつなぐ。このとき＋端子につないである金属板が＋極になっている。

 ●電流が流れた場合の電圧測定の結果（例）

金属		電圧（V）
＋極	−極	
銅板	亜鉛板	0.7
銅板	マグネシウムリボン	1.6
亜鉛板	マグネシウムリボン	0.9

結論 ・電解質の水溶液に異なる種類の金属を入れて導線でつなぐと，電圧が生じて，電流が流れる。
⇒電池になった。
・＋極と−極は金属の組み合わせによって変わり，生じる電圧の大きさも金属の組み合わせによって異なる。

3 電池とイオン

　<ruby>電解質<rt>でんかいしつ</rt></ruby>の水溶液に2種類の金属を入れると，電流がとり出せる電池ができる。電池の+極と-極では，それぞれ化学変化が起きている。

❶<ruby>亜鉛板<rt>あ えん</rt></ruby>と銅板，<ruby>硫酸亜鉛<rt>りゅうさん あ えん</rt></ruby>水溶液と<ruby>硫酸銅<rt>りゅうさんどう</rt></ruby>水溶液を組み合わせた電池…イオンになりにくい銅板が+極，イオンになりやすい亜鉛板が-極になり，電流をとり出すことができる。

❷-極での変化…亜鉛板の表面から，亜鉛原子が電子を2個失って亜鉛イオンになり，硫酸亜鉛水溶液にとけ出す。
　⇒電子2個は電極に残り，導線を通って+極の銅板に向かって流れる。
　⇒**亜鉛板がとける。**

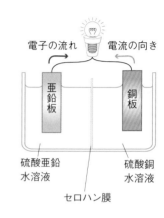

電子の流れ　電流の向き

亜鉛板　銅板

硫酸亜鉛水溶液　硫酸銅水溶液

セロハン膜

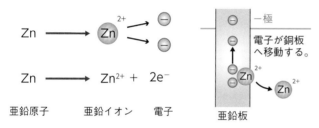

$$Zn \longrightarrow Zn^{2+} + 2e^-$$

亜鉛原子　　　亜鉛イオン　　電子

-極
電子が銅板へ移動する。
亜鉛板

❸+極での変化…銅板の表面で，硫酸銅水溶液の中の銅イオンが，導線から流れてきた電子を2個受けとって銅原子になる。
　⇒**銅板に銅が付着する。**

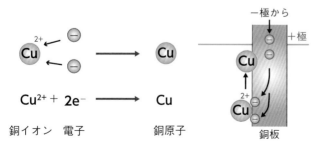

$$Cu^{2+} + 2e^- \longrightarrow Cu$$

銅イオン　電子　　　　　　銅原子

-極から
+極
銅板

金属のイオン化傾向の差を利用するんだね。

❹電池全体でのイオンと電子の流れ…亜鉛板と銅板，2種類の電解質の水溶液を組み合わせると，亜鉛板（－極）では電子をわたす反応，銅板（＋極）では電子を受けとる反応が起きている。－極と＋極は離れているが，2つの電極を導線でつなぐと，導線を電子が移動して，電流が流れる。

⇒**外部に電流をとり出せる電池ができる。**

▶動画 化学電池のしくみ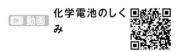

🔍ここに注目 電池の説明モデル

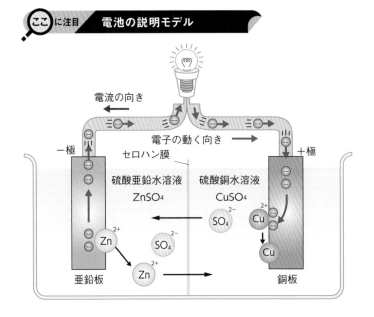

電流の向き
電子の動く向き ➡
－極
セロハン膜
硫酸亜鉛水溶液 ZnSO₄
硫酸銅水溶液 CuSO₄
＋極
$SO_4{}^{2-}$
Cu^{2+}
Zn^{2+}
$SO_4{}^{2-}$
Cu
Zn^{2+}
亜鉛板
銅板

セロハンのほかに素焼きの容器を使う方法もあるよ（➡p.61）

🖊くわしく セロハン膜の役割

　セロハン膜には，大きなものは通さないが，イオンのような小さいものは通りぬけることができる小さな穴があいている。イオンは，この穴を通って移動できる。しかし，セロハン膜があるので，硫酸銅水溶液と硫酸亜鉛水溶液は簡単には混ざり合わない。

❺**電極の変化のようす**…しばらくたつと，－極の亜鉛板はぼろぼろになる。これは，亜鉛が亜鉛イオンとなって硫酸亜鉛水溶液にとけ出していくからである。

　＋極では，銅板に銅が析出する。

❻**エネルギーからみた電池**…亜鉛板と銅板からなる電池では，－極と＋極付近で化学変化が起こっている。

⇒化学変化を利用して，もともと物質がもっている化学エネルギーを電気エネルギーに変換してとり出す装置を**電池（化学電池）**という。

ダニエル電池

p.58で説明した亜鉛板と銅板，2種類の電解質の水溶液からなる電池を**ダニエル電池**という。

❶**ダニエル電池**…間がセロハン膜で仕切られた容器の片方に硫酸亜鉛水溶液を，もう片方に硫酸銅水溶液を入れ，硫酸亜鉛水溶液には亜鉛板を，硫酸銅水溶液には銅板を入れる。

・**ー極での反応**…亜鉛原子が電子を失って亜鉛イオンになり，硫酸亜鉛水溶液にとけ出す。電子は導線へと移動する。

$$Zn \longrightarrow Zn^{2+} + 2e^-$$

亜鉛原子 　　亜鉛イオン　電子2個

・**＋極での反応**…導線から流れてきた電子を，硫酸銅水溶液中の銅イオンが受けとって銅となり，銅板に付着する。

$$Cu^{2+} + 2e^- \longrightarrow Cu$$

銅イオン　　電子2個　　　　銅原子

❷**亜鉛板と銅板と塩酸の電池**…p.57で説明した，うすい塩酸を使って亜鉛と銅板を組み合わせた電池もつくれる。この場合のイオンと電子の流れは，以下のようになる。電流は，銅板から導線を通って亜鉛板に流れる。　⇒**銅板が＋極，亜鉛板がー極になる。**

比較 **ダニエル電池での電極での反応**

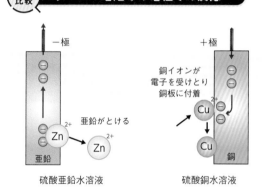

硫酸亜鉛水溶液　　　　　硫酸銅水溶液

くわしく 電流が流れなくなる理由

うすい塩酸に銅板と亜鉛板の電極を使ったとき，電極の表面から水素などの気体が発生する。この気体が電極をおおってしまうと，塩酸と電極に気体によるすき間ができ，電流が流れにくくなってしまう。

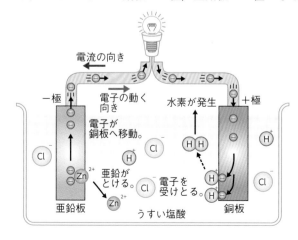

重要実験　ダニエル電池の作製

目的　ダニエル電池をつくり，電流がとり出せるかどうか確かめる。
電極の表面の変化を調べ，電流をとり出すしくみを考える。

方法　①図のように，硫酸亜鉛水溶液と亜鉛
板，硫酸銅水溶液と銅板を用いてダニ
エル電池を組み立てる。
②電子オルゴールをつないでみる。
③モーターをつなぎ，しばらくつないだ
ままにして，金属板のようすを観察す
る。

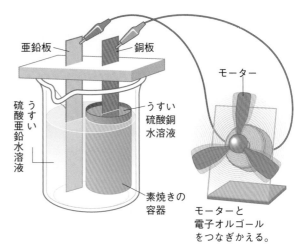

亜鉛板　　　銅板

モーター

うすい
硫酸亜鉛水溶液

うすい
硫酸銅
水溶液

素焼きの
容器

モーターと
電子オルゴール
をつなぎかえる。

結果　・電子オルゴールが鳴ったので，電流が流れたことがわかった。

・電子オルゴールは，正しく＋極と一極をつなげないと音が鳴らないことから，銅板が＋極，亜鉛板が一
極になるとわかった。

・モーターをしばらくつないでおくと，一極の亜鉛板は，ぽろぽろになり，やせ細っていた。
一方，＋極の銅板には赤色の物質が付着した。

結論　・ダニエル電池で電流をとり出すことができる。

・ダニエル電池では，亜鉛板が一極，銅板が＋極になる。

・一極では，亜鉛原子が亜鉛イオンになって水溶液にとけ出すので，亜鉛板がしだいにぽろぽろになり，
やせ細っていくと考えられる。

・＋極では，電子を受けとった銅イオンが銅原子になるため，電極板にあらたな銅が付着（析出）したと
考えられる。

チェック　・モーターをしばらくつないでおくと，硫酸銅水溶液の色はどうなると考えられるか。理由も答えよ。

▶答え　・青色の銅イオンが減るので，硫酸銅水溶液の青色はうすくなる。

2　身のまわりの電池

①　いろいろな電池

◎ **一次電池**…一度使用するともとにもどらない，使いきりの電池。

◎ **二次電池（蓄電池）**…外部から電流を流すと電圧が回復し，くり返し使える電池。

◎ **充電**…二次電池に外部から逆向きに電流を流して，電圧を回復させる操作。

◎ **燃料電池**…水の電気分解とは逆の化学変化を利用して，電気エネルギーをとり出す装置。

1　いろいろな電池

電池には，電極や電解質に使用する物質のちがいや，しくみのちがいによって，多くの種類がある。

❶一次電池…使用することで電極の化学変化が進むと，電圧が下がり，もとにもどらない使いきりの電池。

❷二次電池（蓄電池）…外部から逆向きの電流を流すと，低下した電圧が回復し，くり返し使用できる電池。

生活　電池の取り扱い

①＋極と－極を直接つながない。

②使い終わった電池は，ほかのごみといっしょにせず，電池のごみとして捨てる（リサイクルする）。

③電池の中には有害なものも入っているので，分解しない。

いろいろな電池

種類	名称	特徴	用途
一次電池	マンガン乾電池	低価格。休ませつつ使うと電圧が回復する。	リモコン，置き時計
	アルカリ（マンガン）乾電池	マンガン電池より大きな電流が得られる。	懐中電灯，ゲーム機，玩具
	リチウム電池	小型・軽量で高電圧が得られ，寿命も長い。	腕時計，電卓，心臓ペースメーカー
	酸化銀電池	電圧が長期に安定。とり出せる電気量が大きい。	腕時計，電子体温計
	空気電池（空気亜鉛電池）	電圧が長期に安定。	補聴器
二次電池	鉛蓄電池	大きな電流が得られる。低価格。重い。	自動車のバッテリー
	リチウムイオン電池	小型・軽量。電圧も安定で大電流が得られる。	携帯電話，ノートパソコン
	ニッケル水素電池	とり出せる電気の量が大きい。	玩具，ゲーム機

❸充電…外部から強制的に電流を流して電圧を回復させる。充電では，電気エネルギーを化学エネルギーに変換している。充電に対して，電流を外部にとり出すことは，放電という。

❹燃料電池…水の電気分解とは逆に，水素と酸素を反応させて，水素，酸素のもつ化学エネルギーから電気エネルギーを直接とり出す装置のこと。空気中の酸素を利用し，水素を燃料として使用する。

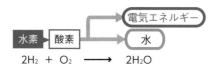

$$2H_2 + O_2 \longrightarrow 2H_2O$$

ここに注目　**燃料電池自動車（FCV）**

　水素を燃料とした燃料電池を利用した自動車が，大気汚染物質や温暖化に影響する物質を出すことなく，しかもエネルギー効率がよい自動車として，開発が進められている。すでに，乗用車やバスの生産が始まっており，日本でも一部地域では，燃料電池を搭載したバスが路線バスに利用され始めている。

©アフロ

1章／化学変化とイオン

2節／電池

Column　リチウムイオン電池のしくみ　生活

　リチウムイオン電池は＋極に金属の酸化物，一極に炭素（黒鉛）を用いていて，金属の酸化物も黒鉛も，それぞれ結晶の中にリチウムイオンLi^+をとりこむことができる構造をもっている。この2つの電極はリチウムイオンをふくむゼリー状の電解質に入れてあり，直接ふれ合うことがないよう，途中に仕切り（セパレータ）がもうけてある。

　リチウムイオン電池は，充電された状態では一極にリチウムイオンがたまっていて，電池に

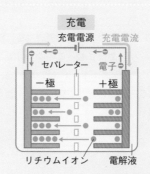

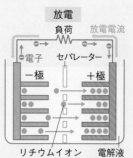

機器をつなぐと，リチウムイオンが仕切りの中を通って一極から＋極へ移動する。同時に，電子が導線を通って一極から＋極へと移動し，その結果，機器に電流が流れる（電流は＋極から一極へ流れる）。電圧が下がったリチウムイオン電池に外部電源を接続して，強制的に逆向きの電流を流すと，一極に電子が流れこみ，同時にリチウムイオンが仕切りを通って＋極から一極に移動して，充電された状態に戻る。このようにリチウムイオンは，充電するときは＋極から一極へ，放電するときは一極から＋極へと，＋極と一極の間を行ったり来たりしながら，電気エネルギーを化学エネルギーに変換してたくわえたり，化学エネルギーを電気エネルギーに変換して電流として外部に出したりしている。

　リチウムイオン電池は，軽量で小型化できるため，現在では携帯電話やノートパソコンなどのモバイル電子機器のほか，電動自転車や電気自動車のバッテリーとしても利用されている。

Column 電池をつくってみよう

■燃料電池…燃料電池は，水の電気分解の逆の反応を利用した電池といえる。これを炭を使って再現してみよう。

①水の電気分解を行う。

　　まず，少量の重そう（炭酸水素ナトリウム）をとかした水溶液を容器に入れ，備長炭をひたす。それぞれの備長炭に乾電池の＋極と一極をつなぎ，水を電気分解する。

②発光ダイオードを光らせる。

　　乾電池をはずし，電池の＋極をつないだ方に発光ダイオードの＋端子を，もう一方に一端子をつなぐと，発光ダイオードが光る。

　　これは，①で電気分解をしたとき，＋極側の備長炭の中に水の電気分解で発生した酸素が，一極側の備長炭の中に水素がたまっているため，それらを原料として，水の電気分解と逆の化学反応が起こり，発電が起こっているからである。

■1円硬貨と10円硬貨を使った電池

右の図のように，1円硬貨（アルミニウム）と10円硬貨（主に銅）を，食塩水でしめらせたキッチンペーパーではさむ。このつくりを，2重，3重と重ねると電池の強さが増す。発光ダイオードをつないで光らせてみよう。1円硬貨の方が一極，10円硬貨の方が＋極になる。

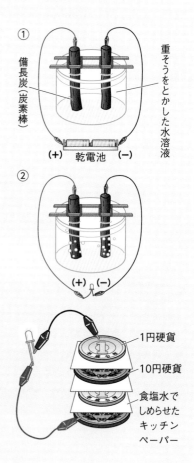

ほかにも，レモンなどを使った電池や，木炭とアルミニウムはくを使った電池などもつくることができるよ。

1 電池のしくみ

〔 解答 〕

□(1) 電解質の水溶液中に，異なる2種類の金属を入れると，金属の間に〔　　　〕を生じる。その大きさは，2種類の金属の組み合わせによって，〔　変わる　変わらない　〕。

(1) 電圧，変わる

□(2) (1)の2種類の金属どうしを導線でつなぐと，導線に電流が流れ，外部に電流をとり出せる〔　　　〕ができる。

(2) 電池

□(3) 金属の〔　　　〕へのなりやすさは，金属の種類によってちがう。

(3) イオン

□(4) 銅，亜鉛，マグネシウムでは，イオンへのなりやすさは，〔　　　〕>〔　　　〕>〔　　　〕の順になる。

(4) マグネシウム，亜鉛，銅

□(5) うすい塩酸に亜鉛と銅を入れた電池では，〔　+　−　〕極の亜鉛原子が〔　　　〕を失って〔　　　〕になり，塩酸にとけ出す。

(5) −，電子，亜鉛イオン

□(6) 亜鉛板と銅板を電極にしたダニエル電池で，電子を失ってイオンになるのは〔　亜鉛　銅　〕であり，電子を受けとって原子になるのは〔　亜鉛イオン　銅イオン　〕である。

(6) 亜鉛，銅イオン

□(7) 化学変化を利用して，物質のもっている〔　　　〕エネルギーを〔　　　〕エネルギーに変換してとり出す装置を電池という。

(7) 化学，電気

2 身のまわりの電池

□(8) 一度使うと電圧が下がり，もとにもどらない使いきりの電池を〔　　　〕という。

(8) 一次電池

□(9) 外から逆向きの電流を流すと電圧が回復し，くり返し使える電池を〔　　　〕という。

(9) 二次電池(蓄電池)

□(10) (9)のように，逆向きの電流を流して電圧を回復させる操作を〔　　　〕という。

(10) 充電

□(11) 水の電気分解とは逆の化学変化を利用する電池を〔　　　〕という。

(11) 燃料電池

1 酸性とアルカリ性の水溶液

教科書の要点

1 酸性の水溶液
◎酸性の水溶液には，水素イオンH⁺がふくまれている。
◎**酸**…水溶液にしたとき，電離して水素イオンH⁺を生じる化合物のこと。

2 アルカリ性の水溶液
◎アルカリ性の水溶液には，水酸化物イオンOH⁻がふくまれている。
◎**アルカリ**…水溶液にしたとき，電離して水酸化物イオンOH⁻を生じる化合物のこと。

3 酸性，アルカリ性の水溶液の比較
◎酸性の水溶液…青色リトマス紙は赤色に，BTB溶液は黄色になり，マグネシウムリボンを入れると水素が発生する。
◎アルカリ性の水溶液…赤色リトマス紙は青色に，BTB溶液は青色に，フェノールフタレイン溶液は赤色になる。

4 イオンの移動
◎酸性の水溶液に電圧をかけると，水素イオンH⁺が陰極側に移動する。
◎アルカリ性の水溶液に電圧をかけると，水酸化物イオンOH⁻が陽極側に移動する。

5 pH
◎酸性・アルカリ性の強さを表す数値。

1 酸性の水溶液

電解質の水溶液で，水溶液中に水素イオンH⁺をふくんでいる。

重要 ❶酸…水溶液にしたとき，電離して水素イオンH⁺を生じる化合物のこと。

酸 → (H)⁺ ＋ 陰イオン
　　　水素イオン

くわしく 代表的な酸の物質

塩酸(HCl)，硫酸(H₂SO₄)，硝酸（HNO₃)，炭酸（H₂CO₃)，酢酸（CH₃COOH）など。

66

❷酸性の水溶液の性質

- 青色リトマス紙につけると，赤色に変化する。赤色リトマス紙をつけても，色は変化しない。
- BTB溶液を加えると，水溶液が黄色になる。
- マグネシウムリボンを入れると，水素が発生する。
- 電極を入れて電圧をかけると，電流が流れる。

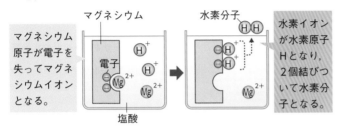

マグネシウム原子が電子を失ってマグネシウムイオンとなる。

電子

塩酸

マグネシウム

水素分子

水素イオンが水素原子Hとなり，2個結びついて水素分子となる。

2　アルカリ性の水溶液

でんかいしつ
電解質の水溶液で，水溶液中に水酸化物イオンOH^-をふくんでいる。

⚠重要
❶アルカリ…水溶液にしたとき，電離して水酸化物イオンOH^-を生じる化合物のこと。

アルカリ $\longrightarrow$ 陽イオン ＋ 水酸化物イオン

❷アルカリ性の水溶液の性質

- 赤色リトマス紙につけると，青色に変化する。青色リトマス紙をつけても，色は変化しない。
- BTB溶液を加えると，水溶液が青色になる。
- マグネシウムリボンを入れても，反応は起こらず，気体は発生しない。
- フェノールフタレイン溶液を加えると赤色になる。
- 電極を入れて電圧をかけると，電流が流れる。

くわしく**リトマス**

リトマス紙の色のもとになっている物質は，もともとはリトマスゴケからとり出した色素で，昔は染料（せんりょう）として用いられた。リトマス紙は，このリトマスをとかした液をろ紙にしみこませたもの。現在は，リトマスゴケからとり出すのではなく，合成されている。

復習**金属の反応と気体の発生**

うすい塩酸やうすい硫酸に鉄や亜鉛を入れると，マグネシウムリボンを入れたときと同じように水素が発生する。

くわしく**BTBとは**

BTBはブロモチモールブルー（bromothymol blue）の略。粉末で，エタノールの水溶液にとかして，酸性・中性・アルカリ性を調べる指示薬として使用する。

くわしく**代表的なアルカリの物質**

水酸化ナトリウム（NaOH），水酸化バリウム（$Ba(OH)_2$），水酸化カリウム（KOH）など。

3 酸性，アルカリ性の水溶液の比較

水溶液を試験紙や指示薬で調べたときの変化は酸性・中性・アルカリ性で異なる。またマグネシウムリボンを入れたり，電圧を加えたりしたときのようすもちがうので整理しておこう。

❶酸性・中性・アルカリ性を調べる試験紙

リトマス紙

青色のリトマス紙…酸性の水溶液をつけると赤くなる。中性，アルカリ性の水溶液では変化しない。

赤色のリトマス紙…アルカリ性の水溶液をつけると青くなる。中性，酸性の水溶液では変化しない。

❷酸性・中性・アルカリ性を調べる指示薬

a BTB溶液…アルカリ性の水溶液に入れると青色，中性の水溶液では緑色，酸性の水溶液では黄色を示す。

b フェノールフタレイン溶液…酸性，中性の水溶液では無色のままだが，アルカリ性の水溶液に入れると赤色になる。

❸マグネシウムリボンを入れたときの反応

・**酸性の水溶液**…水素を発生しながら，マグネシウムリボンがとける。

・**アルカリ性の水溶液**…反応しない。

・**中性の水溶液**…反応しない。

❹電圧をかけたときのようす

・**酸性の水溶液**…電流が流れる。

・**アルカリ性の水溶液**…電流が流れる。

・**中性の水溶液**…電流が流れるもの（例塩化ナトリウム水溶液）と流れないもの（例砂糖水）がある。

くわしく　指示薬

色の変化によって，酸性・中性・アルカリ性を調べることができる薬品のこと。BTB溶液やフェノールフタレイン溶液は代表的な指示薬である。リトマス紙にしみこませてあるリトマスという物質も，酸性・アルカリ性で色が変わる指示薬の1つである。

生活　ムラサキキャベツの指示薬

実験室にある試験紙や指示薬がなくても，酸性・アルカリ性を調べることができる。

ムラサキキャベツの葉を細かく切って，熱い湯につけたり，冷凍庫で凍らせたりしたあと，葉の色素をもみ出して得られた汁は，酸性・中性・アルカリ性の指示薬として使うことができる。

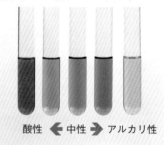

酸性 ← 中性 → アルカリ性

酸性の水溶液にはH$^+$が，アルカリ性の水溶液にはOH$^-$があるので，電流は流れるよ。

比較 酸性・中性・アルカリ性の水溶液の比較

●水溶液を試験紙や指示薬で調べたときの変化のまとめ

	酸性	中性	アルカリ性
青色リトマス紙	赤色に変化する。	変化しない。	変化しない。
赤色リトマス紙	変化しない。	変化しない。	青色に変化する。
BTB溶液	黄色になる。	緑色になる。	青色になる。
フェノールフタレイン溶液	変化しない。	変化しない。	赤色に変化する。

●マグネシウムリボンとの反応や電圧を加えたときの変化のまとめ

	酸性	中性	アルカリ性
マグネシウムリボンとの反応	水素が発生する。	変化しない。	変化しない。
電圧を加えたときのようす	電流が流れる。	●電解質の水溶液 電流が流れる。 ●非電解質の水溶液 電流が流れない。	電流が流れる。

4 イオンの移動

酸性やアルカリ性の水溶液に電圧を加えると，水溶液にふくまれる酸性，アルカリ性を示すもとになるイオンが，水溶液の中を移動する。

❶**酸性の水溶液に電圧を加える**…下記のような装置で，塩酸に電圧を加えると，赤い部分が陰極に向かって移動する。⇒酸性を示すもととなるイオンは**陽イオン**である。

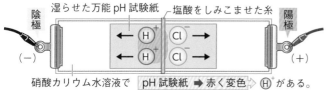

> **くわしく**　**ろ紙を硝酸カリウム水溶液や食塩水でしめらせるわけ**
>
> イオンの移動を調べる実験のとき，ろ紙を硝酸カリウム水溶液や食塩水（塩化ナトリウム水溶液）でしめらせておくのは，極板間が電解質の水溶液で満たされていないと電流が流れないためだが，しめらせる液体は中性でなくてはならない。硝酸カリウム水溶液や食塩水は中性のため，この実験に使われている。

❷**酸と水素イオン**

a 塩化水素の電離…塩化水素は水にとけて塩酸になると電離して，水素イオンH^+と塩化物イオンCl^-になる。

b 硫酸の電離…硫酸は水にとけると電離して，水素イオンH^+と硫酸イオンSO_4^{2-}になる。

$$H_2SO_4 \longrightarrow 2\,H^+ + SO_4^{2-}$$
硫酸　　　　水素イオン　硫酸イオン

> **ここに注目**　**酸の電離**
>
>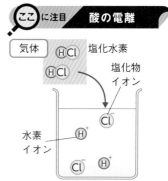
>
> 塩化水素は水にとけて電離する。

⚠ **重要**　酸性の水溶液が電離すると，陽イオンである**水素イオンH^+**が生じる。水溶液にしたとき，水素イオンH^+を生じる化合物を**酸**という。

❸**アルカリ性の水溶液に電圧を加える**…アルカリ性の水溶液を示す青い部分が陽極に向かって移動する。⇒アルカリ性を示すもととなるイオンは**陰イオン**である。

▶動画 **酸・アルカリとイオンの移動②**

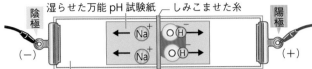

硝酸カリウム水溶液で湿らせた万能 pH 試験紙
水酸化ナトリウム水溶液をしみこませた糸
陰極 （−）
陽極 （＋）
硝酸カリウム水溶液で湿らせたろ紙
pH 試験紙 ➡ 青く変色 ＯＨ⁻ がある。

❹**アルカリと水酸化物イオン**

a 水酸化ナトリウムの電離…水酸化ナトリウムは水にとけると，電離してナトリウムイオンNa^+と水酸化物イオンOH^-になる。

$$NaOH \longrightarrow Na^+ + OH^-$$
水酸化ナトリウム　　　ナトリウムイオン　水酸化物イオン

b 水酸化カルシウムの電離…水酸化カルシウムは水にとけると，電離してカルシウムイオンCa^{2+}と水酸化物イオンOH^-になる。

$$Ca(OH)_2 \longrightarrow Ca^{2+} + 2OH^-$$
水酸化カルシウム　　カルシウムイオン　水酸化物イオン

重要
アルカリ性の水溶液で，陽極に向かって移動する陰イオンは水酸化物イオンOH^-である。水溶液にしたとき，水酸化物イオンOH^-を生じる化合物を**アルカリ**という。

中学で学ぶ酸・アルカリの定義を「アレニウスの定義」というよ。

🔍**ここ**に注目　**アルカリの電離**

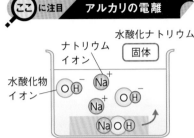

水酸化ナトリウム
固体
ナトリウムイオン
水酸化物イオン

水酸化ナトリウムが水にとけて電離する。

🚩**発展　アンモニアの不思議**

アンモニアには水酸化物イオンがふくまれていないのに，アンモニア水はアルカリ性を示す。これは，アンモニアが水にとけると水の分子から水素イオンをうばって，水分子が水素イオンを失って水酸化物イオンになるためである。

$$NH_3 + H_2O \rightarrow NH_4^+ + OH^-$$

このように，アンモニアはアルカリと同じはたらきをするが，自ら水酸化物イオンを生じるわけではないので，「水溶液にしたとき水酸化物イオンを生じる化合物」というアルカリの定義（アレニウスの定義）にはあてはまらない。そこで，水溶液にしたときに「水素イオンを与える物質を酸，水素イオンを受けとる物質をアルカリという」とする，新たな酸とアルカリの定義（ブレンステッド・ローリーの定義）を用いることもある。

重要実験　イオンの移動

目的 電圧を加えて，酸性，アルカリ性を示すもととなっているイオンについて調べる。

方法 ①図のような装置をつくり，糸にしみこませたうすい塩酸を，万能pH試験紙の中央に置く。

②電源装置から10〜15 V程度の電圧を加えて，万能pH試験紙の色の変化を観察する。

③同じ装置で，新たな万能pH試験紙の中央にうすい水酸化ナトリウム水溶液をしみこませた糸を置き，電圧を加えて色の変化を観察する。

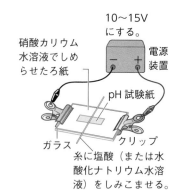

10〜15V
にする。

硝酸カリウム
水溶液でしめ
らせたろ紙

電源
装置

pH 試験紙

ガラス　　　　　クリップ

糸に塩酸（または水
酸化ナトリウム水溶
液）をしみこませる。

結果 ①うすい塩酸の場合は，万能pH試験紙の赤色になったところが陰極側に広がる。

②うすい水酸化ナトリウム水溶液の場合は，万能pH試験紙の青色になったところが陽極側に広がる。

※1 ガラスの上には，食塩水をしみこませたろ紙を
置いてもよい。

※2 万能pH試験紙のかわりにBTB溶液をしめらせた
ろ紙を用いてもよい。

結論 a 酸性であることを示す万能pH試験紙の赤色の部分が陰極に向かって移動した。

→移動したイオンは，＋の電気を帯びた陽イオン。

→酸性を示すもととなっているのはH^+イオンである。

b アルカリ性であることを示す万能pH試験紙の青色の部分が陽極に向かって移動した。

→移動したイオンは，−の電気を帯びた陰イオン。

→アルカリ性を示すもととなっているのはOH^-イオンである。

ろ紙を硝酸カリウム水溶液
でしめらせることで，電気
が流れやすくなるね。

5 pH

酸性やアルカリ性の強さは，pH（ピーエイチ）という数値で表す。

❶**酸性の強さ**…うすい塩酸とうすい酢酸（さくさん）にマグネシウムリボンを入れると，泡（水素）の出方がちがう。

→**酸性には強さのちがいがある。**

❷**pH**…酸性，アルカリ性の強さを表す数値。0から14までの数値で表す。

発展 pHの値と水素イオンの濃度（のうど）

pHは，水素イオン指数（水素イオン濃度指数）のこと。pHは10の−n乗の数値で，値が1増えると水素イオンの濃度は$\frac{1}{10}$に，2増えると$\frac{1}{100}$になる。

	強	酸性		弱	中性		弱	アルカリ性		強
pH	0 1	2 3	4	5 6	7	8	9 10	11 12	13	14

中性はpH7。 数値が7より小さくなるほど**酸性**が強く，数値が7より大きくなるほど**アルカリ性**が強い。

❸**pHの測定**…万能pH試験紙やpHメーターで測定する。

a 万能pH試験紙…pHによって色が変わる。液体をつけて変化した色を，色見本と比べてpHを知る。

b pHメーター…先端に液体をつけて，数値を読む。

— スポイト

twin pH

量が少ないときは，スポイトなどでセンサーにたらす。

ここ に注目　万能pH試験紙の使い方

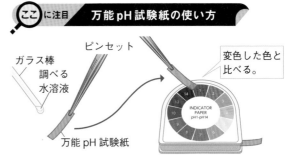

ガラス棒
調べる水溶液

ピンセット

変色した色と比べる。

INDICATOR PAPER pH1-pH14

万能pH試験紙

Column　身近な液体のpH

生活

身近な液体は，強さの異なる酸性やアルカリ性の液体，ほぼ中性の液体などさまざまである（pH値は目安）。

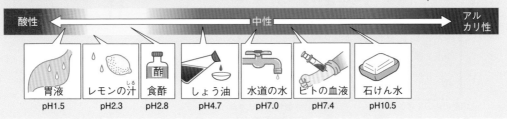

酸性			中性			アルカリ性
胃液	レモンの汁（しる）	食酢	しょう油	水道の水	ヒトの血液	石けん水
pH1.5	pH2.3	pH2.8	pH4.7	pH7.0	pH7.4	pH10.5

2 酸とアルカリの反応・中和と塩

教科書の要点

① 中和
◎酸の水素イオンとアルカリの水酸化物イオンが結びついて水になり，たがいの性質を打ち消し合う反応。

② 塩
◎中和の反応が起こるとき，酸の陰（いん）イオンとアルカリの陽（よう）イオンが結びついてできる物質のこと。

③ いろいろな塩
◎酸とアルカリの種類がちがうと，それぞれ異なる塩ができる。

① 中和

　うすい塩酸にうすい水酸化ナトリウム水溶液を混ぜ合わせると，水素イオンと水酸化物イオンが結びついて水になり，たがいの性質を打ち消し合う。

❶**中和**…酸の水素イオンとアルカリの水酸化物イオンが結びついて水になる反応。

$$H^+ \;+\; OH^- \;\longrightarrow\; H_2O$$

水素イオン　水酸化物イオン　　水

❷塩酸と水酸化ナトリウム水溶液のイオンのモデル

a 塩酸のモデル…水溶液中に，水素イオンと塩化物イオンが存在している。

b 水酸化ナトリウム水溶液のモデル…水溶液中に，ナトリウムイオンと水酸化物イオンが存在している。

塩酸の中のイオン　　水酸化ナトリウム水溶液の中のイオン

水酸化ナトリウム水溶液を塩酸に加えるとどうなる？

くわしく ▶ 中和反応と熱

　下図のようにして，塩酸に水酸化ナトリウム水溶液を加えたときの水溶液の温度（おんど）を測ると，水温が上昇することから，中和の反応は発熱反応であることがわかる。これは，水素イオンと水酸化物イオンのもつ化学エネルギーの和が，水のもつ化学エネルギーよりも大きいため，2つが反応して水ができるとき，余分なエネルギーを熱として放出するからである。

温度計

こまごめピペットで，水酸化ナトリウム水溶液を加える。

発泡（はっぽう）ポリスチレンのコップ

塩酸

**重要
実験** **酸とアルカリを混ぜたときの変化**

目的 塩酸に水酸化ナトリウム水溶液を加えていくと，どのような変化が見られるかを調べる。

方法 ①２％の塩酸10 cm³にBTB溶液を２～３滴入れる。

② ①に２％の水酸化ナトリウム水溶液を２cm³ずつ加え，加えるたびに水溶液の色を観察する。

③水溶液の色が青色になったら，こんどは塩酸を１滴ずつ加えてよく混ぜ，水溶液の色を観察し，水溶液の色が緑色になるようにする。

④ ③の水溶液をスライドガラスに１滴とって，水を蒸発させ，残った物質を顕微鏡で観察する。

結果 ・水酸化ナトリウム水溶液を加えていくと，水溶液の色は，黄色→緑色→青色と変化した。

・青色になった水溶液に塩酸を加えていくと，あるところで緑色になった。

・緑色になった水溶液の水を蒸発させると，白い結晶が残った。

考察 ・塩酸に水酸化ナトリウム水溶液を加えていくと，水溶液は酸性→中性→アルカリ性と変化していく。

・酸性の水溶液とアルカリ性の水溶液を適量混ぜると中性にすることができる。

・中性になった水溶液には，塩酸にふくまれる塩化物イオンと，水酸化ナトリウムにふくまれるナトリウムイオンが結びついた物質（塩化ナトリウム）ができている。

結論 ・アルカリ性の水溶液には酸性を，酸性の水溶液にはアルカリ性を中和するはたらきがある。

・中性になった水溶液を蒸発させて残った結晶は，塩化ナトリウムと考えられる。

 **実験
操作** **こまごめピペットの使い方**

①親指と人さし指でゴム球を押したままピペットの先を液体に入れ，ゴム球を押す指の力をゆるめて，液体を吸い上げる。　②ゴム球を軽くゆっくりと押して，液体を１滴ずつ落とす。　③一定量の液体をとる場合は，その量の目盛りより少し多く吸いこみ，余分な液体を出すようにする。

❸塩酸に水酸化ナトリウム水溶液を加えるときのイオンのモデル

▶ 動画 中和反応

a 中和反応が起こった…塩酸の中の水素イオンと水酸化ナト

リウム水溶液の中の水酸化物イオンが反応して水ができる。

→まだ水溶液中に水素イオンが残っている。

→酸性は弱くなる。→**酸性**…（下の**a**）

b さらに**中和反応が起こった**…塩酸の中の水素イオンが，す

べて水酸化ナトリウム水溶液の中の水酸化物イオンと反応

して水になる。

→水素イオンも水酸化物イオンもない。→**中性**…（下の**b**）

c **中和反応は起こらない**…水素イオンが1つもないので水酸

化物イオンとの反応は起こらない。

→水酸化ナトリウム水溶液を加えたぶんだけ，水酸化物イ

オンが増えていく。→**アルカリ性**…（下の**c**）

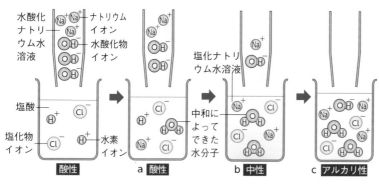

❹中性と中和

a **中性**…中性の水溶液には水素イオン H^+ も水酸化物イオ

ン OH^- もなく，pHは7。

➡ **中性**は溶液の状態を示す言葉。

b **中和**…水素イオン H^+ と水酸化物イオン OH^- が結びつき，

酸性・アルカリ性の性質を打ち消して水ができる反応。

➡ **中和**は水素イオンと水酸化物イオンの反応を表す言

葉。塩酸に水酸化ナトリウム水溶液を加えると，水溶液

が中性になるまで中和が起こり続ける。

中和が起こっても，水素
イオンか，または水酸化物イ
オンが水溶液中にあれば，
中性ではないよ。

2 塩

中和の反応が起こるとき，水分子のほかに，酸の陰イオンとアルカリの陽イオンが結びついた物質ができる。

❶塩…酸の陰イオンとアルカリの陽イオンが結びついた物質。

中和反応では，イオンが結びつく反応が次の2通り起こる。

水素イオン＋水酸化物イオン ⟶ 水

酸の陰イオン＋アルカリの陽イオン ⟶ 塩

> **重要** 中和とは，酸とアルカリから塩と水ができる反応。
> 酸 ＋ アルカリ ⟶ 塩 ＋ 水

❷**中性の水溶液のようす**…塩酸に水酸化ナトリウム水溶液を加えて中性になったとき，水溶液中にあるイオンは，ナトリウムイオンNa^+と塩化物イオンCl^-だけである。

$Na^+ + Cl^- \longrightarrow NaCl$ ⟹ | 塩化ナトリウムの結晶が現れる |

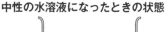

中性の水溶液になったときの状態

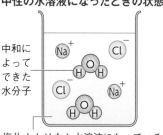

中和によってできた水分子

塩化ナトリウム水溶液になっている。

水を蒸発させると塩化ナトリウムの結晶が現れる。

ここに注目 塩のでき方と化学反応式

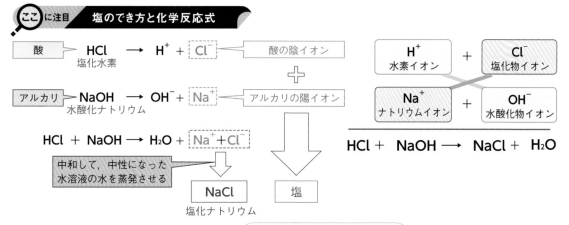

| 酸 | → | HCl 塩化水素 | ⟶ | H^+ ＋ Cl^- | 酸の陰イオン |

＋

| アルカリ | → | $NaOH$ 水酸化ナトリウム | ⟶ | OH^- ＋ Na^+ | アルカリの陽イオン |

$HCl ＋ NaOH \longrightarrow H_2O ＋ Na^+ ＋ Cl^-$

| 中和して，中性になった水溶液の水を蒸発させる |

$NaCl$ 塩化ナトリウム

塩

| H^+ 水素イオン | ＋ | Cl^- 塩化物イオン |
| Na^+ ナトリウムイオン | ＋ | OH^- 水酸化物イオン |

$HCl ＋ NaOH \longrightarrow NaCl ＋ H_2O$

中和してできる塩は，英語でもそのまま salt（塩）と表記するよ。

1章／化学変化とイオン

3節／酸・アルカリとイオン

77

❸ いろいろな塩

中和の反応が起こるとき，酸とアルカリの種類がちがうと，できる塩の種類が変わる。

❶硝酸に水酸化カリウム水溶液を加える

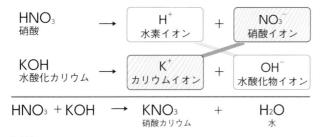

$$HNO_3 \longrightarrow H^+ + NO_3^-$$
硝酸　　　　水素イオン　　硝酸イオン

$$KOH \longrightarrow K^+ + OH^-$$
水酸化カリウム　カリウムイオン　水酸化物イオン

$$HNO_3 + KOH \longrightarrow KNO_3 + H_2O$$
　　　　　　　　　　硝酸カリウム　　　水

❷硫酸に水酸化バリウム水溶液を加える

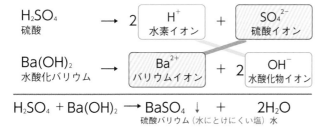

$$H_2SO_4 \longrightarrow 2\,H^+ + SO_4^{2-}$$
硫酸　　　　　水素イオン　　硫酸イオン

$$Ba(OH)_2 \longrightarrow Ba^{2+} + 2\,OH^-$$
水酸化バリウム　バリウムイオン　水酸化物イオン

$$H_2SO_4 + Ba(OH)_2 \longrightarrow BaSO_4\downarrow + 2H_2O$$
　　　　　　　　　　硫酸バリウム（水にとけにくい塩）水

❸炭酸に水酸化カルシウム水溶液を加える

$$H_2CO_3 \longrightarrow 2\,H^+ + CO_3^{2-}$$
炭酸　　　　　水素イオン　　炭酸イオン

$$Ca(OH)_2 \longrightarrow Ca^{2+} + 2\,OH^-$$
水酸化カルシウム　カルシウムイオン　水酸化物イオン

$$H_2CO_3 + Ca(OH)_2 \longrightarrow CaCO_3\downarrow + 2H_2O$$
　　　　　　　　　　炭酸カルシウム（水にとけにくい塩）水

くわしく ── 硝酸カリウム

硝酸カリウムは水にとけるため，中性になった水溶液の水を蒸発させると，硝酸カリウムの結晶が得られる。

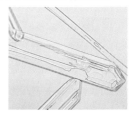

くわしく ── 硫酸バリウム

硫酸バリウムは，非常に水にとけにくいので，白い沈殿ができる。胃のX線撮影の造影剤として使われている。

くわしく ── 炭酸カルシウム

炭酸カルシウムは水にとけにくい。石灰水（水酸化カルシウム水溶液）に二酸化炭素をふきこむと白くにごったのは，反応してできた炭酸カルシウムが水にとけにくいからである。

Column イオンの濃度と体積の関係

酸の水溶液にアルカリの水溶液を加えて中性にするとき，酸の水溶液の体積や濃度が変わると，中性にするのに必要なアルカリの水溶液の体積は次のように変化する。ただし，水酸化ナトリウム水溶液の濃度は一定で，変わらないものとする。

例 10%塩酸 10 cm³ と水酸化ナトリウム水溶液 8 cm³ を混ぜ合わせると，液は中性になった。

①塩酸の濃度を変えずに，体積のみを2倍にすると…

塩酸の濃度が変わらないとき，体積を2倍にすると，水素イオンの数は2倍になる。

⇒水酸化物イオンの数が2倍になるように，水酸化ナトリウム水溶液の体積を2倍にする。

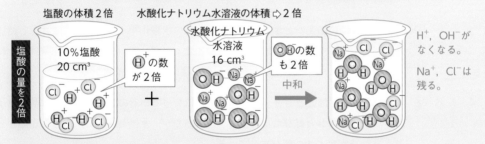

②塩酸の体積は変えずに，濃度のみを $\frac{1}{2}$ 倍にすると…

塩酸の体積が変わらないとき，濃度を $\frac{1}{2}$ 倍にすると，水素イオンの数は $\frac{1}{2}$ 倍になる。

⇒水酸化物イオンの数が $\frac{1}{2}$ 倍になるように，水酸化ナトリウム水溶液の体積を $\frac{1}{2}$ 倍にする。

酸とアルカリの中和の問題

例題 BTB溶液を加えた10 cm³の水酸化ナトリウム水溶液に，塩酸を少しずつ加えたところ，20 cm³の塩酸を加えたところで混合液の色が緑色になった。次の①，②の場合の水溶液中のイオンと分子のようすを正しく示しているものを，それぞれア～エから1つ選べ。

① 塩酸を10 cm³加えたとき

② 塩酸を30 cm³加えたとき

ア 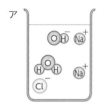　イ 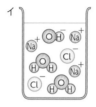　ウ 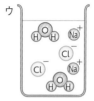　エ

ヒント 水溶液が中性になるまでは，水素イオンと水酸化物イオンが反応して水分子に変わる。中性になったときは，水溶液中に水素イオンも水酸化物イオンもふくまれていない。

10 cm³加えたときは，まだアルカリ性

① 塩酸を10 cm³加えたときは，水溶液の一部の水酸化物イオンは水素イオンと結びついて水分子になったが，まだ水酸化物イオンが残っている。加えた塩酸は完全に中和する量の$\frac{1}{2}$なので，塩化物イオンの数はナトリウムイオンの$\frac{1}{2}$。

20 cm³加えたときに中性なので，30 cm³では酸性

② 塩酸を30 cm³加えたとき，水溶液は酸性になっているので，すべての水酸化物イオンは水素イオンと結びついて水分子になったが，水溶液中には，さらに塩酸から与えられた水素イオンが存在している。

答え ① ア　② エ

問題 BTB溶液を加えた塩酸に水酸化ナトリウム水溶液を少しずつ加え，水溶液の色の変化を調べた。色が緑色になったときの水溶液について，次の問いに答えよ。

(1) 緑色になったときの水溶液のpHはいくらか。

(2) 緑色になったときの水溶液にふくまれているイオンの名称をすべて答えよ。

ヒント 緑色になったBTB溶液は中性である。

答え (1) 7　(2) ナトリウムイオン，塩化物イオン

1 酸性とアルカリ性の水溶液

解答

□(1) 酸性の水溶液は，青色リトマス紙を〔　　　〕色に，BTB溶液を〔　　　〕色にし，マグネシウムと反応して〔　　　〕を発生する。

(1)赤，黄，水素

□(2) アルカリ性の水溶液は，赤色リトマス紙を〔　　　〕色に，BTB溶液を〔　　　〕色に，フェノールフタレイン溶液を〔　　　〕色にする。

(2)青，青，赤

□(3) 水溶液にしたとき，電離して水素イオンを生じる化合物を〔　　　〕という。酸 → H^+ +〔　陽イオン　陰イオン　〕

(3)酸，陰イオン

□(4) 水溶液にしたとき，電離して〔　　　〕イオンを生じる化合物をアルカリという。アルカリ→〔　陽イオン　陰イオン　〕+ OH^-

(4)水酸化物，陽イオン

□(5) 酸性・アルカリ性の強さは，〔　　　〕という数値で表す。

(5)pH

□(6) (5)の値が7のときは〔　　　〕性，7より〔　　　〕ほど酸性が強く，7より〔　　　〕ほどアルカリ性が強い。

(6)中，小さい，大きい

2 酸とアルカリの反応・中和と塩

□(7) 酸の〔　　　〕イオンと〔　　　〕の水酸化物イオンが結びついて水ができる反応を〔　　　〕という。

(7)水素，アルカリ，中和

□(8) 中和の反応を化学式で表すと，〔　　　〕+〔　　　〕→ H_2O

(8)H^+,OH^-〈順不同〉

□(9) 塩酸に水酸化ナトリウム水溶液を加えていくと，水溶液は〔　　　〕性→〔　　　〕性→〔　　　〕性と変化する。

(9)酸，中，アルカリ

□(10) 酸とアルカリが反応して，完全に中和したとき，水溶液の性質は，〔　　　〕性を示す。

(10)中

□(11) 酸とアルカリが中和すると，水と〔　　　〕ができる。

(11)塩

□(12) 塩は，酸の〔　陽　陰　〕イオンと，アルカリの〔　陽　陰　〕イオンが結びついてできる物質である。

(12)陰，陽

1節／水溶液とイオン

1 右の図のような装置で，ビーカーに次のA〜Eの水溶液を入れ，電流が流れるかを調べた。あとの問いに答えなさい。【4点×3】

A．塩酸　　B．砂糖水　　C．エタノールの水溶液

D．塩化ナトリウム水溶液　　E．塩化銅水溶液

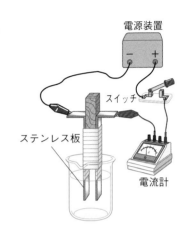

(1) A〜Eの水溶液で，電流が流れる水溶液はどれか。すべて選び，記号で答えよ。〔　　　　　〕

(2) (1)のように，水にとけると電流の流れる水溶液になる物質を何というか。〔　　　　　〕

(3) 水にとかしても電流が流れない物質を何というか。〔　　　　　〕

2節／電池

2 右の図のような装置を用いて，ビーカーに10%の濃度の塩化銅水溶液を入れ，電極に電源装置をつなぎ，スイッチを入れた。次の問いに答えなさい。【4点×7】

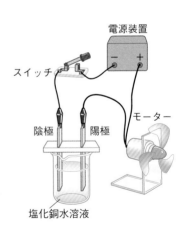

(1) スイッチを入れると，モーターはどうなるか。簡単に説明せよ。〔　　　　　〕

(2) 陽極の表面からは気体が発生した。この気体の名前を書け。〔　　　　　〕

(3) (2)の気体にはどのような性質があるか。次のア〜エから2つ選べ。〔　　〕〔　　〕

　ア．ものが燃えるのを助けるはたらきがある。　　イ．鼻をつく刺激臭がある。

　ウ．酸素と結びついて水をつくる。　　エ．水溶液にすると漂白作用がある。

(4) 陰極には赤い物質が付着していた。この物質の名前を書け。〔　　　　　〕

(5) 次に，実験装置のビーカーの液体をうすい塩酸に変えて実験を行ったとき，陰極にはどのような変化が現れるか。次のア，イから選べ。〔　　　　　〕

　ア．電極の表面から気体が発生する。　　イ．電極に赤い物質が付着する。

(6) (5)の物質の名前を書け。〔　　　　　〕

1節／水溶液とイオン

3 右の図のような装置で，うすい塩酸を電気分解した。次の問いに答えなさい。 【4点×5】

電源装置　6Vの電圧を加える。

うすい塩酸

陰極　　　陽極

(1) 塩酸は，何という気体の水溶液か。

〔　　　　　　　　〕

(2) 電気分解を続けていくと，両方の電極から気体が発生した。それぞれ何という気体か。

陽極〔　　　　　　〕　　陰極〔　　　　　　〕

(3) 一定時間に集まった(2)の気体はどちらが少ないか。その気体名と，量が少ない理由を簡単に書け。

気体名〔　　　　　　〕

理由　〔　　　　　　　　　　　　　　　　　　　　　　　〕

3節／酸・アルカリとイオン

4 右の図のように，塩化銅水溶液に電極を入れて電圧を加えた。次の問いに答えなさい。 【4点×10】

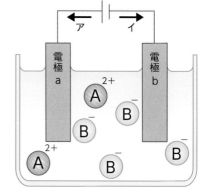

(1) 塩化銅は水溶液中では，図のように，A^{2+}とB^-というイオンに分かれている。それぞれのイオンの名前を書け。

A^{2+}〔　　　　　　〕　B^-〔　　　　　　〕

(2) ある物質を水溶液にしたとき，(1)のように，陽イオンと陰イオンに分かれることを何というか。

〔　　　　　　　　〕

(3) 塩化銅が陽イオンと陰イオンに分かれるようすを，下の〔　〕に化学式やイオンの化学式を入れて表せ。（完答）　　　　〔　　　　〕 → 〔　　　　〕 + 〔　　　　〕

(4) 図のA^{2+}は，電圧を加えたとき，a，bどちらの電極に引かれるか。　〔　　　　〕

(5) 陰極に引かれたイオンは，電極で電子を受けとるか，電極に電子をわたすか，どちらの変化をするか。　　　　　　　　　　　　　　　　　　　　　　電子を〔　　　　〕

(6) 電子は導線の中を，ア，イどちらの向きに移動するか。　　　　　　〔　　　　〕

(7) 陽極では気体が発生した。何という気体か。　　　　　〔　　　　〕

(8) 陽極で気体が発生した化学変化を，下の〔　〕に化学式やイオンの化学式を入れて完成させよ。

〔　　　　〕 → 〔　　　　〕 + $2e^-$

1節／水溶液とイオン

1 次の表のA～Cの組み合わせで，試験管に入れた水溶液に金属片を加えて変化するかどうかを調べた。表の結果を見て，下の問いに答えなさい。　【4点×5】

	A	B	C
水溶液	硫酸銅水溶液	硫酸マグネシウム水溶液	硫酸亜鉛水溶液
金属	亜鉛	亜鉛	マグネシウム
金属片の変化	赤い物質が付着した	変化なし	黒灰色の物質が付着した

(1) Cのマグネシウムに付着した物質の名前を書け。　〔　　　　　　　　　〕

(2) Bの亜鉛片とCのマグネシウム片の変化のようすから，イオンになりやすいのは亜鉛とマグネシウムのどちらと考えられるか。　〔　　　　　　　　　〕

(3) Aでは，電子を受けとったものは何か。また，電子を失ったものは何か。それぞれ化学式やイオンの化学式で書け。　電子を受けとった〔　　　　　　〕　電子を失った〔　　　　　　〕

(4) Aの硫酸銅水溶液の色は，しばらくたつとどうなるか。簡単に書け。
〔　　　　　　　　　　　　　　　　　〕

2節／電池

2 右の図のような装置で，うすい塩酸に亜鉛板と銅板を入れて導線をつなぐとモーターが回った。次の問いに答えなさい。
【4点×5】

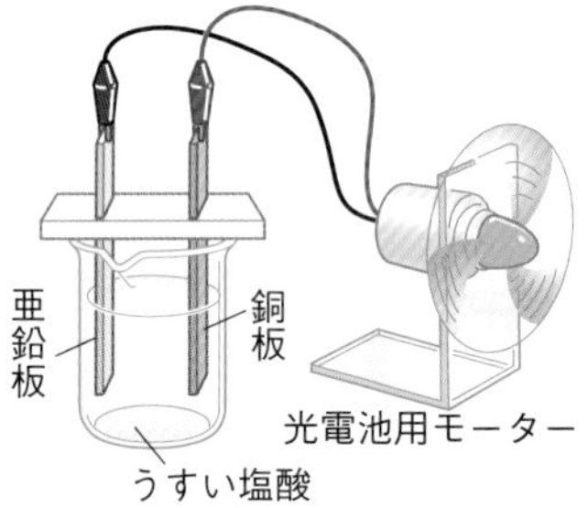

(1) 図のような，電流をとり出せるしくみを何というか。
〔　　　　　　　　〕

亜鉛板　銅板
光電池用モーター
うすい塩酸

(2) 図の装置で，＋極になるのは亜鉛板，銅板のどちらか。
〔　　　　　　　　〕

(3) 図の装置の－極では，どのような変化によって，電子が電極にわたされているか。下の〔　〕に化学式やイオンの化学式を入れて完成させよ。（完答）　〔　　　　　〕　→　〔　　　　　〕　＋　$2e^-$

(4) うすい塩酸のかわりに，この実験に使うことができる水溶液はどれか。次のア～ウから選べ。
　ア．砂糖水　　イ．うすい硫酸　　ウ．エタノールの水溶液　〔　　　　〕

(5) このようなしくみは，物質のもつ何エネルギーを電気エネルギーに変えているといえるか。
〔　　　　　　　〕エネルギー

3 次のA〜Dの水溶液のpHを，pHメーターで調べた。Dの水溶液は何か不
明だが，pHは11であった。次の問いに答えなさい。　【4点×7】

A：うすい塩酸　　B：砂糖水　　C：食塩水　　D：不明

(1) 中性の水溶液はA〜Cのどれか。すべて選べ。　〔　　　　　　〕

(2) 中性の水溶液のpHの値はいくつか。　〔　　　　　　〕

(3) 酸性の水溶液に必ずふくまれているイオンは何か。イオンの名前と化学
式を書け。　　　　　　　　名前〔　　　　　　　〕　化学式〔　　　　　　〕

(4) Dの水溶液は次のア〜ウのどれだと考えられるか。　〔　　　　〕

　ア．アンモニア水　　イ．硫酸　　ウ．エタノールの水溶液

(5) DのようにpHが11の水溶液に必ずふくまれているイオンの化学式を書け。〔　　　　〕

(6) 水にとかして水溶液にしたとき，電離して(5)のイオンを生じる物質のことを何というか。

〔　　　　　　　〕

4 右の図のように，水酸化ナトリウム水溶液をビーカーに入れ，BTB溶液
を加えてから，こまごめピペットでうすい塩酸を少しずつ加えた。水酸化
ナトリウム水溶液と塩酸の濃度は同じものとして，次の問いに答えなさい。

【4点×8】

(1) 水酸化ナトリウム水溶液の中にあるイオンの名前を2つ書け。

〔　　　　　　　〕〔　　　　　　　〕

(2) うすい塩酸を少し加えたとき，(1)のイオンのうち，減ったものがある。
そのイオンの名前を書け。　〔　　　　　　　〕

(3) (2)の減ったイオンが別のイオンと結びついて生じた物質の名前を書け。〔　　　　〕

(4) (3)の物質ができるときの変化を，下の〔　〕に化学式やイオンの化学式を入れて完成させよ。(完答)

〔　　　　　〕 + 〔　　　　　〕 → 〔　　　　　〕

(5) 塩酸を加え続けると，ビーカーの中の溶液の色はどのように変化していくか。次のア〜ウから
選べ。　〔　　　　〕

　ア．青→緑→黄　　イ．黄→青→緑　　ウ．黄→緑→青

(6) (5)で水溶液が中性になったとき，ビーカーの液体を少量スライドガラスの上にとって，水を蒸
発させると，白い固体が得られた。この物質の化学式を書け。　〔　　　　〕

(7) (6)のように，アルカリ性の水溶液と酸性の水溶液を混ぜたときに水とともにできる物質を何と
いうか。漢字1字で書け。　〔　　　　〕

材料によって料理の色が変わる？

身のまわりにある液体は，中性のものばかりではなく，むしろ酸性やアルカリ性の液体の方が多い。ふだん食べている食べ物でも，作る過程や調味料に酸性・アルカリ性が関係していて，それが味や色に影響を与えていることも多い。

疑問1 手作りの赤い梅干しをもらった。赤い色は赤ジソの葉の汁を梅干しに加えるからだと聞いたが，赤ジソの葉は濃い赤紫色で，赤色とはいえない。なぜ梅干しは赤くなるのだろうか。

疑問2 焼きそばと焼きうどんをつくった。ふつうのキャベツがなかったので，ムラサキキャベツをきざんで麺といっしょにいためた。焼きそばは，なぜか麺の色が緑っぽい色になってしまったが，焼きうどんの色はやや紫色にはなったが緑っぽい色にはならなかった。

資料1 ムラサキキャベツの液でつくった指示薬の色の変化

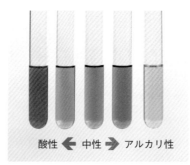

酸性 ← 中性 → アルカリ性

資料2 梅干しと中華麺のつくり方と特徴

①梅干しをつくるために，梅の実に塩を加えて重しをのせて漬けると，梅の実から液体が出てくる。この液体にはクエン酸という酸っぱい物質がふくまれている。

②うどんは小麦粉に水と塩を加えてつくるが，中華麺は，小麦粉にかん水を加えてつくる。かん水は炭酸ナトリウムと炭酸カリウムを混ぜたものの水溶液である。

酸性だと赤い色，アルカリ性だと緑色や黄色になるね。

考察 1　赤ジソの葉の色とムラサキキャベツの葉の色

濃い紫色が赤い色に変わるというのは，ムラサキキャベツの葉からつくる指示薬の色が，赤くなるのと同じではないか。梅干しは酸っぱいから，梅から出る液体は酸性なのではないだろうか。

　ムラサキキャベツの葉をきざんで，短時間ゆでてもむと，紫色の液体ができる。これがムラサキキャベツでつくる指示薬で，酸性の液体に加えると赤色に，アルカリ性の液体に加えると緑色や黄色に変わる。

　赤ジソの葉を手でもむと，黒っぽい紫色の汁が出る。この濃い紫色の汁は，ムラサキキャベツの葉の紫色の物質（指示薬）と同じなのではないか。

　梅干しは酸っぱいし，梅の実を漬けたときに出てくる液体はクエン酸をふくむから酸性である。赤ジソから出る黒っぽい紫色の汁を，梅の実から出る酸性の液体に加えたために，赤ジソの汁の色が赤くなったと考えられる。

⬆赤ジソの葉で赤くなった梅干し

考察 2　中華麺とうどんのちがいは，かん水と食塩水のちがいからではないか。

ムラサキキャベツの葉をいためたら，葉の色のもとの物質が少しは出てくるのではないか。ムラサキキャベツの葉の色のもとの物質は，酸性・アルカリ性の指示薬にもなるから，麺の性質によって色が変わるのかも。

　麺をいためると，加熱されて，麺にふくまれていた水分が多少は出てくる。この水分には，麺をつくるときに加えた物質がふくまれている。うどんには食塩水しか加えていないので，出てきた水分は中性だから紫色になるが，中華麺に加えたかん水はアルカリ性なのではないか。そのため，ムラサキキャベツの色のもとが緑色に変わったのではないかと考えられる。

ムラサキタマネギにも，ムラサキキャベツと同じアントシアニン系の色素をもっている。アントシアニンとは，花や果実の色素成分。

中学生のための
勉強・学校生活アドバイス

受験は夏が本番？

「わたしたちも中3か，今年はやることが多くて忙しくなるね。」

「"受験は夏が本番"っていうから，夏くらいから忙しくなるのかな？」

「それ，本当は"春から少しずつ始めて夏から勢いを加速させる"っていうのが正しい進め方みたいだよ。」

「そうなの？？」

「中3で習う勉強に加えて，中1・中2の復習とか，受験のための勉強もしないといけないものね。」

「そう。中3でやらないといけない勉強はおもにこの5つだね。」

❶ふだんの授業の予習・復習

❷定期テスト対策

❸中1・中2の総復習

❹中1〜中3の全範囲の受験対策

❺受ける高校の過去問対策

「そんなに…！？」

「❶と❷は1・2年生でもやってきたことだけど，それに加えて❸〜❺は中3になって追加される。」

「なるべく早い時期から，これまでよりたくさん勉強しないといけないのはしょうがないね。」

「うん。それから，**授業の進度に合わせて勉強してると，中3の最後の方に習う内容は十分に受験対策ができなくなる。**」

「え！」

「だから夏以降は，授業で習ってない内容も，自分で予習して問題を解いてみるようにしないといけないんだ。」

「そっか。そうなるとますます，夏までにできることを早めに始めないと。」

「不安になってきたかも…。」

「戸川，大丈夫だよ。とりあえずは，**いつ，何を，どうやるか，スケジュールを立てる**ところから始めようか。」

「そうだね。結菜，いっしょに頑張ろうね！」

「…うん！」

2章

生命の連続性

1 生物の成長と細胞分裂

教科書の要点

1 根の成長と細胞の変化

◎ **根ののび方**…根の先端に近い部分がよくのびる。

◎ **細胞分裂**…1個の細胞が2個の細胞に分かれること。

◎ **染色体**…細胞分裂のとき，核の中に見られるひものようなもの。

◎ 生物は，細胞分裂をして細胞の数がふえ，ふえた細胞が大きくなることで成長する。

2 細胞分裂のしくみと順序

◎ **体細胞分裂**…からだをつくっている細胞の細胞分裂のこと。

◎ **細胞分裂の順序**…核の中で染色体が複製されて2本ずつになる。その染色体が2つに分かれてそれぞれが核となり，細胞が2つに分かれる。

1 根の成長と細胞の変化

根は全体がのびるのではなく，根の先端の近くがよくのびる。

❶**根ののび方**…根の先端に近い部分はよくのびるが，先端から離れた部分はほとんどのびない。

重要実験 根ののび方を調べる

方法 ソラマメの種子が発芽して2～3cmのびたら，印をつける。

暗いところに置く。

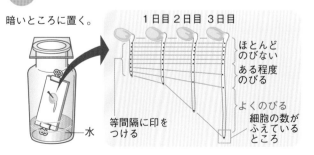

1日目 2日目 3日目

ほとんどのびない
ある程度のびる
よくのびる

等間隔に印をつける

細胞の数がふえているところ

水

◆くわしく 植物の成長点

成長点は，細胞分裂（➡p.91）が絶えず起こり，細胞の数がふえている部分である。植物の場合，根の先端付近と茎の先端付近に成長点がある。これに対して動物は，植物のような成長点はなく，からだのいたるところで細胞分裂を行っている。

◆くわしく 根ののび方を調べる方法

左の図の方法のほかに，根を出したタマネギの根の根元まで染色したあと，根を水につけて染色した部分の色のようすを観察する方法もある。この場合，新たにのびた部分が白っぽくなることから，根ののび方がわかる。

⚠重要

- **細胞分裂**…1個の細胞が2個の細胞に分かれること。根の先端に近い部分でさかんに起こる。
- **染色体**…細胞分裂のとき，核の中に見られるひものようなもの。生物の**形質**を決める**遺伝子**（➡p.106）がある。

❷**根の細胞のようす**…根の細胞は，根の先端の方ほど小さい細胞が集まっている。根の先端近くでは，細胞分裂が起こっていて，細胞内に染色体が見られる。

a 先端から離れた部分

・ほぼ同じ大きさの大きな細胞が並んでいる。
・細胞分裂は見られず，この部分はほとんどのびない。

b 先端から少し離れた部分

・aの部分よりも小さい細胞が並んでいる。
・細胞数が多く，それぞれの細胞は大きくなるので，根がよくのびる部分にあたる。

c 先端に近い部分

・bの部分よりさらに小さい細胞が並んでいる。
・細胞分裂がさかんに起こり，丸い核のある細胞以外に染色体のようすの異なる細胞が見られる。

❸**根がのびるしくみ**…根の先端近くで細胞分裂が起こって細胞の数がふえる。これらの細胞の1つ1つが大きくなることによって根がのびる。

❹**生物の成長**…細胞分裂がくり返されて細胞の数がふえる。ふえた細胞のそれぞれが大きくなることによって生物のからだが成長する。

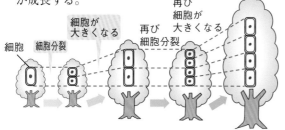

⬆生物が成長するしくみ

細胞　細胞分裂　細胞が大きくなる　再び細胞分裂　再び細胞が大きくなる

💡くわしく ▶ 根の最先端にある根冠

根冠は，根の最も先端にあって，根の成長点を包むようにして保護している。根冠の古くなった細胞は外側からはがれて失われるが，新しい細胞が内側の成長点でつくられ，一定の細胞数が保たれる。

⚖比較　根の細胞のようす

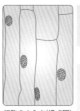

細胞のようす（模式図）

細胞のようす（模式図）

細胞のようす（模式図）

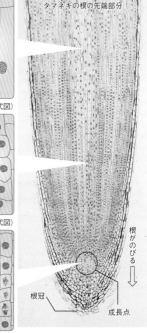

タマネギの根の先端部分

根がのびる↓

根冠

成長点

細胞の大きさと染色体のようすに注目して，細胞を観察しよう。

2章／生命の連続性

1節／生物の成長とふえ方

❷ 細胞分裂のしくみと順序

▶ 動画 細胞分裂の順序

細胞分裂が始まる前に，核の中では，染色体が複製されて，染色体の数は2倍になっている。

❶体細胞分裂…からだをつくる細胞が分裂する細胞分裂。体細胞分裂によって，細胞の数がふえてからだが成長する。

❷細胞分裂の順序（植物の細胞の場合。下図を参照。）

①染色体が複製され，同じ染色体が2本ずつになる。

②染色体は2本ずつくっついたまま，ひものようになっている。

③染色体が細胞の中央付近に並ぶ。

④2本の染色体が分かれ，細胞の両端に移動する。

⑤染色体が集まり，2個の核の形ができる。染色体は細長くなって，やがて見えなくなる。中央に仕切りができる。

⑥⑦2個の細胞になる。このあとそれぞれの細胞は大きくなる。

復習 細胞のつくり

細胞は生物のからだをつくる基本単位で，核と細胞質からできており，細胞質のいちばん外側は細胞膜になっている。植物の細胞では，細胞膜の外側に細胞壁があり，細胞質には葉緑体や液胞があることを学習した。

くわしく 相同染色体

染色体は必ず2本が対になっていて，その2本は形と大きさが同じである。これを相同染色体という。したがって，染色体の数は必ず偶数である。例えば，ヒトは23対の相同染色体があり，染色体の数は全部で46本（➡ p.94）である。ただし，男性の染色体は1対だけ相同染色体ではない。

ここ に注目 | 細胞分裂の順序

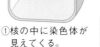

染色体が複製され，同じものが2本ずつできる。

①核の中に染色体が見えてくる。

②染色体2本ずつがくっついたまま太く短くなって，それぞれがひものようになる。

③染色体が細胞の中央付近に集まり，並ぶ。

細胞分裂が行われているとき以外は，染色体を顕微鏡で観察できない。

⑥2つに分かれて，2個の細胞になる。

⑤2個の核ができる。染色体は細長くなり，やがて見えなくなる。

④2本の染色体が縦にさけるように分かれる。それぞれが細胞の両端（両極）に移動していく。

⑦それぞれの細胞がもとの大きさまで大きくなる。

重要
観察 思考

細胞分裂の観察

目的 根の先端近くの部分を顕微鏡で観察し，細胞の大きさや核の変化のようすを調べる。

準備 タマネギの種子を水でしめらせたろ紙の上にまき，20～25℃で3～4日間暗所に置き，発芽させる。根が5～15mmになったものを用いる。

方法 ① 根の先端をうすい塩酸に入れて約1分間あたため，水でゆすぐ。→1つ1つの細胞が離れやすくなる。

② 根の先端をスライドガラスにのせ，柄つき針で軽くつぶしてほぐす。→細胞が重ならないようにして，観察しやすくする。

③ 染色液をたらして約3分間置き，カバーガラスをかける。→核や染色体を染めて観察しやすくする。

④ プレパラートをろ紙ではさみ，根を押しつぶす。→細胞が重ならないようにする。

⑤ 顕微鏡で観察する。はじめは低倍率（100～150倍）で観察し，その後，高倍率（400～600倍）にする。→低倍率にするのは，視野が広くなり，細胞分裂が行われている細胞をさがしやすいからである。

⑥ 細胞のようすをスケッチする。

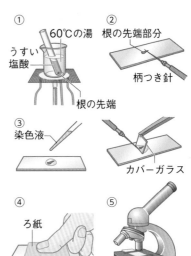

① うすい塩酸　60℃の湯

② 根の先端部分　柄つき針　根の先端

③ 染色液　カバーガラス

④ ろ紙

⑤

結果 右のようになっていた。

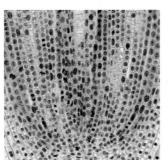

↑低倍率で広い範囲を観察

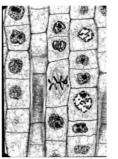

↑高倍率で染色体のようすを観察

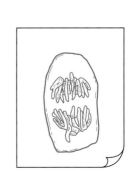

↑スケッチ

結論 ・細胞の大きさは，根の先端に近い部分では小さく，先端から離れた部分では大きい。

・根の先端に近い部分では，細胞分裂がさかんに行われているため，染色体が見えるなど，分裂中のいろいろなようすの細胞を観察できる。

❸**細胞分裂のようす**…根の先端近くの細胞を
顕微鏡で観察すると，細胞分裂のさまざま
な段階の細胞を確認できる。右の写真では，

A→B→C→D→E

と細胞分裂が進む段階が見られる。

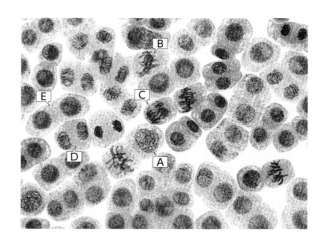

❹**細胞分裂の起こる場所**

a **植物で細胞分裂がさかんな部分**

・**根の先端付近**…根が地中にのびる。

・**茎の先端付近**…茎が上方にのびる。

・**双子葉類の維管束とその周辺**…茎が太く
なる。

b **動物で細胞分裂がさかんな部分**

・**骨髄**…血液の細胞が細胞分裂によってつくられる。

・**皮膚**…皮膚の表面近くの部分（上皮組織）。

・**肝臓**…肝臓の細胞がつくられ，再生する。

❺**染色体の数**…からだをつくる細胞の染色体の数は，生物の種
類によって決まっている。

植物	数	動物	数
ソラマメ	12本	ネコ	38本
エンドウ	14本	ヒト	46本
タマネギ	16本	チンパンジー	48本
イネ	24本	イヌ	78本
ジャガイモ	48本	アメリカザリガニ	200本

❻**動物の細胞分裂**…細胞分裂のときの染色体の変化は，植物の
細胞とほぼ同じだが，細胞質の分かれ方が異なる。

・**植物の細胞**…細胞の中央に仕切りができて分裂する。

・**動物の細胞**…細胞質がくびれるようにして分裂する。

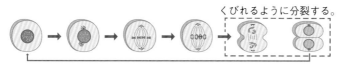

くびれるように分裂する。

↑動物の細胞分裂（模式図）

🔍**くわしく**━**染色液**

細胞分裂のようすを顕微鏡で観察すると
きは，核や染色体を見やすくするため
に，酢酸オルセインや酢酸カーミンで染
色する。

🏠**生活** **ヒトのからだの細胞の数は？**

　個人差があるが，ヒトの成人のからだ
は60兆個（37兆個ともいわれる）の細
胞からできている。はじめは1個の細胞
である受精卵（➡p.101）だが，受精か
ら38週間後，赤ちゃんが生まれるとき
には約3兆個の細胞になっている。ヒト
の細胞は200種類以上あるといわれる。
わたしたちは自らの細胞分裂によって大
人のからだになり，生きていくための複
雑なしくみをつくって成長しているのだ。

受精卵
🔵1個の細胞

3兆個の細胞
にふえる。

約60兆個の
細胞になる。

2 生物の生殖とふえ方

教科書の要点

1 無性生殖

◎ 生殖…生物が同じ種類の新しい個体をふやすはたらき。
◎ 無性生殖…受精を行わずに子をつくる生殖。栄養生殖など。

2 被子植物の有性生殖

◎ 有性生殖…受精によって子をつくる生殖。
◎ 受精…精細胞と卵細胞の核が合体して1個の細胞になること。

3 動物の有性生殖

◎ 卵と精子…動物の生殖細胞。
◎ 発生…受精卵が胚になり，個体としてのからだがつくられていく過程。

4 染色体の受けつがれ方

◎ 減数分裂…生殖細胞がつくられるときに行われる特別な細胞分裂で，染色体の数がもとの細胞の半数になる。
◎ 無性生殖では，親とまったく同じ染色体を受けつぐ。
◎ 有性生殖では，両親から半数ずつの染色体を受けつぐ。

1 無性生殖

無性生殖は，受精を行わないふえ方である。

❶ 生殖…生物が自分と同じ種類の新しい個体をつくり，なかまをふやすはたらき。無性生殖と有性生殖がある。

❷ 無性生殖…雄と雌が関係しないで，受精を行わずに子をつくる生殖。おもに，親のからだの一部が体細胞分裂することによって子をつくる。

⚠ 重要

a 分裂…アメーバなどの単細胞生物は，体細胞分裂によってからだが2つに分かれることでふえる。　例 ゾウリムシ

b 出芽…ヒドラは，からだの一部にふくらみができ，その部分が成長してふえる。　例 イソギンチャク，酵母

テストで注意　植物の生殖方法は1つだけでない

ジャガイモは栄養生殖をするので，ふつう種いもから栽培する。

しかし，花を咲かせて種子をつくるので，生育の条件がそろえば有性生殖もする。このように，植物の生殖方法は一通りだけではないことを覚えておこう。

⬆ ジャガイモの花

c 栄養生殖…植物のからだの根や茎や葉の一部から新しい
個体をつくるふえ方。

・さし木…茎や枝をさしてふやす。 例 サツマイモ，バラ

・つぎ木…似た植物とつないでふやす。例 ミカン，サクラ

・茎をのばしてふやす… 例 オランダイチゴ，ユキノシタ

・いもから芽や根が出てふえる… 例 ジャガイモ，サツマイモ

・葉のふちから芽が出てふえる… 例 セイロンベンケイ

生活 ソメイヨシノと桜前線

　日本のソメイヨシノは，もともと1本
の木からつぎ木してふやした。つまり，
無性生殖でふやしたものなので，すべて
同じ性質をもっている。そのため，どこ
の地域であっても，開花の条件は同じで
あり，このソメイヨシノの開花による桜
前線が春の訪れの基準になる。

比較　いろいろな無性生殖

分裂　1個の細胞が分裂してふえる。

ミカヅキモ

アメーバ

ゾウリムシ

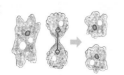

出芽　からだの一部がふくらんでふえる。

ヒドラ

酵母

栄養生殖　根や茎，葉から芽や根を出し，新しい個体となる。

根 サツマイモのいも

芽 ヤマイモのむかご

茎 ジャガイモのいも

ユキノシタ（ほふく茎）

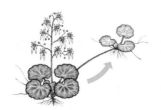

バラのさし木

葉 チューリップの球根

セイロンベンケイ

② 被子植物の有性生殖

被子植物の花は，有性生殖を行うための器官である。

❶**有性生殖**…受精によって子をつくる生殖。多くの植物や動物は有性生殖によってふえる。

❷**生殖細胞**…生殖のための特別な細胞。被子植物の生殖細胞は卵細胞と精細胞である。

> [重要]
>
> a **卵細胞**…めしべの子房の中の**胚珠**にできる。
>
> b **精細胞**…おしべのやくでつくられる花粉の中にできる。

(1) 被子植物の受精の順序

❶**受粉**…おしべの花粉がめしべの柱頭につくこと。

❷受粉すると，花粉から胚珠に向かって**花粉管**がのびる。

❸花粉管の中を精細胞が胚珠まで運ばれる。

❹**受精**…精細胞の核と卵細胞の核が合体すること。

・花粉管が胚珠に達すると，花粉管の中を送られてきた精細胞と胚珠の中の卵細胞が受精して**受精卵**ができる。

(2) 受精後の成長

❶**受精卵の成長**…受精卵は体細胞分裂をくり返して胚になる。

❷**胚**…細胞の集まりで，次の世代の植物のからだになる部分。

❸**胚珠の成長**…胚珠全体は，成長して種子になる。

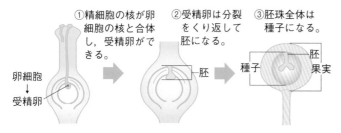

①精細胞の核が卵細胞の核と合体し，受精卵ができる。

②受精卵は分裂をくり返して胚になる。

③胚珠全体は種子になる。

❹**植物の発生**…受精卵が胚になり，個体としてのからだのつくりができていく過程を**発生**という。

・**種子の発芽と成長**…種子が発芽すると，種子の中の胚が成長して根，茎，葉をそなえた芽（植物のからだ）になる。

▶動画 **被子植物の有性生殖**

⟳復習 花のつくりとはたらき

アブラナなどは，1つの花にがく，花弁，おしべ，めしべがある。また，被子植物は受粉すると，めしべの子房が果実に，子房の中の胚珠は種子になることを学習した。

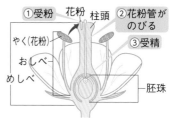

①受粉　花粉　柱頭　②花粉管がのびる

やく（花粉）　③受精

おしべ

めしべ

胚珠

↑被子植物の花のつくりと受粉・受精

♨くわしく 有胚乳種子と無胚乳種子

種子の基本的なつくりは，下図の有胚乳種子のように，胚と胚乳と種皮である。胚乳は，胚が成長するための養分をたくわえている。ところが，エンドウのように，胚乳のない種子がある。これは，種子が形成される過程で，有胚乳種子の状態から，さらに胚が細胞分裂をくり返して成長し，胚乳の養分がすべて使われたためである。胚の一部である子葉が大きく成長して，種皮以外の部分が胚になったものが無胚乳種子である。

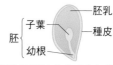

胚乳

胚〔子葉　種皮

幼根

有胚乳種子（カキやイネなど）

子葉

幼芽　〕胚

幼根

無胚乳種子（エンドウやアサガオなど）

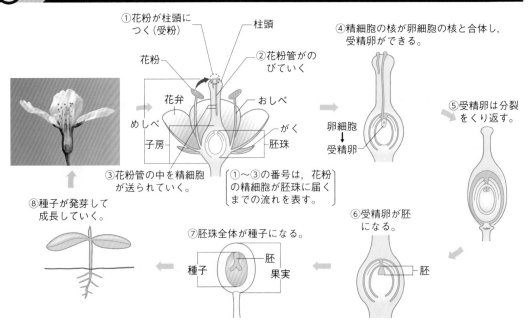

①花粉が柱頭につく（受粉）

柱頭

花粉

②花粉管がのびていく

花弁

おしべ

めしべ

がく

子房

胚珠

③花粉管の中を精細胞が送られていく。

（①～③の番号は，花粉の精細胞が胚珠に届くまでの流れを表す。）

④精細胞の核が卵細胞の核と合体し，受精卵ができる。

卵細胞

受精卵

⑤受精卵は分裂をくり返す。

⑥受精卵が胚になる。

胚

⑦胚珠全体が種子になる。

種子

胚

果実

⑧種子が発芽して成長していく。

Column 胞子って何？

　被子植物は種子をつくってなかまをふやし，シダ植物やコケ植物は胞子をつくってなかまをふやす。一見，種子と胞子は似ているようだがまったくちがうものである。

　種子に比べて，胞子は非常に小さく，シダ植物の胞子で約0.05mm，肉眼では確認できない大きさである。また，胞子は単細胞の簡単なつくりだが，種子は多細胞であり，つくりが複雑である。さらに，胞子のうで胞子がつくられるとき，減数分裂（→p.104）が起こっている。減数分裂は生殖細胞がつくられるときに起こる，染色体の数が半減する細胞分裂である。したがって，胞子自体は生殖細胞であるが，シダ植物はコケ植物のように雌雄の区別はない。

　シダ植物の胞子は地面に落ちて水にぬれると，ただちに細胞分裂を開始して，小さな植物体である前葉体になる。前葉体では卵と精子がつくられる。卵と精子が受精すると，受精卵は体細胞分裂をくり返してシダ植物のからだになる。受精によってシダ植物の染色体の数はもとにもどる。

種子をつくらない植物
中1では

　種子植物に対して，胞子でふえるシダ植物とコケ植物があることを学習した。シダ植物は葉の裏に胞子のうの集まりができ胞子をつくってふえる。

　コケ植物は雌株と雄株があり，雌株に胞子のうができ，胞子をつくってふえることを学習した。

植物の発生
高校では

　被子植物の受精のしかた，胚の発生についてよりくわしく学習する。裸子植物，シダ植物，コケ植物の生殖についても比較する。

重要 観察	**花粉管がのびるようす**

目的 めしべの柱頭と同じような状態を再現し，花粉の変化のようすを調べる。

準備 花粉は，ホウセンカ，ムラサキツユクサ，インパチェンス（アフリカホウセンカ）などを使う。

方法 ①砂糖を混ぜた寒天溶液をつくる。

②寒天溶液をスライドガラス（またはホールスライドガラス）に落とし，固まるまで待つ。

③寒天上にホウセンカなどの花粉をまく。

④カバーガラスをかけてプレパラートをつくる。

⑤水をはったペトリ皿の中に割りばしを置き，その上にプレパラートをのせて，ふたをする。

⑥5分間ごとに顕微鏡で観察する。顕微鏡の倍率は100～150倍。

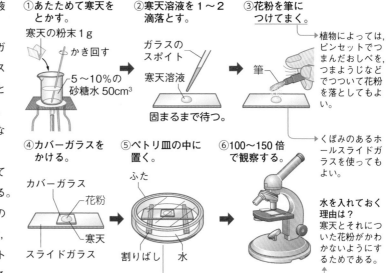

①あたためて寒天をとかす。

寒天の粉末1g　　かき回す

5～10%の砂糖水 50cm³

②寒天溶液を1～2滴落とす。

ガラスのスポイト　寒天溶液

固まるまで待つ。

③花粉を筆につけてまく。

筆

植物によっては，ピンセットでつまんだおしべを，つまようじなどでつついて花粉を落としてもよい。

④カバーガラスをかける。

カバーガラス
花粉
寒天
スライドガラス

⑤ペトリ皿の中に置く。

ふた
割りばし　水

⑥100～150倍で観察する。

くぼみのあるホールスライドガラスを使ってもよい。

水を入れておく理由は？
寒天とそれについた花粉がかわかないようにするためである。

結果 （花粉はホウセンカの場合）
時間をおいて観察すると花粉から花粉管が出て細長くのびていくようすが見られた。

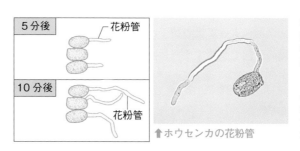

5分後　花粉管

10分後　花粉管

↑ホウセンカの花粉管

花粉管ののびる速さは？
植物の種類や温度などによってちがうが，ふつうの室温では，ホウセンカの花粉管は1mmのびるのに約15分かかる。

結論 砂糖を混ぜた寒天溶液を固めたものは，めしべの柱頭と似た状態になっているので，花粉の細胞は砂糖を養分として，花粉管をのばす。

2章／生命の連続性

1節／生物の成長とふえ方

3 動物の有性生殖

多くの動物には雌と雄の区別があり，有性生殖を行う。卵と精子という2種類の生殖細胞が受精して受精卵ができる。

(1) 動物の生殖細胞と受精

❶卵…雌のからだの卵巣でつくられる生殖細胞。1個の球形の細胞で，精子に比べるとはるかに大きい。

❷精子…雄のからだの精巣でつくられる生殖細胞。ほとんど核だけの1個の細胞で，一般に尾（べん毛）をもち，自由に泳ぐ。

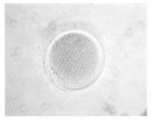
↑ヒトの卵（直径約0.14mm）

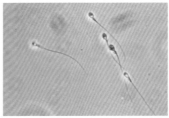
↑ヒトの精子（長さ約0.06mm）

❸受精…卵の核と精子の核が合体して1つの細胞になること。雄から出た多数の精子は泳いで卵にたどりつくと，1個の卵に1つの精子が進入し，卵の核と精子の核が合体して受精する。

・**魚類や両生類**…雌が水中にうんだ卵に雄が精子をかける。精子は泳いで卵にたどりついて受精する（体外受精）。

・**は虫類，鳥類，哺乳類（胎生）**…陸上に卵や子をうむこれらの動物では，交尾によって雄の精子が雌のからだの中に送りこまれ，雌の体内で受精する（体内受精）。

▶動画 動物の有性生殖

比較 動物の卵,精子の大きさ

卵と精子の大きさ（単位は，mm）

種類	卵の大きさ	精子の大きさ
ヒト	0.14	0.06
ウマ	0.13	0.07
ダチョウ	110	0.10
ニワトリ	30	0.10
カエル	2.0	0.05
マグロ	1.0	0.05
サケ	5.0	0.10
ウニ	0.1	0.05

思考 精子より卵が大きいわけ

精子より卵が大きいのは，受精卵が体細胞分裂をくり返して生物のからだをつくる過程において，必要な成分を卵黄としてたくわえておくためである。

また，脊椎動物の哺乳類の卵は，ほかの脊椎動物と比べて小さい。これは，哺乳類の受精卵は母親の体内で成長する（胎生）ので，成長に必要な養分は母親から受けとることができるからである。

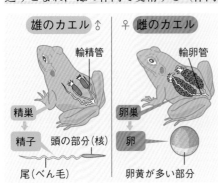

雄のカエル ♂ ｜ ♀ 雌のカエル
輸精管　　　　　　　輸卵管
精巣　　　　　　　　卵巣
精子　頭の部分（核）　卵
尾（べん毛）　　　　卵黄が多い部分

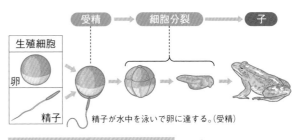

受精 → 細胞分裂 → 子

生殖細胞
卵
精子
精子が水中を泳いで卵に達する。（受精）

親の形質は卵や精子の染色体にある遺伝子によって子に伝わっていく。

親と同じ種類のカエルになる。

(2) 受精卵とその変化

❶受精卵…受精した卵。将来，生物のからだになる1個の細胞。受精卵の核は精子の核と卵の核が合体した1個の核である。

❷胚…受精卵は体細胞分裂をくり返して多数の細胞の集まりになる。胚は受精卵から自分で食物をとり始めるまでの間の子。

❸胚の細胞の変化…胚はさらに細胞分裂をくり返して細胞の数がふえるとともに，形やはたらきのちがうさまざまな細胞になる。やがて，成長して親と同じからだ（成体）になる。

❹発生（動物）…受精卵から，親と同じからだになる過程。

(3) ヒキガエルの受精卵の変化

❶受精卵の細胞分裂…1個の細胞である受精卵は，体細胞分裂をくり返して細胞の数がふえていく。

❷胚の形成…分裂が進むと，たくさんの細胞の集まりの胚になる。

❸組織や器官の形成…さらに細胞分裂が進んで，形やはたらきのちがう細胞に分かれ，皮膚，骨，筋肉，脳などがつくられる。

❹ふ化して親と同じからだへ成長…からだの形ができ，おたまじゃくし（幼生），さらに親と同じ種類のカエル（成体）になる。

復習 メダカの誕生

小学5年生のとき，メダカの卵が受精してからふ化するまで，卵の中で，しだいにメダカのからだができていくようす（メダカの発生）を観察した。

発展 卵割

発生初期に見られる細胞分裂を卵割といい，分裂後の細胞の成長はなく，卵割が次々に進む。卵割の進行中，卵全体の大きさはほとんど変わらないため，細胞はしだいに小さくなる。

下の写真で，④の時期の胚は，全体が桑の実のようになるので桑実胚という。この時期のあとからカエルのからだの部分ができ始める。⑥の時期は，からだの後ろ側に尾ができるので尾芽胚という。この時期の胚では，脳，脊髄，消化管などのいろいろな器官ができている。

2章／生命の連続性

1節／生物の成長とふえ方

🔍ここに注目　ヒキガエルの受精卵から成体までの過程

受精卵　①1回目の分裂　②2回目の分裂　③分裂が進む　④多くの細胞になる

⑨あしが出る　⑩ヒキガエルの姿になる　⑤からだの部分ができ始める

⑧えらができて泳ぎ出す　⑦おたまじゃくしが出る（ふ化）　⑥尾ができてくる

（4）**ウニの発生**…ウニは，ヒトデやナマコと同じなかまで，棘皮動物とよばれる無脊椎動物である。

❶ウニは体外受精をするので，受精の瞬間を観察できる。

↑バフンウニ ©アフロ

❷卵に1個の精子が進入して受精すると，1.5〜2時間後に1回目の分裂が起こる。4〜5時間後には3回目の分裂が起こり，8個の細胞になる。

❸分裂初期の1〜3回目までは，受精卵が等分に分割される。

❹さらに卵割が進み，多数の細胞の集まりになり，内部に複雑なつくりができてくる。その後幼生（幼生の形も変化）になる。

⤴ 高校では **ウニの発生実験**

　生きているウニから卵と精子を採集して受精させ，受精卵の変化のようすを生きたまま顕微鏡で観察したり，細胞分裂の起こる間隔をはかったりする。

発展 受精膜

　卵のまわりにはたくさんの精子が集まるが，卵の中に入って受精するのは1個の精子だけである。1個の精子が卵に進入すると，卵全体が受精膜で包まれ，ほかの精子は進入できなくなる。

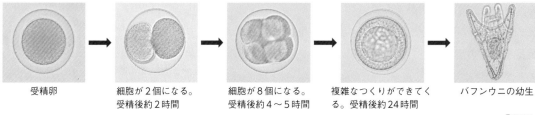

受精卵 → 細胞が2個になる。受精後約2時間 → 細胞が8個になる。受精後約4〜5時間 → 複雑なつくりができてくる。受精後約24時間 → バフンウニの幼生

©アフロ

Column わたしたちはウニの何を食べている？

　日本周辺の海には，いろいろな種類のウニが生息している。食用にできるウニは，ムラサキウニ，バフンウニ，エゾバフンウニ，キタムラサキウニ，アカウニなどである。では，わたしたちが食べているオレンジ色の部分は，ウニのからだのどの部分なのか。これはウニの生殖巣とよばれる部分で，雄の場合は精巣，雌の場合は卵巣だが，見た目はほとんど区別はつかないので，精巣，卵巣を区別しないで食べていることになる。

　生殖巣には，生殖細胞（精子と卵）と，それをつくるために必要な養分をたくわえておく栄養細胞がある。ウニの味を決めているのは，栄養細胞の量である。生殖細胞が多くなると，苦みが強くなって味はあまりよくない。栄養細胞が大きく成長し，生殖細胞がまだ未発達の状態のときが「食べごろ」となるだろう。産卵時期の1，2か月前がベストといわれる。

　ウニは，ヒトデと同じ棘皮動物のなかまだが，外見上あまり似ていない。しかし，殻をとると，からだが中心から5つの方向に区分され（これを五放射相称という），わたしたちが食べている生殖巣は5つに分かれて入っている。星型のヒトデとよく似ていて，棘皮動物の最も大きな特徴を示している。

↑ウニの内部 ©アフロ

染色体の受けつがれ方

無性生殖と有性生殖では，染色体の受けつがれ方がちがう。

(1) 無性生殖と有性生殖のちがい

❶ **無性生殖**…受精は行われず，**体細胞分裂**によって子がつくられ，子の形質（→p.106）は親の形質と同じである。

❷ **有性生殖**…親が生殖細胞をつくり，**生殖細胞の受精**によって子がつくられるため，子の形質は両親の形質が反映される。

比較　無性生殖と有性生殖の特徴と利点

	無性生殖	有性生殖
特徴	・親のからだの一部が分かれてふえる（体細胞分裂）ので，子は親と同じ特徴を受けつぐ。	・2個の親からできた精子（精細胞）と卵（卵細胞）が合体してふえるので，子はそれぞれの親の特徴を受けつぐ。 ・親とちがう性質をもつ子がうまれることになる。
利点	・親のからだの一部から同じ特徴をもつ個体をつくるので，短期間に，たくさんふやすことができる。 例 病気や害虫に強く，収穫量の多い果実をつける木を，さし木，つぎ木によってふやす。	・親と異なる特徴をもつ個体ができることになり，多様な環境の変化に適応できる子や，いろいろな細菌やウイルスに対して強い子ができる可能性がある。

さし木やつぎ木は植物のふやし方として昔から利用しているね。

くわしく　無性生殖と有性生殖の利用

新しい品種を開発するときや，現在の品種を改良するときは有性生殖を行い，優れた特徴をもつ個体をつくり出す。一方，農作物は，形や大きさ，色や味がそろったものが求められる。有性生殖で優れた特徴をもった子を選び出し，無性生殖を利用して一定の品質のそろった農作物を多くつくることは，農業や園芸では広く行われている。

生活　農業で利用される無性生殖

・つぎ木…味のよい形質をもつトマトの苗を病気に強い形質をもつ苗につぎ木をすると，味がよく，病気に強いトマトができる。ナス，キュウリ，サクランボ，メロンなども同じようにしてつくる。
・いもを植えてふやす。ジャガイモなど。
・さし木…サツマイモのいもを種いもとして苗床に植え，出てきた芽を切りとって畑に植える。また，園芸では，植物の枝を短く切ってさし木でふやすことも広く行われている。
・ほふく茎でふやす。イチゴなど。

（2）無性生殖・有性生殖と染色体

❶無性生殖と染色体…無性生殖では，親のからだの一部が**体細胞分裂**することで子ができる。したがって，子の細胞の染色体は親の細胞の染色体と同じである。

❷有性生殖のしくみ…雄の生殖細胞（精細胞，精子）と雌の生殖細胞（卵細胞，卵）が受精することで子ができる。

❸減数分裂…生殖細胞（精細胞や精子，卵細胞や卵）ができるときの細胞分裂。染色体の数が親の細胞の半分になる。

　a 染色体の数…精細胞（精子）も卵細胞（卵）も親の細胞の半分になるので，受精卵は親のからだの細胞の染色体の数と同じになる。

　b 染色体の組み合わせ…両親から半分ずつ染色体を受けつぐので，対になる染色体が変わり，親とはちがう染色体の組み合わせができる。

比較　染色体の受けつがれ方

有性生殖

体細胞（染色体は２本）

核
染色体
細胞
遺伝子

減数分裂　　　減数分裂

生殖細胞

どちらかの１つ　　どちらかの１つ

受精

受精卵
（ほかの組み合わせもある。）

無性生殖

体細胞分裂

くわしく　減数分裂のしくみ　発展

　減数分裂では，細胞分裂が２回続けて起こる。１回目の分裂では，体細胞分裂と同じように，染色体が複製されて２倍になり，複製された染色体はくっついたまま，対になっている染色体が２つに分かれて別々の細胞に入る。続けて２回目の細胞分裂が起こる。ただし，２回目は，染色体の複製はなく，くっついていた２本の染色体が分かれて別々の細胞に入る。分子生物学のレベルでは，１回目の分裂前に「組換え」（※）が行われている（２回目にはない）。この１回目の分裂が減数分裂の特徴である。

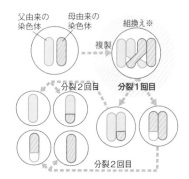

父由来の染色体　　母由来の染色体　　組換え※

複製

分裂２回目　　分裂１回目

分裂２回目

生活　有性生殖と品種改良

　古くから，米やリンゴなどの作物や，乳牛や肉牛などの家畜を品種改良して，人間にとって有用な品種をつくってきた。
　その方法として，優れた形質をもつ個体を選んで，それを繁殖させたり，優れた形質をもつ個体や種間での交配もよく行われたりしている。その結果として，より優れた形質を現す遺伝子をもつ子を得ることになる。これをくり返していくことで，存在する個体の中で，もっとも優れた形質をあわせもつ個体が得られることになる。各地でつくられているブランド米やブランド牛などは，その成果のひとつである。

1 生物の成長と細胞分裂

□(1) 植物の根の細胞の大きさは，根の先端へいくほど〔　小さく
大きく　〕なり，離れるほど〔　小さく　大きく　〕なる。

(1) 小さく
　　大きく

□(2) からだをつくる細胞がふえるときの細胞分裂を〔　　　　〕という。

(2) 体細胞分裂

□(3) 細胞分裂が始まる前に，核の中では染色体が〔　　　　〕され，
染色体の数は〔　半分　2倍　〕になる。

(3) 複製，2倍

□(4) 細胞分裂のとき，核の中に現れるひも状のものを〔　　　　〕
といい，この中には，生物の形質（形や性質）を決定する
〔　　　　〕がある。

(4) 染色体
　　遺伝子

□(5) 細胞分裂の順序は，

①〔　　　　〕の中に染色体が現れ，細胞の中央に集まる。

②染色体が縦に2つに分かれ，〔　　　　〕に移動する。→2つの
核ができ，細胞が2つに分かれる。

(5)①核
　　②両端

2 生物の生殖とふえ方

□(6) 生物のふえ方のうち，雄と雌の関係によらない生殖を〔　　　　〕
といい，雄と雌の生殖細胞のかかわりによってなかまをふやす
生殖を〔　　　　〕という。

(6) 無性生殖
　　有性生殖

□(7) 植物が葉や茎，根の一部から新しい個体をつくるふえ方を
〔　　　　〕という。

(7) 栄養生殖

□(8) 花粉管が胚珠に到達し，花粉管の中の〔　　　　〕の核と，胚
珠の中の〔　　　　〕の核が合体することを〔　　　　〕という。

(8) 精細胞
　　卵細胞，受精

□(9) 動物では，精子の核と卵の核が合体して〔　　　　〕ができる。

(9) 受精卵

□(10) 有性生殖で精細胞と卵細胞ができるときの細胞分裂を〔　　　　〕
という。

(10) 減数分裂

□(11) (10)の細胞分裂でできる生殖細胞の染色体の数は，体細胞の
〔　2倍　半分　〕になる。

(11) 半分

1 遺伝のきまり

教科書の要点

1 遺伝のしくみ
- ◎ **遺伝子**…生物の形質を表すもとになるもの。核の染色体にある。
- ◎ **対立形質**…純系どうしをかけ合わせたとき，1つの個体に同時には現れない2つの形質。
- ◎ **顕性形質**…純系どうしをかけ合わせたとき，対立形質のうち，子に現れる形質。
- ◎ **潜性形質**…対立形質のうち，子に現れない形質。

2 分離の法則
- ◎ **分離の法則**…対になっている遺伝子が分かれて別々の生殖細胞に入ること。

3 遺伝の規則性
- ◎ **遺伝の規則性**…両親の遺伝子がAaのとき，子に現れる形質は顕性:潜性＝3:1

1 遺伝のしくみ

遺伝のしくみを発見したメンデル(1822～1884年)は，エンドウの対立形質の親から子，子から孫への伝わり方に注目した。

❶**形質**…生物のからだの特徴となる形や性質のこと。

　例 花の色（赤色，白色），種子の形（丸い，しわ）など。

❷**遺伝**…親の形質が子や孫に伝わること。細胞の染色体にある**遺伝子**が，子に受けつがれて起こる。

❸**遺伝子**…生物の形質を現すもとになるもの。細胞の核の中の染色体にある。

❹**対立形質**…エンドウの種子の形は，丸い種子としわの種子があり，1つの種子にはそのどちらかの形質が現れ，同時に現れることはない。このような2つの形質を対立形質という。

❺**純系**…親，子，孫と代を重ねても，形質がすべて親と同じである生物をいう。

くわしく 対立形質をもつ生物

エンドウの対立形質以外にも，次の生物の形質も対立形質であり，メンデルの遺伝の法則にしたがって遺伝する。いずれも左側が顕性形質である。

●マツバボタンの花の色

赤色の花　　白色の花

●ゴールデンハムスターの毛の色

茶色い毛　　黒色の毛

●ショウジョウバエの目の色

赤い目　　白い目

写真©アフロ

❻エンドウを使ったメンデルの実験

　a 丸い種子の純系としわの種子の純系を交配させる…丸い種子の純系の花の花粉をしわの種子の純系の花に受粉させると，できた種子（子にあたる）はすべて丸い種子になった。

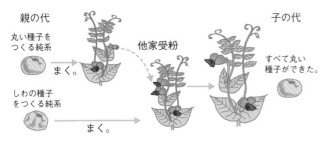

親の代

丸い種子を
つくる純系

まく。

他家受粉

しわの種子
をつくる純系

まく。

子の代

すべて丸い
種子ができた。

　b a で得られた丸い種子を育てて自家受粉させる…自家受粉させてできた種子（孫にあたる）は，丸い種子としわの種子の両方が現れ，丸は5474個，しわは1850個できた。

子の代

丸い種子

まく。

自家受粉

孫の代

丸い種子
5474個

しわの種子
1850個

❼顕性形質（けんせいけいしつ）…対立形質をもつ純系どうしの交配で，子に現れる形質。エンドウの種子の形では，丸が顕性形質である。

❽潜性形質（せんせいけいしつ）…対立形質をもつ純系どうしの交配で，子に現れない形質。エンドウの種子の形では，しわが潜性形質である。

❾メンデルの実験の結果

　a 子の代…対立形質の一方の形質（丸）の種子だけができた。

　b 孫の代…対立形質の一方の形質（丸）の種子ともう一方の形質（しわ）の種子の両方ができた。種子の数の比はおよそ　丸：しわ＝３：１　となった。

　　丸い種子：しわの種子＝5474個：1850個

　　　　　　➡顕性：潜性≒３：１

🔎 **くわしく エンドウの花のつくり**

　エンドウのおしべとめしべは，いちばん内側にある白っぽい2枚の花弁にいっしょに包まれている。このような花のつくりから，エンドウは，自然な状態ではめしべに同じ花の花粉がつく自家受粉（じかじゅふん）を行う。

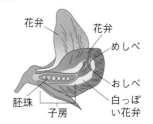

花弁　　　花弁

めしべ

おしべ

白っぽ
い花弁

胚珠　　子房

⬆エンドウの花の縦断面

⚖ **比較 自家受粉と他家受粉**（たかじゅふん）

自家受粉…花粉が同じ花または同じ株の別の花のめしべにつくことをいう。
他家受粉…花粉が別の株の花のめしべにつくことをいう。

📝 **テストで注意 優性と劣性**（ゆうせい・れっせい）

　顕性形質のことを優性形質，潜性形質のことを劣性形質ということがある。このときの「優性」，「劣性」は，子の代に現れるか，現れないかを表していることばで，形質が優れている，劣っているという意味ではないことに注意する。

> 潜性の「潜」は「ひそむ」という意味もあるね。

2　分離の法則

対立形質の遺伝は，対になっている２つの遺伝子が関係する。

❶**染色体と遺伝子**…生物のからだをつくる細胞には，同じ形で同じ大きさの染色体（相同染色体）が２本（１対）ずつある。この２本の染色体は両親から１本ずつ受けついだものである。

・２本の染色体には，それぞれの形質に対応した遺伝子が対になって存在している。

重要 ❷**分離の法則**…生殖細胞ができるとき，対になっている遺伝子が２つに分かれて別々の生殖細胞に入ること。

・対になっている２本の染色体に，対になって存在している遺伝子も，２本の染色体が２つに分かれれば，分かれて別々の生殖細胞に入ることになる。

3　遺伝の規則性

減数分裂によって，対になっていた遺伝子が分かれ，受精によって，遺伝子の新しい組み合わせができる。

❶**遺伝子の親から子への伝わり方**（**例**エンドウ）

a 種子を丸にする遺伝子をA（顕性），しわにする遺伝子をa（潜性）と表す。

b **親の遺伝子**…純系の丸い種子の親の遺伝子の組み合わせはAA，純系のしわの種子の親の遺伝子の組み合わせはaaとなる。

c **生殖細胞の遺伝子**…AAの親の生殖細胞に入る遺伝子はA，aaの親の生殖細胞に入る遺伝子はaである。

◆くわしく **エンドウの７つの対立形質**

メンデルは種子の形だけでなく，７つの対立形質についても実験し，孫の代の顕性形質と潜性形質の現れ方は，いずれも３：１になることを示した（➡p.109）。

・種子の形…丸としわ
・子葉の色…黄色と緑色
・種皮の色…有色と白色
・さやの形…ふくらんでいるとくびれている
・さやの色…緑色と黄色
・花のつき方…葉のつけ根と茎の先端
・草たけ…高いものと低いもの

◆くわしく **遺伝子の表し方**

対立形質の遺伝子を表すとき，AA，Aa，aaなどと顕性をアルファベット大文字，潜性を小文字で表すが，A以外の文字を使ってもよい。テストで，MMとmm，RRとrrなどの文字が出てきてもあわてないようにする。特別な注意書きがない限り，大文字は顕性，小文字は潜性を表す。

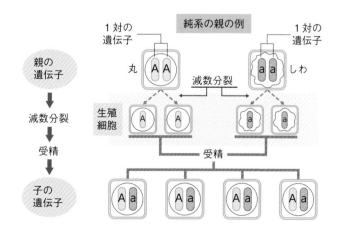

親の遺伝子 → 減数分裂 → 受精 → 子の遺伝子

純系の親の例

１対の遺伝子　丸 AA　減数分裂　aa しわ　１対の遺伝子

生殖細胞 A A a a

受精

Aa Aa Aa Aa

d 子の遺伝子…受精によってAとaが合わさったAaという
　新しい遺伝子の組み合わせができる。

❷ 遺伝子の子から孫への伝わり方

a 子を自家受粉させる…遺伝子Aaをもつ子を自家受粉させ
　ると，生殖細胞に入る遺伝子は，それぞれAとaになる。
　遺伝子の組み合わせは，次の表のようになる。

発展　**独立の法則**

　対立形質が2種類以上ある場合でも，
それぞれの形質の遺伝は規則性にしたが
うことが知られている。このことを独立
の法則という（➡p.111）。

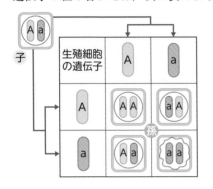

b 孫の遺伝子…遺伝子Aとaをもつ生殖細
　胞どうしが受精すると，孫の遺伝子は，
　AA，Aa，aaの3種類となり，その割合
　は1：2：1となる。

c 孫の形質…顕性形質はAAとAaのとき，
　潜性形質はaaのときだけ現れる。顕性
　形質と潜性形質が現れた割合は3：1となる。

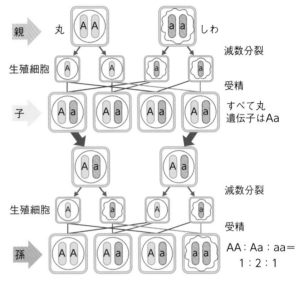

ＡａとＡは，組み合わせとしては同じ→形質はＡとして現れる。

トレーニング　重要問題の解き方

遺伝の規則性から種子の数を求める問題

例題　エンドウの種子で，丸い種子の遺伝子をA，しわの種子の遺伝子をaとする。丸の純系の親AA
　　　と，しわの純系の親aaをかけ合わせると，子の代ではAaの遺伝子をもつ丸の種子となる。この
　　　子の代の種子どうしをかけ合わせた孫の代で種子が80個できたとき，丸の種子は何個になるか。

ヒント　遺伝子Aaをもつ子のかけ合わせでは，孫の代の形質の現れ方は，顕性：潜性＝3：1になる。

種子80個中の $\dfrac{3}{3+1}$ が丸の種子になるから，$80〔個〕× \dfrac{3}{4} ＝60〔個〕$　　**答え** 60個

遺伝子カードを使った遺伝のモデル実験

目的 遺伝子カードの組み合わせをつくり，エンドウの種子の形について，子から孫への遺伝の規則性を調べる。

方法 ①右の図のような2枚の遺伝子カードを2組つくる。

遺伝子カード

- ・Aはエンドウの種子の形を丸にする遺伝子，aはしわにする遺伝子を表している。

②2人を1グループとして，グループごとに遺伝子の組み合わせをつくり，AA，Aa，aaの遺伝子の組み合わせの出現する回数を記録する。

a 2組の遺伝子カードを，自分のふくろ（中が見えない）に入れる。

b ふくろの中を見ないようにして，2人が同時にふくろから遺伝子カードを1枚ずつとり出す。

…減数分裂によって，1つの生殖細胞に遺伝子が入ることを示す。

c このときの遺伝子の組み合わせを，記録用紙のそれぞれの欄に「正」の字を1画ずつ書いて記録していく。

…遺伝子の組み合わせをつくることは，生殖細胞の受精に対応している。

d 遺伝子カードをふくろの中にもどす。

e b〜dの作業を100回くり返す。

③AA，Aa，aaの組み合わせが出た回数を集計する。

丸		しわ
AA	Aa	aa
正	正	正
正	正	正
丁	正	丁
	正	
	正	
12	25	13

結果 4つのグループで実験した結果は，右の表のようになった。

グループ	1			2			3			4		
丸粒・しわ粒	丸		しわ	丸		しわ	丸		しわ	丸		しわ
遺伝子	AA	Aa	aa	AA	Aa	aa	AA	Aa	aa	AA	Aa	aa
出現回数	24	49	27	25	47	28	23	53	24	26	48	26
	73		27	72		28	76		24	74		26
顕性・潜性の比	2.70		1	2.57		1	3.17		1	2.85		1

考察 実験結果をもとに，グループごとに顕性形質と潜性形質の比を求めると，上の表のようになった。グループによってかなりばらつきがあり，この結果から，顕性形質：潜性形質＝3：1となることが実証されたとはいえない。これは，試行回数が少ないことから，A，aのカードのとり出しがかたよらないとは限らないし，その出現回数の1〜2回の増減が，そのまま結果に影響するからである。メンデルは，種子の形の遺伝では，7000個以上の種子を調べて遺伝の規則性を導き出した。試行回数をもっと増やすことによって，カードのとり出しのかたよりが打ち消され，顕性形質と潜性形質の出現する比が3：1に近づくのではないかと考えられる。

Column　メンデルの実験

　メンデルは，エンドウがもともと自家受粉の性質をもつことや，種子の形など目印となる特徴（とくちょう）について，代を重ねてもその特徴が変わらないことなどを事前に調べたうえで，1856年から1863年の8年間にわたってくわしい実験を行った。そして，実験の結果について，1865年「植物雑種の研究」という論文にまとめ，発表した。しかし，論文に対する反響はなく，だれも注目しなかったのである。

　メンデルは，エンドウの種子の形など，右のような特徴（対立形質）に注目して，多くの交配実験を行い，それらの特徴が子や孫にどのように伝わるかを調べた。そして，どの対立形質についても，孫に現れる顕性形質と潜性形質の数の比は，いずれも3：1であることを発見したのである。

　また，メンデルはこれらの形質がいくつか組み合わさっている場合についても実験し，それらの形質が交じり合わないで，それぞれ独立して伝わること（独立の法則という）も発見した。

メンデルの新しい手法

　メンデルの実験の特徴は，数多くの実験を行い，その結果を統計的に処理して，「3：1」という遺伝の法則を導き出したことである。右の図でもわかるように，調べた種子の数は7000〜8000個，それらの種子を得るために育てた株は数百株にのぼる。また，メンデルは，種子の形や色，さやの形などの特徴を目印にして交配実験を行った。メンデル以前は親の特徴をひとまとめにとらえていたため，遺伝のしくみを解明することはできなかったのである。

【メンデルの実験】

種子の形	丸	5474個
	しわ	1850個
子葉の色	黄色	6022個
	緑色	2001個
種皮の色	有色	705個
	白色	224個
熟したさやの形	ふくらんでいる	882個
	くびれている	299個
さやの色	緑色	428個
	黄色	152個
花のつき方	葉のつけ根	651個
	茎の先端	207個
草たけ	高い	787個
	低い	277個

　メンデルが注目を浴びたのは1900年，彼の死後である。オランダのド・フリースらが遺伝について研究する中で発見された。メンデルがとなえた遺伝にかかわる因子（のちに「遺伝子」と命名）は，20世紀に入ってDNAが遺伝物質であり，DNAを構成する塩基の配列が遺伝情報であることがわかり，遺伝のしくみが解明された。

●独立の法則

　エンドウの2つの形質にしぼって規則性を考えてみよう。

①種子が丸く，子葉が黄色の純系としわで子葉が緑色の純系を交配。（親）

・子はすべて種子が丸く，子葉が黄色になった（顕性形質だけが現れた）。

②子どうしを自家受粉させると，孫の形質の現れ方は，次の比率になった。

・丸・黄＝9　しわ・黄＝3　丸・緑＝3　しわ・緑＝1

　種子の形（丸：しわ）＝色に関係なく，（9＋3）：（3＋1）＝12：4＝3：1

　子葉の色（黄：緑）　＝形に関係なく，（9＋3）：（3＋1）＝12：4＝3：1

　このように，複数の対立形質は交じり合わないで，それぞれの対立形質が独立して遺伝することを，独立の法則という。

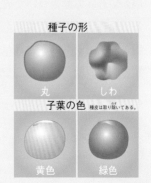

種子の形

丸　　しわ

子葉の色　種皮は取り除いてある。

黄色　　緑色

遺伝子とDNA

1 遺伝子の本体

◎ DNA…染色体の中にふくまれ，遺伝子の本体となる物質。

2 遺伝子研究と 科学技術

◎ 遺伝子組換え技術…生物の遺伝子（DNA）を変化させる技術。

◎ 農業技術への応用…害虫に強い形質や除草剤の影響を受けにくい形質の導入。

◎ 医療技術への応用…病気の原因の遺伝子の特定。医薬品の大量生産。

1 遺伝子の本体

DNAは，生物のからだをつくる設計図のようなものである。

❶DNA…デオキシリボ核酸という物質で，細胞の核の中にあり，染色体にふくまれる物質である。

❷遺伝子とDNA…染色体にあって形質を表すもとになるものが遺伝子である。DNAは，その遺伝子の本体となる物質である。

❸DNAの構造…DNAは2本の長い鎖がらせん状に規則正しく向かい合って巻きついた構造（二重らせん構造）になっている。鎖は化学物質が規則正しく並び，A，T，G，Cの4種類の記号で表される物質がつながったものである。この4種類の物質の並ぶ順序がもとになって，生物の形質が決まる。

くわしく DNA

DNAは，デオキシリボ核酸という物質の英語名deoxyribonucleic acid の略称である。

発展 DNAの構造

DNAの1本の鎖の構造は単純で，リン酸・糖・塩基が1つの単位（ヌクレオチドという）となり，1列につながったものである。これが2本結合してDNAの二重らせん構造をつくっている。2本の鎖を結合させているのは，A，T，G，Cで表される4種類の塩基という物質で，Aはアデニン，Tはチミン，Gはグアニン，Cはシトシンである。

この4種類の塩基のうち，AはT，CはGとたがいに結びつく性質をもっているため，2本の鎖がくっついて二重らせん構造ができる。

↑核の中に染色体があり，その中にDNAが組みこまれている。

Column **DNA複製のひみつ**

　細胞分裂では，DNAが正確に複製され，新しい細胞に遺伝情報が伝えられる。それを可能にしているのはDNAの構造と4種類の塩基の性質である。

　右の図のように，DNAの複製では，2本の鎖がほどけて1本ずつになる。これを@，ⓑとする。4種類の塩基のうち，AとT，CとGが結合するから，@と結合する新しい鎖はもとのⓑの鎖と同じ塩基配列になり，ⓑと結合する新しい鎖ももとの@と同じ塩基配列になるはずである。つまり全く同じDNAが複製されたのである。DNAは，核をもっている生物に共通する物質であり，DNAの複製も，すべての生物でこれと同じ方式で行われている。

もとのDNA

結合がほどけて
1本ずつになる

複製された
DNA

ⓑと同じ配列
@と同じ配列

② 遺伝子研究と科学技術

　遺伝子をあつかう技術は，幅広い分野で応用が進んでいる。

❶遺伝子組換え…ある生物のDNAにほかの生物のDNAを組みこむなどして，その生物の遺伝子を変化させる。

　a 遺伝子組換え作物…ダイズの遺伝子を操作して，特定の害虫や除草剤の影響を受けにくい性質をもつものをつくる。

　b 医薬品の生産…治療薬として有用な物質をつくる遺伝子を微生物に組みこんで，大量に高純度の薬品をつくる。

　c 品種改良…遺伝子を操作して，植物の形質を変える技術も進んでいる。バラやカーネーションの形質を変え，自然には存在しない青色の品種がつくられている。

❷DNA鑑定…遺伝子を調べることで，ヒトや家畜，農作物について，個体を判別する。

❸病気の治療…病気の原因となる遺伝子を特定して，治療法を見つける研究が進んでいる。

❹人工多能性幹細胞（iPS細胞）…ヒトの体細胞を利用して，臓器や組織をつくり出すことができる幹細胞という特別な細胞を人工的につくる研究が進められている。この研究によって，事故や病気で失われたからだの一部を再生することが可能になるのではないかと期待されている。

くわしく　医薬品の生産

　糖尿病の治療に使われる薬品の成分にインスリンがある。インスリンはヒトや動物の体内でしかつくれない物質だが，現在，インスリンは酵母や大腸菌を使って大量につくられている。これは，遺伝子組換え技術を使って，ヒトの細胞からとり出したインスリンにかかわる遺伝子を，酵母や大腸菌の遺伝子に組みこみ，酵母や大腸菌を増殖させてインスリンをつくったものである。

くわしく　DNA鑑定

　ある生物のDNAすべてのことをゲノムという。ヒトをはじめいろいろな生物のゲノムの塩基配列が解明されている。DNAの塩基配列のちがいを利用して個人を正確に判別できる。このDNA鑑定は犯罪捜査などに利用されている。また，DNAの分析は，生物の類縁関係を調べることなどにも使われている。

Column プラナリアの再生力とiPS細胞

　植物は環境や条件によるが，茎などを短く切って土などに植えておくと，切り口から根がのび，葉が生えてきて，やがて1つの個体に成長する。農業や園芸で，昔から行われているさし木は，植物のこの性質を利用している。多くの植物の細胞は，からだのどこからとっても個体になる能力を失わずにもっているのである。しかし，ほとんどの動物にはこのような性質はない。

●プラナリアの再生力

　プラナリアという動物がいる。頭が三角形で平べったい形をした，体長2〜3cmの小さな動物である。プラナリアはウズムシともいい，河川の水質調査で「きれいな水」を判定するとき，カワゲラやサワガニなどとともに指標となる生物である。

　では，ちょっとかわいそうだが，このプラナリアのからだを2つに切断してみよう。すると，プラナリアは死ぬところか，1週間くらいたつと，失われた部分が再生し，完全な2つの個体になる。3つに切断すると，3つの個体ができる。からだがいくつに切られても，それぞれの断片は，失った部分を再生してしまうのである。
　では，なぜプラナリアには，このような再生能力があるのか。そ

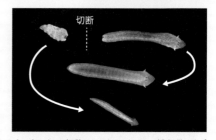

切断

の秘密は幹細胞にある。幹細胞とは，いろいろな種類の細胞をつくることができる細胞のことである。幹細胞がプラナリアのからだのいたるところにあることがわかったのである。そして，幹細胞が機能して，失われた部分に合う細胞をつくり出して，再生するのである。

●iPS細胞

　わたしたちのからだは，もともとは1個の受精卵である。この1個の細胞から，脳や骨，臓器などがつくられ，数えきれない多くの種類の細胞ができる。成長すると，大人は約60兆個もの細胞になっている。しかし，細胞分裂が進んで，からだのそれぞれの決まった役割の細胞になると，それらの細胞は，いろいろな細胞になるという能力は失われてしまうのである。そのため，わたしたちがからだの一部を失った場合，プラナリアのようにその部分を再生することはできない。

幹細胞　　　　▼臓器

▼血液　　　　▼骨や筋肉

　日本の山中伸弥博士らが開発し，2012年にノーベル賞を受賞した「iPS細胞」は，人の皮膚などの体細胞に遺伝子を組み入れ，人工的につくられた細胞であり，どのような細胞でもつくり出すことができる多能性幹細胞である。このiPS細胞の登場によって，再生医療がさらに前進することになった。現在，iPS細胞を使って，失われたからだの一部を再生することや，肝臓や腎臓などの臓器をつくること，体内の細胞のようすをiPS細胞で再現し，病気のしくみを解明することなど，さまざまな試みが進行している。

1 遺伝のきまり

□(1) 生物のからだの特徴となる，形や性質を〔　　　〕という。

(1) 形質

□(2) 親の形質が子や孫に伝わることを〔　　　〕といい，親の形質は，生殖細胞の染色体にある〔　　　〕によって子や孫に受けつがれる。

(2) 遺伝
遺伝子

□(3) エンドウの種子の形の丸粒としわ粒のように，1つの種子に同時には現れない2つの形質を〔　　　〕形質という。

(3) 対立

□(4) 対立形質をもつエンドウの交配実験を重ねて〔　　　〕の規則性を発見したのは〔　　　〕である。

(4) 遺伝
メンデル

□(5) 対立形質をもつ純系の交配で，子に現れる形質を〔　顕性　潜性　〕形質といい，子に現れない形質を〔　顕性　潜性　〕形質という。

(5) 顕性
潜性

□(6) からだをつくる細胞には，両親から1本ずつ受けついだ，同じ大きさで同じ形の〔　　　〕が2本（1対）ずつあり，それぞれの形質に対応した〔　　　〕も対になって存在している。

(6) 染色体
遺伝子

□(7) 生殖細胞ができるとき，対になっている遺伝子が分かれて別々の生殖細胞に入ることを〔　　　〕の法則という。

(7) 分離

□(8) 対立形質の遺伝子をアルファベットで表すとき，〔　顕性　潜性　〕形質の遺伝子は大文字で，〔　顕性　潜性　〕形質の遺伝子は小文字で表す。

(8) 顕性
潜性

2 遺伝子とDNA

□(9) 遺伝子は染色体の中にあり，その本体は〔　　　〕という物質で，アルファベットの大文字で表すと〔　　　〕である。

(9) デオキシリボ核酸
DNA

□(10) (9)の物質は，〔　　　〕本の長い鎖が〔　　　〕状に巻きついたような形をしている。

(10) 2
らせん

1 脊椎動物の出現と進化

教科書の要点

1 脊椎動物の出現と特徴
◎ 魚類, 両生類, は虫類, 哺乳類, 鳥類の順に出現した。
◎ 共通する特徴が多いほど, なかまとして近い関係にある。

2 脊椎動物の進化
◎ **進化**…生物のからだの特徴が, 長い年月の間に変化すること。

3 植物の進化
◎ コケ植物・シダ植物から裸子植物, さらに被子植物に進化した。

4 進化の証拠
◎ **相同器官**…形やはたらきが異なっても, 基本的なつくりと起源が同じ器官。
◎ 地層から見つかる化石, 中間的な特徴をもつ生物の化石, 相同器官など。

1 脊椎動物の出現と特徴

　魚類, 両生類, は虫類は古生代に, 哺乳類と鳥類は中生代に出現した。

❶**脊椎動物の出現した時期**…5種類の脊椎動物のうち, 最も出現が早い脊椎動物は, 古生代初期の地層から化石が発見されている魚類。その後, 古生代の中ごろに両生類, 後半には虫類が出現している。また, 中生代では, 前半に哺乳類, 中ごろに鳥類が出現している。

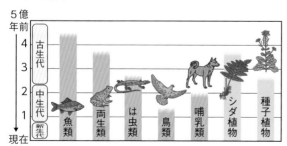

↑脊椎動物と生物の化石が発見される地質年代

脊椎動物の分類
中1では

　中1では, 哺乳類, 鳥類, は虫類, 両生類, 魚類の5種類の脊椎動物について, 骨格や体表, 呼吸, 子のうみ方などの特徴について学習した。

地質年代
中1では

　地質年代は, 示準化石などをもとに古生代, 中生代, 新生代に分けられる。地層が堆積した年代を推定できる化石を示準化石という。サンヨウチュウやフズリナは古生代, アンモナイトや恐竜は中生代, ビカリアは新生代の示準化石である。

ぼくたちの出現はどこかな？

❷脊椎動物の特徴…現在の５種類の脊椎動物の特徴を，背骨の有無，呼吸のしかた，ふえ方，体温の特徴についてまとめると，次のようになる。（●はあてはまることを示す。）

特徴	魚類	両生類	は虫類	鳥類	哺乳類
背骨がある。	●	●	●	●	●
えらで呼吸する。	●	●（幼生）			
肺で呼吸する。		●（成体）	●	●	●
卵を水中にうむ。	●	●			
卵を陸上にうむ。			●	●	
胎生である。					●
体温が変化する。	●	●	●		
体温がほぼ一定。				●	●

a 上の表をもとに，５種類の脊椎動物のうち，２つのなかまの共通点を数える。例えば，魚類と両生類では，背骨，呼吸，卵を水中にうむ，体温の４つの特徴が共通している。ほかのなかまについても数えると，次のようになる。

	魚類	両生類	は虫類	鳥類
魚類				
両生類	4			
は虫類	2	3		
鳥類	1	2	3	
哺乳類	1	2	2	3

b 上の表のように，魚類は，両生類との共通点の数は４，は虫類とは２，鳥類と哺乳類とはそれぞれ１である。共通点が多いほど，なかまとしての関係が近いと考えられる。

脊椎動物の類縁関係		となり合った生物どうしは類縁関係が近い。		
卵生（水中に卵をうむ）		卵生（陸上に卵をうむ）		胎生
えらで呼吸 子／親		肺で呼吸		
体温が変化する			体温がほぼ一定	
うろこ	常に湿っている	うろこ	羽毛	毛
魚類	両生類	は虫類	鳥類	哺乳類

⬆脊椎動物の共通性

くわしく 2つのなかまの共通点

５種類の脊椎動物を，魚類，両生類，は虫類，鳥類，哺乳類の順に並べたとき，魚類と両生類の共通点は４つ，両生類とは虫類，は虫類と鳥類，鳥類と哺乳類は，それぞれ３つずつの共通点があり，近い関係にあるといえる。

くわしく 水中生活から陸上生活への変化

魚類のような水中で生活する生物が，は虫類のように陸上で生活するためには，次のようなからだのつくりや生活の変化が必要である。

・呼吸のしかたが，えら呼吸から肺呼吸に変わること。
・水中を泳ぐためのひれから陸上を移動するためのあしに変わること。陸上には，水中のような浮力がないので，からだを支える強力なあしや骨格が必要である。
・水中でないと育たない乾燥に弱い殻のない卵から，乾燥に強い陸上で育つ，殻のある卵に変化すること。

くわしく は虫類・鳥類・哺乳類

水中と比べて陸上は，気温の変化が大きい。まわりの温度の変化とともに体温が変化するは虫類に比べて，からだが羽毛や毛でおおわれ，体温を一定に保つ機能をもっている鳥類・哺乳類は，陸上の生活により適しているといえる。

② 脊椎動物の進化

生物の遺伝子が変化し，形質が変化して進化が起こる。

❶ **進化**…生物が，長い時間をかけて世代を重ねる間に，形質が変化すること。

❷ **遺伝子と進化**…生物がもっている遺伝子は，不変ではなく変化する。遺伝子の変化によって形質が少しずつ変化し，からだのつくりや生活のしかたが変化して，環境に適するようになったと考えられている。進化の結果，それぞれの環境の中で多様な生物が生じてきた。

❸ **脊椎動物の進化の道すじ**

a **魚類から両生類へ**…最初に出現した脊椎動物は，海で生活する魚類である。その魚類の中から最初の両生類が進化した。両生類は，陸上生活に適した呼吸器官（肺）や陸上を移動するための4本のあしをもった。

b **両生類からは虫類や哺乳類へ**…両生類から，乾燥を防ぐ体表や殻のある卵など，より乾燥に耐えるしくみをもつは虫類や哺乳類（卵から胎生）が進化した。

c **鳥類の出現**…は虫類は多くの種類の恐竜を誕生させた。その中で羽毛恐竜（からだが羽毛でおおわれている）のようなは虫類から鳥類が進化したと推測されている。

🔎くわしく **生命の誕生**

　約46億年前に灼熱の地球が誕生した。その地球が冷えて海ができたのは約40億年前である。約38億年前に最初の生命（単細胞生物）が誕生し，約10億年前に多細胞生物（植物の祖先，無脊椎動物）が誕生した。最初の脊椎動物である原始的な魚類が出現したのは，古生代の初期，約5.2億年前である。

🔎くわしく **イクチオステガ**

　原始的な両生類である。ひれが4本のあしに変化している。体長が約1〜1.5 m，からだが重く，からだを支えて歩くのには不向きで，水辺をはいまわっていたのではないかと考えられている。

🔎くわしく **ウミユリ**

　「ユリ」という名前から植物のイメージをもつが，動物のウニやヒトデのなかまで棘皮動物である。花のような触手で小さな生きものをとらえて食べる。約5億年前に出現し，現存している生きた化石である。

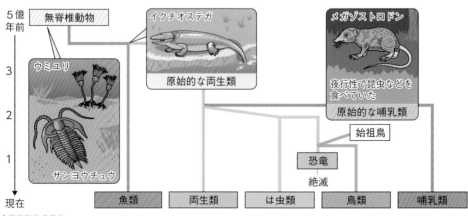

↑脊椎動物の進化

3 植物の進化

最も古い植物の化石は，約4億2000万年前の地層から見つかっている。

❶植物の進化の道すじ　地球上の最初の生物は，海水中に出現した単細胞生物である。この生物の祖先から，藻類（植物ではない）へと進化し，さらにコケ植物・シダ植物が進化し，そして種子植物（裸子植物→被子植物の順に）が現れた。

❷水中から陸上へ　陸上で植物は乾燥や温度変化に耐え，重力に対してからだを支えるしくみをもつようになった。

❸植物の共通点の関係　水を運ぶしくみ，ふえ方などを比較すると，藻類，コケ植物，シダ植物，種子植物の順に，陸上生活に適したものになっていることがわかる。

▶動画　植物の分類

🖊️くわしく **コケ，シダ，種子植物**

●コケ植物
・からだ全体で水を吸収する。
・水を運ぶしくみがない。
・受精のとき水が必要である。

●シダ植物
・根から水を吸収する。
・水を運ぶ維管束がある。
・受精のとき水が必要である。

●種子植物
・根から水を吸収する。
・水を運ぶ維管束がある。
・受精は胚珠で行われ，水は必要ない。

▶植物

植物の類縁関係		藻類	コケ植物	シダ植物	種子植物
	ふえ方	胞子			種子
	生育場所と水を運ぶしくみ	水はからだの表面から吸収		水は根から吸収	

⬆️植物の類縁関係

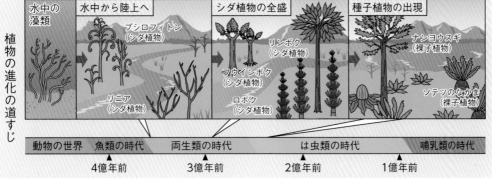

⬆️植物の進化の道すじ

4 進化の証拠

生物の進化を裏づけるいろいろな証拠がある。

❶中間的な特徴をもつ脊椎動物

a 始祖鳥…からだが羽毛でおおわれ，翼をもっているが，口に歯があり，翼に爪があるなど，は虫類と鳥類の両方の特徴をもっている。

b カモノハシ…原始的な哺乳類。からだは毛でおおわれ，子は乳で育つが，卵生である。体温を保つしくみは発達していない。は虫類に似た骨格をもつ。

c ハイギョ…淡水にすむ肺をもっている魚類。胸びれと腹びれが，前あし，後あしのように見える。両生類の骨格に似ている。

d 羽毛恐竜…羽毛でおおわれた恐竜。このような恐竜の中から鳥類が進化してきたことが推測されている。

❷相同器官…現在の形やはたらきが異なっても，基本的なつくりは共通し，起源は同じものであったと考えられる器官。相同器官は，脊椎動物が同じ基本的なつくりをもつ脊椎動物を共通の祖先として，生活環境に合わせて進化してきた証拠と考えられている。

・翼に爪がある。
・歯がある。
は虫類の特徴

鳥類の特徴
・翼がある。
・羽毛でおおわれている。

↑始祖鳥

↑カモノハシ

↑ハイギョ ↑羽毛恐竜

🔍中間的な特徴をもつ脊椎動物

発展 相似器官

相同器官とは逆に，基本的なつくりはちがっても，同じようなはたらきをする器官を相似器官という。例えば，鳥類の翼と昆虫のはねは相似器官である。どちらも空を飛ぶための器官だが，昆虫のはねは，鳥類の翼のように前あしが変化したものではない。

⚖️ 比較　**脊椎動物の相同器官**

例 脊椎動物の前あし…魚類の胸びれ，両生類・は虫類の前あし，鳥類の翼，哺乳類の前あし（クジラやイルカはひれ）など。

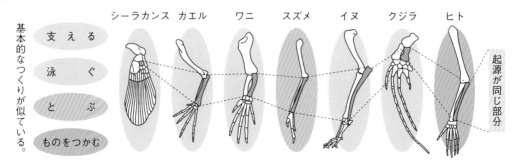

基本的なつくりが似ている。

	シーラカンス	カエル	ワニ	スズメ	イヌ	クジラ	ヒト
支える							
泳ぐ							
とぶ							
ものをつかむ							

起源が同じ部分

❸**生きている化石**…大昔の生物の特徴を保ったまま現在も生存
している生物。　**例** シーラカンス，カブトガニなど。

・**シーラカンス**…古生代に栄えた魚類。ほかの脊椎動物のあ
しのような，つけ根が丸い形をしたひれがある。魚類から
両生類への進化の初期の段階と考えられている。

↑シーラカンス　　　　©アフロ

☑ チェック　　基礎用語　次の〔　　〕にあてはまるものを選ぶか，あてはまる言葉を答えましょう。

1 脊椎動物の出現と進化

〔 解 答 〕

□(1) 最も古い時代に出現した脊椎動物は〔　　　〕である。

(1)魚類

□(2) 哺乳類が最初に出現した地質年代は〔　古生代　中生代　〕
である。

(2)中生代

□(3) 魚類と共通点が多い脊椎動物は，〔　　　〕である。

(3)両生類

□(4) 陸上の生活により適しているのは〔　は虫類　鳥類　〕である。

(4)鳥類

□(5) 生物が長い時間をかけて世代を重ねる間に，生物の形質が変
化することを〔　　　〕という。

(5)進化

□(6) 長い年月の間に生物の形質が変わるのは〔　　　〕が変化す
るからである。

(6)遺伝子

□(7) 両生類は陸上生活に適した呼吸器官のほかに，陸上を移動す
るのに必要な4本の〔　　　〕をもっている。

(7)あし

□(8) は虫類や哺乳類は〔　　　〕類から進化した。

(8)両生

□(9) カモノハシは，哺乳類と〔　　　〕類の特徴をもっている。

(9)は虫

□(10) 鳥類の翼，哺乳類やは虫類などの前あしは，形やはたらきは
異なるが，同じ起源の器官である。このような器官を
〔　　　〕という。

(10)相同器官

時間 ▶ 40分
解答 ▶ p.305

得点

／100

1節／生物の成長とふえ方

1 図1のように，発芽して2mmくらいにのびたソ
ラマメの根に等間隔に印をつけ，根のどの部分がの
びるか，3日後にそのようすを観察した。次の問い
に答えなさい。 【5点×4】

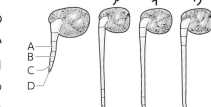

図1 図2
ア　イ　ウ　エ

A
B
C
D

(1) 3日後に観察したときの根のようすを，図2の
ア～エから選べ。 〔　　　〕

(2) 図1の根の細胞を顕微鏡で観察したとき，細胞分裂をしている細胞や，分裂直後の細胞などが
多く見られる部分はA～Dのどの部分か。 〔　　　〕

(3) 次の文は，ソラマメの根は細胞のどのような変化によってのびていくのかをまとめたものであ
る。①，②にあてはまる語句を書け。 ①〔　　　　　　　〕 ②〔　　　　　　　〕
細胞が2つに分かれることで細胞の数が（　①　），次に分かれた細胞が（　②　）なることによ
って根はのびていく。

1節／生物の成長とふえ方

2 図1のように，タマネギの根の先端付近をうすい塩酸に入れ
て数分間あたためたあと，試薬Xで染色し，顕微鏡で観察した。
次の問いに答えなさい。 【4点×5】

図1

60℃の湯
うすい塩酸
根の先端

(1) 根の先端を，図1のような処理をしたのは，顕微鏡での観
察をしやすくするためである。この処理によって，根の細胞
はどのようになるか。 〔　　　　　　　　　　　　　〕

(2) 細胞の染色に用いる試薬Xは何か。次のア～エから選べ。 〔　　　〕
ア．ヨウ素液　　　イ．BTB溶液　　　ウ．ベネジクト溶液　　　エ．酢酸カーミン

(3) 試薬Xで染まるのは，細胞の何という部分か。また，その部分は，何色に染まるか。
名称〔　　　　　　〕 色〔　　　　　　〕

(4) 図2のA，Bは，どちらも同じ植物の根の細胞のスケ
ッチである。根の先端に近い部分は，A，Bのどちらか。
ただし，顕微鏡の倍率は同じである。 〔　　　〕

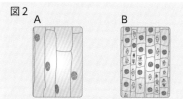

図2 A　　　　　B

3 次の図は，細胞が分裂するようすを表したものである。あとの問いに答えなさい。【4点×3】

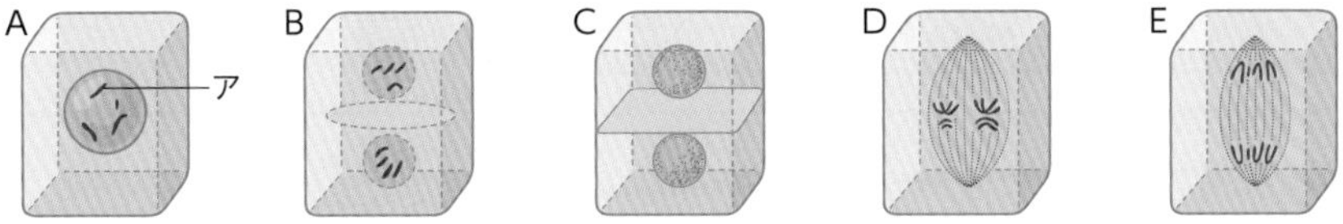

A　　　B　　　C　　　D　　　E

（1）細胞分裂が始まるときに現れるひも状の**ア**を何というか。　〔　　　　　　　〕

（2）細胞分裂を始める前に，細胞の核の中ではどのようなことが起こっているか。

〔　　　　　　　　　　　　　　　　　　　　　　　　　　　〕

（3）図の**A**から，細胞分裂が進む順に記号を並べよ。〔**A**→　　　→　　　→　　　→　　　〕

4 右の図は，植物が生殖を行うときにできる生殖細胞のようすを表したものである。次の問いに答えなさい。【4点×5】

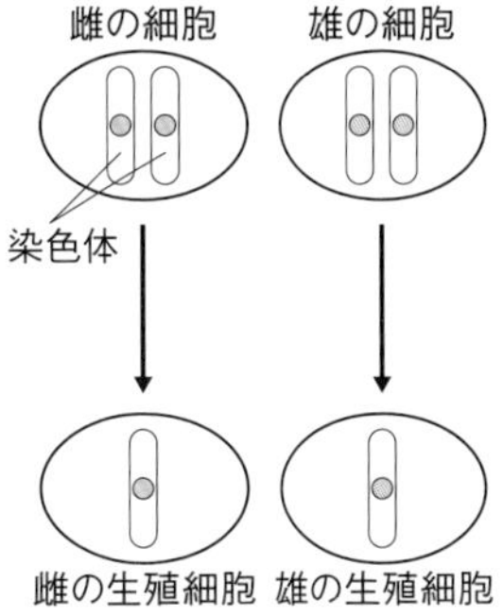

（1）雄と雌がかかわる生殖の方法を何というか。〔　　　　　　　〕

（2）この生殖の方法でつくられる雌の生殖細胞の名前を書け。

〔　　　　　　　〕

（3）生殖細胞は細胞分裂によってつくられる。このときの細胞分裂は，からだをつくる細胞の細胞分裂とは異なる分裂をする。この細胞分裂の名前を書け。　〔　　　　　　　〕

（4）（3）の細胞分裂で生殖細胞ができるとき，染色体は，どのようになるか。「もとの細胞」という語句を使って，簡単に書け。〔　　　　　　　　　　　　　　　　　　　　〕

（5）（3）に対して，からだをつくる細胞の細胞分裂を何というか。　〔　　　　　　　〕

雌の細胞　　雄の細胞

染色体

雌の生殖細胞　雄の生殖細胞

5 次の①〜⑥は，雄と雌の関係によらないでなかまをふやすことができる生物である。これについて，次の問いに答えなさい。【4点×7】

① ゾウリムシ　　② ヒドラ　　③ ジャガイモ

④ アジサイ　　⑤ ヤマノイモ　　⑥ オランダイチゴ

（1）雄と雌の関係によらないでなかまをふやす方法を，何というか。〔　　　　　　　〕

（2）①〜⑥の生物のふえ方について，あてはまるものを，次の**ア〜カ**から1つずつ選べ。

ア．出芽　　**イ**．分裂　　**ウ**．たねいも

エ．むかご　　**オ**．さし木　　**カ**．ほふく茎（地面をはってのびる茎）

①〔　　〕②〔　　〕③〔　　〕④〔　　〕⑤〔　　〕⑥〔　　〕

定期テスト予想問題 ②

得点

／100

1節／生物の成長とふえ方

1 右の図は，ヒキガエルの雌と雄の生殖細胞を表している。次の問いに答えなさい。 【4点×5】

A　　　　B

(1) Aを何というか。名称を書け。 〔　　　　　　　〕

(2) Bは，雌と雄のどちらのからだの，どの器官でつくられるか。性別と器官の名称を書け。

性別〔　　　　　〕　名称〔　　　　　　　〕

(3) Aの細胞の核とBの細胞の核が合体してできる細胞を何というか。 〔　　　　　　　〕

(4) 右の図は，AとBの細胞の核が合体したあと，変化していくようすを表している。ア〜カを変化の順に並べよ。

ア 　イ 　ウ 　エ 　オ 　カ

〔　　　→　　　→　　　→　　　→　　　→　　　〕

1節／生物の成長とふえ方

2 右の図は，被子植物の花と種子のつくりを模式的に表したものである。次の問いに答えなさい。 【5点×8】

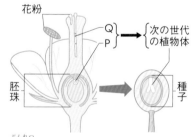

花粉

Q
P
}次の世代
の植物体

胚珠

種子

(1) 次の文の①〜③にあてはまる語句を答えよ。

花粉がめしべの柱頭につくと，花粉から（ ① ）が胚珠に向かってのびていく。花粉の精細胞Qは（ ① ）の中を移動して，胚珠に達し，Qの核と胚珠の中の卵細胞Pの核が合体して，卵細胞Pは（ ② ）となる。その後，（ ② ）は分裂をくり返して，次の世代の植物のからだになる部分である（ ③ ）になり，やがて胚珠全体が種子になってなかまをふやす。

①〔　　　　　〕 ②〔　　　　　〕 ③〔　　　　　〕

(2) 細胞の核の染色体の中にあり，生物の形質のもとになっているものを何というか。〔　　　　　〕

(3) この被子植物の体細胞には，14本の染色体があるものとする。

① 精細胞Qと卵細胞Pには，それぞれ何本の染色体があるか。

精細胞Q〔　　　　　〕　卵細胞P〔　　　　　〕

② 精細胞Qの核と卵細胞Pの核が合体した細胞には，何本の染色体があるか。〔　　　　　〕

(4) 被子植物のように，生殖細胞の核が合体することで生物がふえるようなふえ方を何というか。

〔　　　　　　　　　〕

3 エンドウの草たけの高い純系と草たけの低い純系をかけ合わせたところ，子の代はすべて草たけは高くなった。その同じ株に咲いた花どうしの<u>受粉</u>でできた孫の代では，ある一定の割合で草たけの高いものと低いものができた。次の問いに答えなさい。 【4点×6】

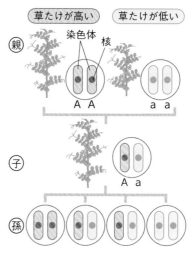

(1) エンドウの草たけの形質のうち，草たけの高い形質を何というか。 〔　　　　　　　〕

(2) 下線部のような受粉を何というか。 〔　　　　　　　〕

(3) 草たけが高くなる遺伝子を**A**，低くなる遺伝子を**a**とすると，親・子の遺伝子は，右の図のように表すことができる。

① 子の卵細胞と精細胞はどのような遺伝子をもっているか。右の表の**ア〜カ**から選び，記号で答えよ。〔　　　　〕

② 孫の代がもっている遺伝子の組み合わせはどうなるか。すべて書け。 〔　　　　　　　〕

③ 孫の代では，草たけの高いものと低いものが，何対何の割合でできたと考えられるか。〔　　：　　〕

	卵細胞	精細胞
ア	すべて A	すべて A
イ	すべて a	すべて a
ウ	すべて A	すべて a
エ	すべて a	すべて A
オ	すべて Aa	すべて Aa
カ	A または a	A または a

(4) 親の遺伝子の組み合わせによって，子や孫の代に現れる形質が変わる。このように生物の形質を決める遺伝子の本体の物質は何か。アルファベットの大文字3文字で書け。〔　　　　　　　〕

4 図1は，哺乳類と鳥類の骨格の一部を表したものである。これらの骨格は，<u>現在の形やはたらきは異なるが，基本的な骨格のつくりはよく似ていて，もとは同じ器官であった</u>と考えられている。図2は，化石として発見されたシソチョウという生物の復元図である。次の問いに答えなさい。 【4点×4】

図1 ヒト クジラ スズメ

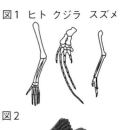

図2

(1) 図1のヒトの骨格は，うでと手の部分である。クジラとスズメでは，それぞれからだのどの部分の骨格か。

クジラ〔　　　　　　　〕 スズメ〔　　　　　　　〕

(2) 下線部のような器官を何というか。 〔　　　　　　　〕

(3) 図2のシソチョウは，鳥類とは虫類の特徴をもっている生物である。鳥類の特徴を1つ書きなさい。

〔　　　　　　　　　　　　　　　　　　　　　　　　　〕

遺伝の規則性を考える

有性生殖では，染色体は受精によって親から子へ受けつがれる。このとき，どのようなしくみで親から子へ遺伝するのか。染色体にある遺伝子をもとに考えてみよう。

疑問 種子の形が丸としわのエンドウをかけ合わせたとき，子の代では丸だけなのに，孫の代になると丸としわの両方の種子ができる。このときの遺伝はどのようなしくみなのだろうか。

資料1 有性生殖での染色体の受けつがれ方

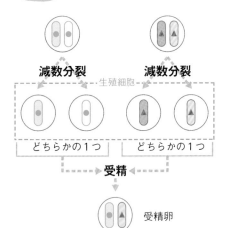

・有性生殖では，生殖細胞の受精によって染色体が親から子へ受けつがれる。

・生殖細胞ができるとき，染色体が体細胞の半数になる減数分裂が行われ，生殖細胞の受精によって，受精卵の染色体の数は体細胞と同じになる。

それぞれの染色体が半分になって，組み合わされるのがポイントだね。

資料2 親から子へのエンドウの種子の形

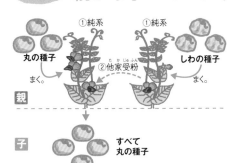

・丸の種子をつくる純系のエンドウ（親）と，しわの種子をつくる純系のエンドウ（親）をかけ合わせると，種子（子）の形はすべて丸の種子になった。

・子の代に現れた丸は顕性の形質，現れなかったしわは潜性の形質である。

考察1 生殖細胞ができるとき，減数分裂をしないとどうなるだろう？

受精では，卵細胞の核と精細胞の核が合体するから，生殖細胞ができるときに減数分裂をしないと，受精のたびに染色体の数が2倍に増えてしまうね。

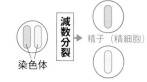

生物の染色体は，必ず同じ染色体が2本ずつある（相同染色体という）。したがって，染色体の数は偶数であり，その数は生物の種類によって決まっている。例えば，ヒトは46本（23対），イヌは78本，ジャガイモは48本，エンドウは14本である。生殖細胞ができるときに，染色体の数が半分になるのは，対になっている染色体（相同染色体）がそれぞれ分かれて別々の生殖細胞に入るからだと考えられる。

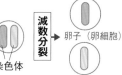

 考察2 子の代で丸の種子だけができ，孫の代では丸としわの種子ができるのはなぜだろうか。

子の代で，丸の種子だけになったのは，しわの遺伝子がなくなったのではなく，しわの遺伝子が対になってそろわなかったということかな？

　下の図は，丸の種子のエンドウとしわの種子のエンドウの純系どうしをかけ合わせたときの遺伝子の伝わり方で，子の種子をまいて育て，自家受粉させたときの遺伝子の伝わり方を示したものである。

・Aの形質が現れるのは，対になる遺伝子がAA，AaのようにAの遺伝子が1つでもあるときである。

・aの形質が現れるのは，aaのように，対になる遺伝子が2つともaになるときだけである。

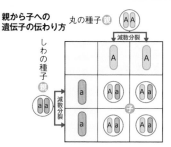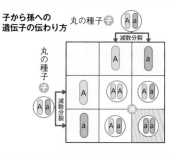

2章／生命の連続性

中学生のための
勉強・学校生活アドバイス

目標の高校を決めよう！

「そういえば、早希はどうやって行きたい高校を決めたの？」

「わたしは高校でも吹奏楽を続けたいって思ってたから、まずは吹奏楽部の強い高校から選ぶことを考えたかな。」

「そっか。部活頑張ってるもんね。」

「去年たまたま行ったB高校の文化祭で、吹奏楽部の人たちの演奏を聞いて、わたしもこんな演奏したいって…。」

「**文化祭に行くと、その学校の先生や生徒の雰囲気もわかる**から、通ったときのイメージが沸きやすくていいよな。」

「そうなの！　生徒自身が主体となって文化祭を運営してるのもいいなって。」

「素敵だね…！」

「ホームページで進学実績とかカリキュラムも見て、当時の自分には少しレベルが高かったけど、頑張ろうと思ったの。」

「わかる！　"この学校に行きたい"っていう目標ができると、**勉強のやる気もぐっと高まる**よな。」

「…2人ともいいなぁ。行きたい高校がすぐに決まって。」

「ふふ。…でも本当は、**公立の学校の方が学費の面での負担が少なくていい**なって思ってたから、少し迷ったんだ。」

「…そっか。B高校って私立の学校だったね。そうだったんだ。」

「うん。でも、両親に相談して、結局は自分が本当に行きたいと思う学校を目指そうって。」

「公立も私立も、どっちがいいってことじゃなくて、**自分に合う・自分が行きたい学校を選ぶ**のがいちばんだよな。」

「うん。だから結菜も、行きたい学校がまだわからなくても、実際に文化祭とか、学校説明会に行ってみるといいと思う。」

「**いくつかの学校を実際に見ると、学校間のちがいや特色もわかりやすくなる**しな。」

「2人の話を聞いてたらやる気になってきた…！　うん、わたしもいろいろ調べてみる！　ありがとう！」

運動とエネルギー

1 力の合成と分解

1 力の合成

◎**合力**…２つの力と同じはたらきをする１つの力を２つの力の合力という。

◎**力の合成**…合力を求めること。

2 力の分解

◎**力の分解**…１つの力を，同じはたらきをする２つの力に分けること。

◎**分力**…分けられた２つの力をもとの力の分力という。

1 力の合成

２つの力は，１つの力でおきかえることができる。

❶**合力**…物体の１点に複数の力がはたらくとき，それらの力と同じはたらきをする１つの力。

❷**力の合成**…合力を求めること。

❸**一直線上にある２力の合成**

 a **同じ向きの２力**…合力の大きさは２力の大きさの和，向きは２力と同じ向き。

 b **反対向きの２力**…合力の大きさは２力の大きさの差，向きは大きい方の力の向きと同じになる。

比較 **一直線上の2力の合成**

同じ向きの２力の合成

力Ｂ
力Ａ　　力Ａ　　和
力Ａと力Ｂの合力

反対向きの２力の合成

力Ａ　　力Ｂ
力Ａ
差
力Ａと力Ｂの合力

❹**一直線上にない２力の合成**…一直線上にない２力の合力は，２力を２辺とする平行四辺形の対角線で表される。

力Ｂ　　　　　力Ｂ　合力
　　　　　　　　　　　平行
Ｏ　力Ａ　　　Ｏ　力Ａ　四辺形

くわしく **合力が0になる場合**

１つの物体にはたらく２力の合力が０になるのは，２力の大きさが等しく，角度が180°（一直線上）になる場合である。

これは，２力がつり合っている場合と同じである。すなわち，１つの物体にはたらく２力がつり合うのは，２力の合力が０になる場合であるといいかえることができる。

くわしく **同じ大きさの2力の角度と合力**

２力の角度が小さくなるほど，合力は大きくなり，角度が０°のとき，すなわち２力が同じ向きのとき最大になる。

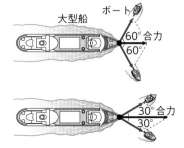

ボート
大型船　　　60°合力
　　　　　　60°

　　　　　　30°合力
　　　　　　30°

一直線上にない2力の合力

目的 一直線上にない2つの力の合力は，もとの2つの力とどのような関係にあるかを調べる。

準備 ばねばかりを水平にして使うとき，実際より小さい値を示
すことがあるので，右の図のように，重さがわかっている
おもりをつり下げ，目盛りを調節して正しい値を示すよう
にする（0点補正）。

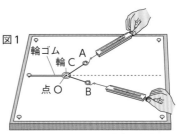

ばねばかり
滑車
重さがわかっているおもり

方法 ① 図1のように，ななめの方向に2本のばねばかりを引
いて，輪ゴムにつけた金属の輪Cの中心が点Oに重な
るようにする。

② 点Oから2本のばねばかりの方向に直線を引く。

③ 1Nを何cmで表すかを決め，点Oから2本のばね
ばかりが示した値に対応した力の矢印をかく。

④ 図2のように，ばねばかり1本だけで，輪Cが点Oに
重なるようにばねばかりを引く。

⑤ このときのばねばかりが示した値に対応した力の矢印
を③と同じ基準でかく。

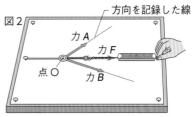

図1
輪ゴム
輪C A
点O
B

図2
方向を記録した線
力A
力F
点O
力B

結果 ① 力A，力B，力Fをかくと，右の図3のようになる。

② 力O'と力A，力Bの合力はつり合っている。

③ 力O'と力Fもつり合っている。

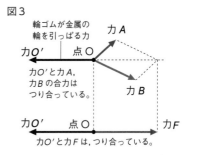

図3
輪ゴムが金属の
輪を引っぱる力
力A
力O' 点O
力O'と力A,
力Bの合力は
つり合っている。
力B

力O' 点O 力F
力O'と力Fは，つり合っている。

考察 力Aと力Bの合力と力Fは，どちらも輪ゴムを点Oまで
引いているので，同じはたらきをしているといえる。した
がって，力Aと力Bの合力は，1つの力Fと等しい力であ
る。

また，力Aの矢印と力Bの矢印は，力Fの矢印を対角線
とする平行四辺形の2辺になっている。

結論 2つの力は，それと同じはたらきをする1つの力（合力）におきかえることができる。合力の大きさは，
もとの2つの力を2辺とする平行四辺形の対角線で表される。

力の合成の作図

方法 ①力Aの矢印に三角定規を合わせ，三角定規にものさしを当てて，力Bの先端までずらし，力Bの先端を通り力Aに平行な線を引く。　②①と同様にして，力Aの先端を通り，力Bに平行な線を引く。　③点Oから，①と②で引いた線の交点に矢印をかく。

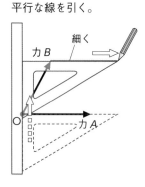
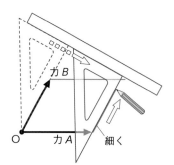
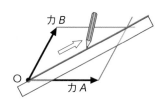

---

2 力の分解

分解しようとする力が平行四辺形の対角線となる。

❶力の分解…物体にはたらく1つの力を，同じはたらきをする2つの力に分けること。

❷分力…分解して求めた力をもとの力の分力という。

重要

❸分力の求め方…分力は平行四辺形の作図によって求める。分解しようとする力の矢印を対角線とし，あたえられた2方向を2辺とする平行四辺形をかいたとき，平行四辺形の2辺が2つの分力を示す。

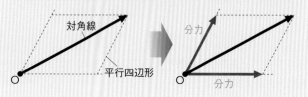

比較 分解する角度と分力の大きさ

分力の大きさは，分解する角度によって異なる。分力がもとの力より大きくなるとき①，もとの力と等しくなるとき②，もとの力より小さくなるときがある③。

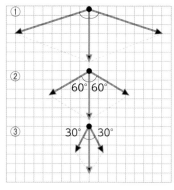

❹斜面上の物体にはたらく力…斜面上の物体には，下向きの重力 W と斜面に垂直な抗力（垂直抗力）N がはたらいている。

a 重力 W の分力…重力は斜面に平行な方向の分力 A と，斜面に垂直な方向の分力 B に分解することができる。

b 物体を動かそうとする力…分力 B は垂直抗力 N とつり合っているので，物体を動かそうとする力は分力 A となる。

c 斜面の角度と重力の分力の大きさ…斜面の角度が大きくなるほど，斜面に沿った方向の分力 A は大きくなる。

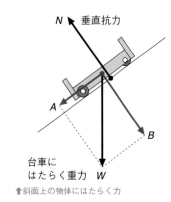
垂直抗力 N
A
B
台車にはたらく重力 W
↑斜面上の物体にはたらく力

比較　斜面の角度と重力の分力の大きさの変化

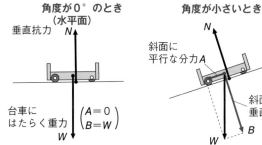

角度が0°のとき（水平面）
垂直抗力 N
台車にはたらく重力 W
$\begin{pmatrix} A=0 \\ B=W \end{pmatrix}$

角度が小さいとき
N
斜面に平行な分力 A
斜面に垂直な分力
W
B

角度が大きいとき
N
A
W
B

角度が90°のとき
$B=0$
$N=0$
$W=A$

〽トレーニング　作図のしかた

力の分解の作図

方法 ①力 F を分解する方向を決める。

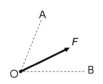
A
F
O — B

②力 F が対角線になるような平行線の1辺をかく。

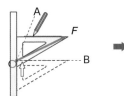
A
F
B

→ 交わる点を見つける。
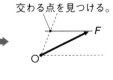
F

③②と同様にして，もう1辺もかく。

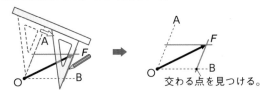
A
F
B

→
A
F
B
交わる点を見つける。

④ F_1 と F_2 が，力 F の分力になる。

A
F_1
F
B
F_2

❺ 3力のつり合い…右の図の
ように，糸Aと糸Bで糸C
につり下げられている物体
を支えている。物体が静止
している とき，糸Aにはた
らく力Aと糸Bにはたらく

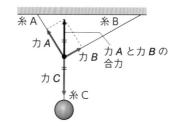

糸A　糸B
力A　力A と力B の合力
力B
力C
糸C

力Bの合力が，糸Cにはたらく力Cとつり合っている。
同様に，次の関係が成り立っている。

　　力Aと力Cの合力は力Bとつり合っている。
　　力Bと力Cの合力は力Aとつり合っている。

中1では
力のつり合いの条件

　物体に2力がはたらいていても物
体が静止しているとき，2力はつり合っ
ているという。2力がつり合う条件は，
・2力の大きさが等しい。
・2力が反対向きである。
・2力が同一直線上ではたらいている。

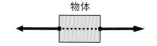

物体

Column 🗯 **身近に見られる力の合成や分解**　生活

高い塔をもつ橋

　斜張橋(しゃちょうきょう)は，高い塔とそこからのびるワイヤーで橋を
支えている。高い塔にする理由は何だろうか。

　図1は，高い塔と低い塔でワイヤーが引く力を比べ
たものである。橋げたを支える力は，2本のワイヤー
が引く力の合力である。高い塔にすると，2本のワイ
ヤーの間の角度が小さくなるために，ワイヤーにはた
らく力が小さくてすむのである。

図1

橋の重さを支える力
（ワイヤーが引く力
の鉛直方向の合力）
ワイヤーが
引く力

橋の重さ

橋の重さを
支える力

ワイヤーが
引く力

橋の重さ

たるんだロープ

　ロープウェイのロープには，少したるみをつけてい
る。図2のように，ぴんと張ったロープでは，ロープ
にはたらく分力は非常に大きくなるが，たるみのある
方は分力が小さい。たるみをつけることによって，ロー
プにはたらく力を小さくしているのである。

図2

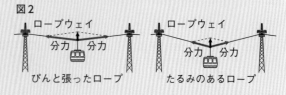

ロープウェイ
分力　分力
ぴんと張ったロープ

ロープウェイ
分力　分力
たるみのあるロープ

ほうちょうにはたらく力

　ほうちょうは，刃をうすくして圧力が大きくなるようにした道具だが，刃がう
すい（刃先がとがっている）ほど，比較的小さな力で簡単に切ることができる。
図3は，このときのほうちょうにはたらく力を表したものである。ほうちょうに
加える力が小さくても，左右に大きな分力が生じていることがわかる。この大き
な分力によって，かたい素材を割るようにして楽に切ることができる。

ほうちょう　**図3**

分力　　　　分力

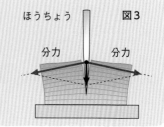

力の合成と分解の作図

問題▶ 次の問いに答えよ。

(1)　次の❶〜❺のそれぞれについて，２力の合力を作図せよ。ただし，○は作用点である。

(2)　方眼の１目盛りを２Nの大きさとしたとき，❶の合力の大きさは何Nか。

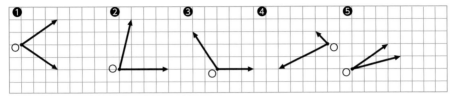

(3)　次の❶〜❻の力を，それぞれ破線の方向に分解せよ。また，❻は，力○Xを２力に分解しよ
うとしたものである。もう一方の分力OBを作図せよ。

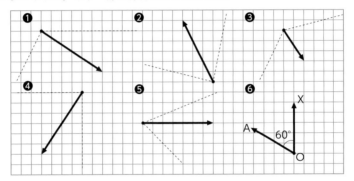

答え▶

(1)　右上図　　(2)　12N　　(3)　右下図

解説▶ (1)　合力は，２力を２辺とする平行四辺形
の対角線である。２力の作用点からかく。

(2)　２〔N〕×６＝12〔N〕

(3)　❻　力OAの矢印の先端とOXの矢印
の先端を直線で結び，その直線と
平行な直線を点○から引く。次に
OAに平行な直線をXから引き，２
つの直線の交点を求める。

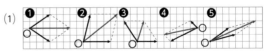

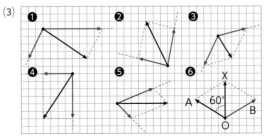

2 水の圧力と浮力

教科書の要点

1 水の圧力
◎**水圧**…水中ではたらく圧力。物体より上にある水の重力によって生じる。

◎水中の1点では，水圧はあらゆる方向から同じ大きさではたらく。

2 水圧と深さ
◎水圧の大きさは，水面からの深さに比例する。

3 浮力
◎**浮力**…物体が水の中で受ける上向きの力。

◎浮力の大きさ…物体の，水中の部分の体積が大きいほど大きい。

1 水の圧力

水圧は，水中の物体より上にある水の重さによって生じる。

❶**水の圧力**…**水圧**といい，水の重さで生じる圧力。

　a 水中のある面では，その面の上の水の重さによって，その面にはたらく圧力が生じる。

　b 水が入った容器の壁や水中の物体には，水圧がはたらく。

❷**水圧のはたらき方**

> **重要**
> a 水中の1点では，水圧はあらゆる方向から，等しい大きさではたらく。
> b 水圧は，水中の物体や容器の壁に垂直にはたらく。
> c 水圧は深くなるほど大きい。

❸**水圧の単位**…圧力の単位で表す。Pa，N/m²

水
水圧
あらゆる方向からはたらく。

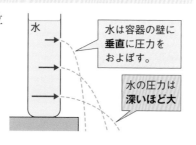

水

水は容器の壁に**垂直**に圧力をおよぼす。

水の圧力は**深いほど大**

⧉ **圧力**
中2では
　面積1m²に1Nの力がはたらくときの圧力が1Pa（パスカル）である。

▸**くわしく** **水深1mの水圧の大きさ**

　水1cm³の質量は1gなので，水1m³は100×100×100＝1000000cm³で，質量は1000000g。質量100gの物体にはたらく重力を1Nとすると，水1m³にはたらく重力の大きさは約10000Nだから，水深1mにおける水圧は約10000Paである。

🏠**生活** **水深1mで10000Nの力**

　窓を閉め切った自動車が水深1mの水中に沈んでしまった場合，自動車のドアを開いて脱出することは不可能である。水深1mの水圧は10000Paだから，ドアには1m²あたり10000Nの力がはたらいている。この力は，1000kg（1トン）の水の重さと同じである。

　この場合，自動車の中にも水が入り，自動車の中と外で圧力の差がなくなれば，ドアを開くことができる。

重要実験

水圧の大きさと向きを調べる

目的 水の重さによって生じる水圧には,そのはたらき方にどのような特徴があるかを調べる。

方法 ①ポリエチレンの袋に手を入れて,水そうの水の中に入れてみる。
手を上下左右に動かすなどして,どのように圧力を感じるかを確かめる。（図1）

②図2のようなうすいゴム膜を張ったパイプを水平に横向きにして,水そうの水に入れる。
・パイプの向きは変えずに深さを変えて,ゴム膜のへこみ方を調べる。

③同じ深さのところでパイプの向きを変えて,ゴム膜のへこみ方を調べる。

図1

図2

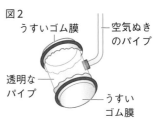

うすいゴム膜 — 空気ぬきのパイプ

透明なパイプ — うすいゴム膜

結果 ①袋を通して全体的に押されるような力を感じる。また,手を上下に動かして深さを変えると,感じる力の大きさがちがう。

②下の図のようになった。

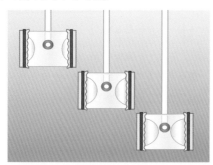

・両側のゴム膜のへこみ方は同じである。
・深く沈めると,ゴム膜のへこみ方は大きくなる。

③ 下の図のようになった。

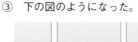
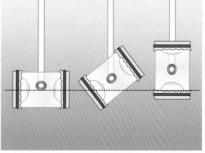

・パイプの向きを変えても両側のゴム膜はへこむ。
・同じ深さでは,パイプの向きがちがってもゴム膜のへこみ方は変わらない。

結論 水圧は,あらゆる方向からはたらき,水の深さが深いほど大きくなる。

3章／運動とエネルギー 1節／力の合成と分解

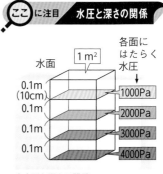
2 水圧と深さ

水圧は，水の深さが深いほど大きい。

❶ **水圧と水の深さ**…水圧の大きさは水面からの深さに比例する。

❷ 水圧の大きさと水の深さの関係をグラフに表すと，グラフは原点を通る直線となる。

・ある深さの水圧は，その上にある水の重力によって生じる。右の図のように，水の深さが10 cm深くなるごとに，水圧は1000 Paずつ大きくなり，水圧は水の深さに比例する。

↑水圧と深さの関係

 重要実験 **水圧と水の深さの関係**

目的 水圧がおもりによる圧力と等しくなることを利用して，水圧と水の深さとの関係を調べる。

方法 ① 用意した円筒の外側の直径をはかり，断面積を計算する。

② 図1のように，円筒に底板を当てて水そうに深く沈めてから，底板の中心に静かにおもりをのせる。

③ 図2のように，円筒をゆっくり引き上げ，底板が離れたときの深さを，目盛りを読みとってはかる。
⇒底板が離れた瞬間は，底板にはたらくおもりによる圧力と，水圧が等しい。

④ 底板にのせるおもりの重さを大きくして，②・③の実験をくり返す。

⑤ おもりによる圧力と，底板が離れたときの深さをグラフに表す。

図1

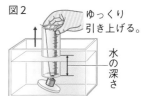

図2 ゆっくり引き上げる。

結果 円筒の断面積は32 cm²。下の表のようになった。これをもとに，グラフに表すと，右の図のようになった。

おもりの重さ〔N〕	0.2	0.4	0.6	0.8	1.0	1.2
おもりによる圧力〔Pa〕	63	125	188	250	313	375
板が離れた深さ〔cm〕	0.8	1.5	1.8	2.5	3.0	4.0

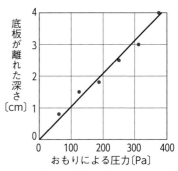

考察 板が離れた深さの水圧はおもりによる圧力と等しい。板が離れた深さは，おもりの重さが大きくなるほど深くなり，グラフは原点を通る直線になるので，水圧は水の深さに比例するといえる。

水圧を計算で求めてみよう

水圧の大きさ

　水中にある物体には，あらゆる面に水圧がはたらいていて，水深が深くなるにしたがって大きくなることを学習した。では，実際には，水中のある深さにおける水圧の大きさはどのくらいになるのだろうか。

　深さ h cmでの水圧は，水面からその深さまでの水の重さによって生じている。そこで右の図のように，水を水面から深さ h cmまで直方体状に切りとった部分の重さを考えてみよう。

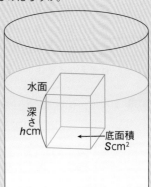

①直方体の底面積を S cm^2 とすると，直方体の体積は　$(S \times h)$ cm^3 となる。
　水の密度は1 g/cm^3 なので，この直方体の質量は，
　　$1 [\text{g/cm}^3] \times (S \times h) [\text{cm}^3] = (S \times h) [\text{g}]$　となる。
②100 gの物体にはたらく重力の大きさを1 Nとすると，1 gの物体にはたらく
　重力の大きさは0.01 Nだから，この水の直方体にはたらく重力の大きさは，
　　$(S \times h \times 0.01)$ N　である。
③直方体の底面にはたらく圧力の大きさは，重力の大きさ[N]÷底面積[m^2]　で求められるから，
　　$(S \times h \times 0.01) [\text{N}] \div S [\text{cm}^2] = (S \times h \times 0.01) [\text{N}] \div (S \times 0.0001) [\text{m}^2]$
　　　　　　　　　　　　　　　　　　　　　　$= 100 \times h [\text{N/m}^2]$
　　　　　　　　　　　　　　　　　　　　　　$= 100 \times h [\text{Pa}]$

　これより，水深1 cmでの水圧は100 Pa　水深10 cmでの水圧は1000Pa
　　　　　　水深1 m（＝100cm）での水圧は10000Pa
　　　　　　水深10 mでの水圧は100000Pa＝1000hPa
つまり，物体の底面積にかかわらず，水深が10 m深くなるにつれて約1気圧（1気圧は約1013 hPa）ずつ水圧が大きくなってはたらくことになるので，深海の生物には大変な水圧がはたらいていることがわかるだろう。

水以外の液体中の圧力の大きさ

　さて，水以外の液体の場合はどうなるだろうか。考え方としては，水のときと同じように考えればよいが，密度のちがいを考慮する必要がある。ある液体の密度を d g/cm^3 とすると，その液体の直方体の質量は，$(d \times S \times h)$ gとなる。水のときと同じように圧力を求めると，$(100 \times d \times h)$Pa　となる。
　例えば，密度が13.6g/cm^3 もある水銀の液体中で，深さ10 cmにある物体にはたらく圧力は，
　　$100 \times 13.6 \times 10 = 13600 [\text{Pa}]$　にもなる。一方，密度0.79 g/cm^3 のエタノール中で，深さ10 cmにある物体にはたらく圧力は，$100 \times 0.79 \times 10 = 790 [\text{Pa}]$　となる。

水圧と水の深さの関係の問題

例題 右の図のように，断面積が30 cm²の円筒にプラスチック板を当て，20 cmの深さまで沈めた。このあと，1.5 Nの重さのおもりを円筒内に静かにおろし，プラスチック板の上にのせ，少しずつ円筒を引き上げると，ある深さでプラスチック板が円筒から離れて落ちた。このときの深さは何cmか。ただし，プラスチック板の重さや厚さは考えなくてよいものとする。

20cm

断面積
30cm²

プラスチック板

ヒント おもりからプラスチック板にはたらく圧力の大きさと，水からプラスチック板にはたらく水圧の大きさが，等しくなる深さを求めることになる。

**おもりから板に
はたらく圧力は？**
　おもりはプラスチック板全体を押しているので，その圧力は，
1.5〔N〕÷30〔cm²〕＝1.5〔N〕÷0.003〔m²〕＝500〔Pa〕

**面積30 cm²,
深さ1 cmの
水の圧力は？**
　30 cm²の面にかかる深さ1 cmの水の圧力を考えると，水の体積は，
30〔cm²〕×1〔cm〕＝30〔cm³〕となる。水1 cm³は1 gなので，
この水にはたらく重力の大きさは100 gの物体にはたらく重力を1 Nとすると0.3 N。
よって，深さ1 cmの水の圧力は，0.3〔N〕÷0.003〔m²〕＝100〔Pa〕

**水圧は水面
からの深さに
比例する**
　水圧が，おもりからプラスチック板にはたらく圧力の大きさと同じになるためには，
500〔Pa〕÷100〔Pa〕＝5〔倍〕の大きさの水圧が，水からプラスチック板にかかる必要があるので，1〔cm〕×5＝5〔cm〕の深さのときである。

答え 5 cm

問題 断面積20 cm²の円筒に，プラスチックの板を当てて，深さ15 cmまで沈めた。この板に何Nの重さのおもりをのせると，板が円筒から離れるか。ただし，プラスチックの板の重さや厚さは考えなくてよいものとする。

ヒント 深さ1 cmの水圧は100 Paである。深さ15 cmの水圧とおもりによる圧力が等しくなると，板が離れる。

15cm

答え 3 N。水深15 cmの水圧は1500 Pa。20 cm²にかかる力は1500〔Pa〕×0.002〔m²〕＝3〔N〕

Column　パスカルの原理

　口をふさいだ注射器に液体を入れてピストンを押すと，その圧力は，液体の各部分に同じ大きさで一様に伝わる。これをパスカルの原理という。

　例えば，図1のように，中空の金属球に同じ大きさの穴をたくさんあけ，水でっぽうの先にとりつける。水でっぽうに水を入れてピストンを押すと，水は穴から四方八方へ，面に垂直な方向へ同じ勢いで飛び出す。これは図2のように，ピストンで水に加えた圧力が，金属球のすべての面に同じ大きさで伝わっているからである。

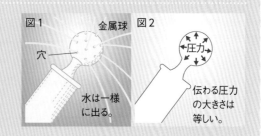

図1　金属球　図2

穴　　水は一様に出る。

圧力　伝わる圧力の大きさは等しい。

●**水圧器**（水を油にしたものは油圧器）

　水圧器は，パスカルの原理を応用して，小さな力で大きな力を得るようにした機械である。図3のように，細い管のピストンAにおもりPをのせて力を加えると，その圧力は管内の各部分に一様に伝わり，太い管のピストンBはピストンAよりも大きいので，ピストンBを押し上げる力はAよりも大きくなる。Bの断面積がAの2倍であれば，Pの2倍の重さのおもりQをピストンBで支えることができる。

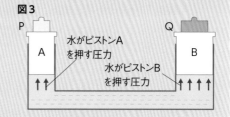

図3

P　水がピストンAを押す圧力　水がピストンBを押す圧力　Q

A　　　　　B

　油圧ジャッキや自動車のブレーキは，パスカルの原理を応用して小さい力で大きい力を出すしくみになっている。

3　浮力

浮力（ふりょく）の大きさは，物体の重さとは関係しない。

❶**水中の物体にはたらく力**…ゴムのボールを水中に沈（しず）めて手を離（はな）すと，ボールは水面に浮（う）かんでくる。これは，水中でボールが上向きの力を受けるからである。

❷**浮力**…水中の物体が受ける上向きの力。浮力は，水中のあらゆる物体にはたらき，次のような性質がある。

 重要

　a 浮力は，水中で沈んでいる物体にもはたらいている。
　b 浮力の大きさは，物体の重さとは関係しない。
　c 物体全体を水中に入れたとき，物体をどんな深さに沈めても浮力の大きさは同じである。

テストで注意　浮力の向き

　下の図のようにゴムのボールを沈めようとすると，手が下から押し返される。これはボールに浮力がはたらいているためだが，このとき，ボールを横からさわっても，押し返されるような力は感じない。浮力がはたらく向きは，上向きだけであることに注意し，水圧と混同しないこと。

重要
実験　**浮力の大きさと向きを調べる**

目的　物体を水に沈めるときに物体にはたらく浮力の大きさは，何が関係しているかを調べる。

方法　①小型容器（密閉できるもの）におもりを
　　　4個入れて，空気中で重さをはかる。
　　　②ばねばかりにつるしたまま容器をゆっく
　　　りと水に沈め，容器の半分が沈んだとこ
　　　ろで，ばねばかりの値を読みとる。
　　　③さらに容器を全部水に沈めたときの，ば
　　　ねばかりの値を読みとる。
　　　④容器に入れるおもりを8個にし，重さを
　　　大きくして，①〜③をくり返して測定す
　　　る。

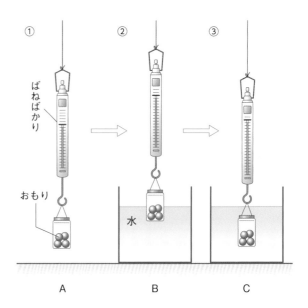

結果　容器が空気中にあるとき（A）と半分水中
　　　にあるとき（B）の重さの差（A−B），
　　　および全部水中にあるとき（C）の重さの
　　　差（A−C）の値を表にした。

	おもり	空気中（A）	半分水中（B）	A−B	全部水中（C）	A−C
ばねばかりの値〔N〕	4個	1.00	0.60	0.40	0.22	0.78
	8個	1.72	1.32	0.40	0.93	0.79

考察　A−B，A−Cの値は，容器にはたらく浮力の大きさである。それぞれの値は，おもりの個数がちがって
　　　も等しくなっており，浮力の大きさは物体の重さとは関係しないと考えられる。
　　　おもりの個数が同じとき，（A−C）＞（A−B）となっている。Bは容器の半分が水中に，Cは全体が
　　　水中にあり，容器にはたらく浮力の大きさは，水中に入っている部分の体積のちがいによるものと考えら
　　　れる。

結論　浮力の大きさは，物体の重さには関係しない。
　　　浮力の大きさは，水中に入っている部分の体積が大きいほど大きい。

❸**浮力の大きさ**…物体をばねばかりにつるして空気中と水中に入れたときの重さをはかり，その差から求めることができる。

▶動画　浮力の大きさを調べる

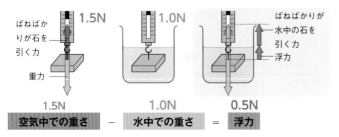

ばねばかりが石を引く力

重力

ばねばかりが水中の石を引く力

浮力

1.5N	1.0N	0.5N
空気中での重さ	− 水中での重さ	= 浮力

❹**浮力が生じる理由**…次のように，水圧をもとにして，水中の直方体で考える。

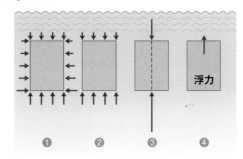

浮力

❶　❷　❸　❹

a 直方体の側面にはたらく同じ深さでの水圧は，大きさが等しく向きが反対なのでつり合う（❶→❷）。

b 直方体の底面にはたらく水圧は，上面にはたらく水圧より大きい。➡直方体の高さの分，水面から深いから（❷）。

c ❷の上下面の水圧を，それぞれ1つの力におきかえると，面積が等しいので，水圧が大きい底面にはたらく力の方が大きい（❸）。

d 直方体の底面にはたらく力と上面にはたらく力の差が浮力になる。

浮力は物体の上下の水深の差によって生じる力。水の深さにはよらないよ。

人のからだの比重（同体積の水の重さとの比）は，息をいっぱい吸った状態で約0.98と，水よりわずかに軽く，水に浮く。これが海水だった場合，水よりも比重が大きくなるため浮力がより大きくなる（➡p.144「アルキメデスの原理」より）。「死海」などの塩分濃度の大きい塩水の場合，さらに浮力が大きくなり，人は簡単に浮かぶことができる。

3章／運動とエネルギー

1節／力の合成と分解

❺浮力の大小を決めるもの…物体の水中に沈んでいる部分の体積が大きいほど，浮力の大きさは大きくなる。浮力の大きさは，物体の重さとは関係しない。(➡p.142)

a物体を水中に沈めていくと，しだいに浮力が大きくなる。

b物体全体が水中に沈むと，浮力は最大になり，そのあと物体を沈めても浮力の大きさは変化しない。

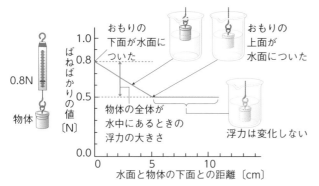

❻水に沈む物体と浮く物体…水中の物体が沈むか浮くかは，重力と浮力の大きさの関係で決まる。

> ⚠重要
>
> a浮力が重力より大きいとき…物体は水面に浮き上がる。
> ・物体の一部が水面上に出て静止したとき，浮力＝重力となっている。このときの浮力の大きさは，水面下の物体と等しい体積の水の重さである。
> b浮力が重力より小さいとき…物体は水に沈む。

⚖比較 **物体の浮き沈みと重力・浮力**

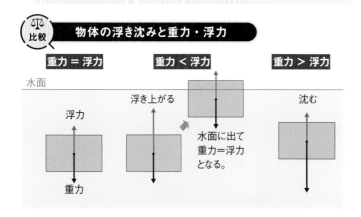

発展 **アルキメデスの原理**

物体にはたらく浮力の大きさは，物体が押しのけた分の液体の重さに等しい。これをアルキメデスの原理といい，古代ギリシャの数学者アルキメデス（紀元前287年ごろ～紀元前212年）の大発見である。王冠が純金でつくられているかどうかを，王冠をとかしたりすることなく見分ける方法を考えているときに思いついたといわれている。

発展 **浮沈子**

水を入れたペットボトルに，水を少し入れたしょう油容器を入れる。ペットボトルを押すと，容器は沈み，ゆるめると浮き上がってくる。これは浮沈子というおもちゃである。

©アフロ

ペットボトルを押すと，水圧はパスカルの原理によって，ペットボトル内のさまざまな部分に同じ大きさで伝わる。浮沈子の中の空気が押し縮められて体積が減り，浮力が減少して，浮沈子が沈む。ペットボトルを押すのをやめると，浮沈子内の空気の体積がもとにもどり，浮力が増加して浮き上がる。

水中で物体にはたらく浮力に関する問題

例題 右の図のように、ばねに300 gのおもりをつるしたところ、ばねののびは15 cm
だった。次に、ばねにおもりをつるしたまま、おもりを完全に水中に沈めると、
ばねののびは9 cmになった。このおもりが受ける浮力の大きさを求めなさい。
ただし、100 gの物体にはたらく重力の大きさを1 Nとする。

おもり

ヒント まず、ばねが1 cmのびるのに何Nの力が必要か計算する。そして、空気中での重さと水中での重さ
の差が、おもりにはたらいている浮力ということになる。

**ばねは何Nの力
で1 cmのびるか**　おもりは300 gなので、おもりにはたらく重力の大きさは3 N。3 Nの力でばねのの
びが15 cmだったことから、ばねが1 cmのびるのに必要な力の大きさは、
3÷15＝0.2〔N〕

**浮力の大きさを
求める式は？**　浮力の大きさは、次の式で求められる。
浮力＝空気中での重さ－水中での重さ

浮力の大きさは？　おもりを完全に水中に沈めたときのばねののびは、9 cmなので、そのときのおもり
の水中での重さは、0.2×9＝1.8〔N〕
したがって、おもりにはたらく浮力の大きさは、3－1.8＝1.2〔N〕

答え 1.2 N

別解 おもりにはたらく浮力は上向きの力なので、その浮力の分だけ、下向きの力（おもりの見かけの重
さ）の大きさは小さくなる。したがって、ばねののびが小さくなった分は、浮力の大きさによるもの
なので、次の式で求められる。　0.2×（15－9）＝1.2〔N〕

問題 上の図のばねにつるしたおもりを、さらに水中深くに沈めていった場合、ばねののびは9 cmに比
べてどうなるか。ア〜ウから選びなさい。
ア．9 cmより短くなる。　　イ．9 cmから変わらない。　　ウ．9 cmより長くなる。

イ **答え**

Column 浮力を計算で求めてみよう

水中の物体の浮力の大きさ

水中の物体にはたらく浮力の大きさについて，求め方を考えてみよう。

右の図のように，底面積が S cm^2 で，高さが t cm の直方体が垂直に水中に沈んでいるとする。直方体の上面までの深さを h cm とすると，

・上面にはたらく水圧→ $(100 \times h)$ Pa …………①
・下面にはたらく水圧→ $\{100 \times (h+t)\}$ Pa ……②

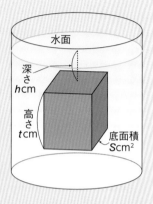

浮力は，水によって上面にはたらく力と下面にはたらく力の大きさの差によって生じるので，②に底面積をかけたものと①に底面積をかけたものの差を求める。その差は次のようになる。（底面積の単位を cm^2 から m^2 に変える）

・上面にはたらく力（単位 N）→①より，$(100 \times h) \times (S \times 0.0001)$ …………③
・下面にはたらく力（単位 N）→②より，$\{100 \times (h+t)\} \times (S \times 0.0001)$ ……④
・④−③より，差（物体にはたらく浮力）は，$0.01 \times t \times S$〔N〕……………⑤

ここで，$t \times S$ は直方体の体積を表しているので，浮力の大きさは物体の体積だけで決まることがわかる。つまり，水中での浮力の大きさは，その物体が押しのけた体積分の水の重さ（水にはたらく重力の大きさ）に等しいということである（アルキメデスの原理）。

〈確認〉水の密度は 1 g/cm^3 なので，物体の体積が 200 cm^3 の場合，押しのけられた水の質量は 200 g となり，はたらく重力の大きさは 2 N。⑤の式で求められる浮力（$0.01 \times 200 = 2$〔N〕）と等しい。

水に浮いているものの浮力と重力

例えば，氷 100 cm^3 を棒などで押しこんで水に沈めたとすると，この氷にはたらく浮力は，上の⑤の式より，$0.01 \times 100 = 1$〔N〕である。しかし，氷の密度は約 0.9 g/cm^3 なので，この氷の質量は $0.9 \times 100 = 90$〔g〕，つまり氷には 0.9 N の重力しかはたらかない。したがって，押しこんだ棒をはずすと氷は浮力によって浮いてしまう。

氷が水に浮いて，10 cm^3 分が水面から出たとすると，水中にある氷の体積は 90 cm^3 なので，氷にはたらく浮力は 0.9 N になる。これはちょうど氷の重さと同じ大きさであるから，その状態でつり合って止まる。

このように，水に浮いている物体は，重力と浮力が同じ大きさになる体積分が水中に沈んでいるのである。

1 力の合成と分解

□(1) ある点に2つの力がはたらくとき，それらの力と同じはたらきをする1つの力を〔 〕という。

(1) 合力

□(2) (1)の力を求めることを〔 〕という。

(2) 力の合成

□(3) 一直線上にある，反対向きの2力の合力の大きさは，2力の〔 和 差 〕，合力の向きは，〔 大きい 小さい 〕方の力の向きである。

(3) 差，大きい

□(4) 一直線上にない2力の合力は，2力を2辺とする〔 〕の対角線で表される。

(4) 平行四辺形

□(5) 2力の間の角度が〔 小さい 大きい 〕ほど，2力の合力の大きさは大きい。

(5) 小さい

□(6) 1つの力を2つの力に分けることを〔 〕という。

(6) 力の分解

□(7) 分解して求めた力を，もとの力の〔 〕という。

(7) 分力

□(8) 3力がつり合っているとき，2力の〔 合力 分力 〕は，残り1つの力とつり合っている。

(8) 合力

2 水の圧力と浮力

□(9) 水の重さによって生じる圧力を〔 〕という。

(9) 水圧

□(10) 水中の1点にはたらく水圧の大きさは，どの方向でも〔 〕。

(10) 同じ（等しい）

□(11) 水圧は水中の物体や容器の壁に〔 下向き 垂直 〕にはたらく。

(11) 垂直

□(12) 水圧の単位の記号は，N/m^2 または〔 〕である。

(12) Pa

□(13) 水中の物体が受ける上向きの力を〔 〕という。

(13) 浮力

□(14) ある物体の空気中での重さを A〔N〕，水中に完全に沈めたときの重さを B〔N〕とすると，浮力は〔 〕〔N〕となる。

(14) $A - B$

□(15) 水面に浮かんでいる物体の浮力の大きさは，物体の〔 〕と等しい。

(15) 重力

1 運動のようす

1 物体の運動　◎**運動の表し方**…物体の運動は速さと運動の向きで表す。

2 運動の記録　◎記録タイマー，ストロボスコープ，ビデオカメラなどが使われる。

3 速さ　◎**速さ**…単位時間に物体が移動した距離で表す。

$$速さ〔m/s〕=\frac{物体が移動した距離〔m〕}{移動するのにかかった時間〔s〕}$$

◎**平均の速さ**…ある区間を一定の速さで移動したとして求めた速さ。
◎**瞬間の速さ**…ごく短い時間に移動した距離から求めた速さ。

1 物体の運動

物体の運動のようすは速さと向きで表す。

❶**運動**…物体が時間の経過とともに位置を変えること。

❷**運動のようす**…物体の運動は，速さと運動の向きで表し，次の4つに分類される。

　a 速さだけが変化する運動…運動する向きは変わらずに，速さだけが変わる運動。
　　　例 斜面をまっすぐに下る運動，落下する運動

　b 向きだけが変化する運動…同じ速さで運動し，向きだけが変わる運動。
　　　例 観覧車の運動，惑星の公転運動

　c 速さも向きも変化する運動…時間とともに速さも向きも変わる運動。
　　　例 ジェットコースターの運動

　d 速さも向きも変化しない運動…一定の方向に一定の速さで動く物体の運動。
　　　例 水平面を一定の速さで一直線に進む運動

比較　**運動の分類**

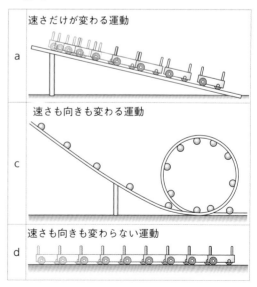

a｜速さだけが変わる運動

c｜速さも向きも変わる運動

d｜速さも向きも変わらない運動

2 運動の記録

記録タイマーの打点の間隔から速さがわかる。

❶運動を記録する器具…運動のようすを記録するには，記録タイマー，ストロボスコープ，ビデオカメラ，デジタルカメラの連写機能などが使われる。

❷記録タイマー…電流を流すと，一定の時間間隔で紙テープに点を打つ装置。運動させる物体に紙テープをセロハンテープなどではって固定し，記録タイマーに通す。紙テープに記録される打点の間隔から物体の速さやその変化がわかる。

ここに注目　記録タイマーの記録

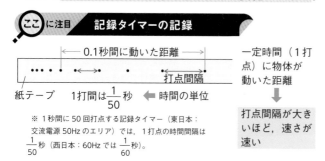

※ 1 秒間に 50 回打点する記録タイマー（東日本：交流電源 50Hz のエリア）では，1 打点の時間間隔は $\frac{1}{50}$ 秒（西日本：60Hz では $\frac{1}{60}$ 秒）。

比較　記録テープの記録と速さ

❸ストロボスコープ…一定の間隔で連続して光を出す装置。運動する物体を一定の時間間隔で撮影することができ，物体の運動の速さやその変化がわかる。

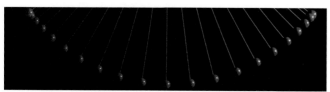

⬆ストロボ写真（振り子の運動）

くわしく　記録タイマー

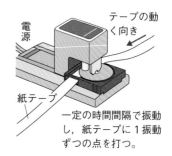

一定の時間間隔で振動し，紙テープに 1 振動ずつの点を打つ。

記録タイマーの打点の時間間隔は，交流の周波数によって決まる。

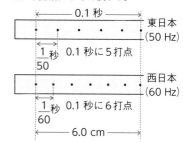

打点が記録されたテープの長さは，物体の移動距離を表す。東日本で 5 打間の時間は，

$$\frac{1}{50}〔s〕× 5 = 0.1〔s〕$$

より，テープの長さは 0.1 秒間の移動距離を表す。このときの速さは，

$$6.0〔cm〕÷ 0.1〔s〕= 60〔cm/s〕$$

同様に，西日本で 6 打間の時間は，

$$\frac{1}{60}〔s〕× 6 = 0.1〔s〕$$

速さは，

$$6.0〔cm〕÷ 0.1〔s〕= 60〔cm/s〕$$

3 速さ

速さは単位時間の移動距離で表される。

❶速さ…1秒間, 1時間など一定時間に物体が移動した距離で表す。移動距離を移動するのにかかった時間で割って求める。

$$速さ〔m/s〕= \frac{物体が移動した距離〔m〕}{移動するのにかかった時間〔s〕}$$

・速さは cm/s, m/s, km/h などの単位で表す。

❷速さの表し方…物体はいつも同じ速さで運動しているわけではなく, 速さが変化する。そこで, 速さは, 平均の速さと瞬間の速さの2つの方法で表す。

❸平均の速さ…物体がある距離を一定の速さで移動したと仮定して求めた速さ。上の速さの公式で求める速さ。

❹瞬間の速さ…物体がある点を通過するときの速さ。ごく短い時間に移動した距離から求める。スピードガンや自動車や電車のスピードメーター（速度計）は瞬間の速さを示している。

例 新幹線「のぞみ号」の平均の速さと瞬間の速さ

・新幹線「のぞみ号」はいつも同じ速さで走っているわけではない。駅での停車をふくめて, 東京・博多間を約5時間で移動している。そのときの速さ220 km/h（1100 ÷ 5）が平均の速さで, 走行中に速度計に表示される速さが瞬間の速さである。

くわしく ー 速さの単位

速さの単位には, 距離と時間の単位によっていろいろある。s は second（秒）, h は hour（時）を表している。
cm/s（センチメートル毎秒）
m/s（メートル毎秒）
km/h（キロメートル毎時）

くわしく ー 速さの変形式

移動距離＝速さ×時間
時間＝移動距離÷速さ

発展 速度と速さのちがい

速度と速さという言葉は, 日常生活ではほとんど同じような意味で使われるが, 理科では次のように区別されている。

速度は大きさと運動の向きを合わせもった量, 運動の向きを考えないで, その速度の大きさだけを示したものが速さである。2つの物体が同じ速さで運動していても, 運動の向きがちがうならば, 2つの物体の速度はちがうことになる。

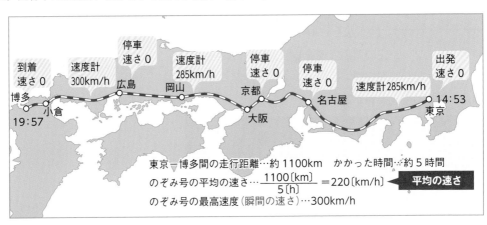

東京－博多間の走行距離…約1100km　かかった時間…約5時間
のぞみ号の平均の速さ…$\frac{1100〔km〕}{5〔h〕}$＝220〔km/h〕　**平均の速さ**
のぞみ号の最高速度（瞬間の速さ）…300km/h

台車の運動の速さ

目的 水平面上を一直線に移動する台車の運動を，記録タイマーで記録し，紙テープから運動の速さを求める。

方法 ①記録タイマーに通した紙テープの先端を，台車のう
しろにはりつける。

②記録タイマーのスイッチを入れて，台車を軽く押し
出し，台車の運動を記録する。

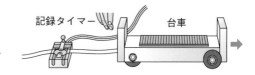
記録タイマー　　　　台車

> **注意**
> ・実験台と紙テープが平行になるようにする。
> ・台車を押し出すとき，台車をポンと軽くたたくようにして押し，台車を長く押し続けないようにする。

結果 紙テープの処理のしかた

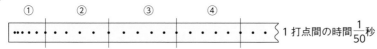
1打点間の時間$\frac{1}{50}$秒

a 一定の打点ごとに，紙テープに番号をつけて切る。

→東日本は5打点ごと，西日本は6打点ごとに切る。切った各
テープの長さは，0.1秒間の台車の移動距離を示している。

b グラフの横軸に時間，縦軸に移動距離をとり，0.1秒ごとに切
り離した紙テープを，上下逆にならないようにグラフ用紙に
並べてはる。

c グラフは，右の図のようになった。

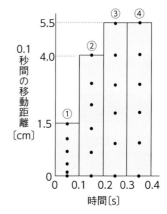

紙テープから台車の速さを計算する

a テープ①～④を打点したときの台車の平均の速さをそれぞれ
計算する。

　　各テープの長さ…テープ①1.5cm　テープ②4.0cm　テープ③5.5cm　テープ④5.5cm

b 各テープの長さは，0.1秒間の台車の移動距離を表すから，台車の平均の速さは，次のようになる。

　　テープ①…1.5〔cm〕÷0.1〔s〕= 15〔cm/s〕　　テープ②…4.0〔cm〕÷0.1〔s〕= 40〔cm/s〕

　　テープ③，④　5.5〔cm〕÷0.1〔s〕= 55〔cm/s〕

**結果と
考察**
①速さが速くなるときは，打点の間隔は大きくなり，速さが一定のときは，打点の間隔は変化しない。
②紙テープの一定の打点ごとの長さを調べると，物体の速さの変化のようすがわかる。

2 運動の変化と力

教科書の要点

1 速さが大きくなる運動
◎斜面を下る物体にはたらく力…重力の斜面に平行な分力がはたらく。
◎斜面を下る物体の運動…速さがしだいに大きくなる。

2 自由落下
◎自由落下（自由落下運動）…斜面の角度が90°のときの運動。
速さが増える割合が最大。

3 速さが小さくなる運動
◎物体の運動の向きと逆向きの力がはたらく運動。

4 等速直線運動
◎等速直線運動…速さが一定で，一直線上を進む運動。

5 慣性
◎慣性…物体が現在の運動の状態を続けようとする性質。

6 作用と反作用
◎作用・反作用…2つの物体間で，大きさが等しく，反対向きに
一直線上ではたらく。

1 速さが大きくなる運動

物体が運動している向きに，力がはたらいている。

❶**斜面上の物体にはたらく力**…斜面上の物体には，斜面に平行な
下向きの力（物体をすべり落とそうとする力）がはたらいている。

　a 斜面に平行な下向きの力…斜面上の物体にはたらく重力
　は，斜面に垂直な方向と斜面に平行な方向の2つの力に分
　けられる。斜面に平行な下向きの力は，重力の分力である。

　b 斜面の傾きが大きいほど，斜面に平行な下向きの力は大きい。

テストで注意　斜面に平行な下向きの力

　斜面上の物体にはたらく，斜面に平行
な下向きの力は，斜面の傾きが変わらな
いかぎり，斜面上のどこでも同じ大きさ
ではたらいている。

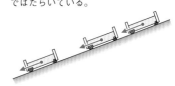

斜面の傾きが
大きいとき
斜面に平行な力
斜面からの抗力
斜面に垂直な力
重力

斜面の傾きが
小さいとき
斜面からの抗力
斜面に平行な力
斜面に垂直な力
重力

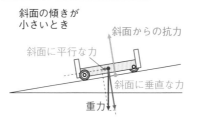

❷斜面を下る物体の速さ…一定の割合でしだいに大きくなる。

a 物体にはたらく力と速さ…物体の運動の方向に力がはたらき続けると，速さはしだいに大きくなっていく。

b 斜面の傾きと速さの変化の割合…斜面の傾きが大きくなるほど，速さの変化の割合が大きくなる。

c 一定の力がはたらく物体の速さ…一定の割合で変化する。逆に，一定の割合で速さが変化している物体には，一定の大きさの力がはたらいている。

重要実験 斜面を下る台車の運動の記録

方法　a 図のようにして記録タイマーで運動のようすを記録する。

記録タイマーでテープに運動のようすを記録する。
記録タイマー
紙テープ

b 東日本では5打点ごと（西日本では6打点ごと）にテープを切ってグラフ用紙にはる。

c 斜面の傾きを大きくして同じ実験をして比べる。

結果　a 斜面を下る台車の速さは一定の割合で増えていく。

b 斜面の傾きが大きくなると，速さの変化が大きくなる。

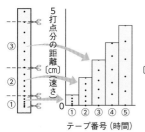
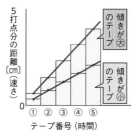

考察と結論　①物体の運動の向きに力がはたらき続けると，物体の速さは大きくなっていく。　②物体にはたらく力が大きいほど，速さの変化の割合が大きくなる。

くわしく　**斜面を下る台車の運動のグラフ**

斜面を下る台車の運動を，横軸に時間，縦軸に速さをとってグラフに表すと，グラフは原点を通る直線となり，速さは時間に比例していることがわかる。速さの増え方は一定で，斜面の角度が大きくなると，斜面に平行な下向きの力が大きくなるので，速さの増え方も大きくなる。速さが時間に比例する運動にはほかに自由落下（➡p.155）がある。

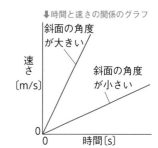
↓時間と速さの関係のグラフ
速さ〔m/s〕
斜面の角度が大きい
斜面の角度が小さい
0　時間〔s〕

また，時間と移動距離の関係をグラフに表すと，右上がりの曲線のグラフになり，時間が2倍，3倍，…になると，移動距離は2^2倍，3^2倍，…になる。

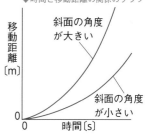
↓時間と移動距離の関係のグラフ
移動距離〔m〕
斜面の角度が大きい
斜面の角度が小さい
0　時間〔s〕

力は目に見えないけど，運動のようすから，その力が見えてくるのだ！

重要実験 斜面を下る台車の運動

目的 斜面上の台車にはたらく力の大きさをはかり，斜面を
下る台車の速さの変化を調べる。

方法 斜面上の台車にはたらく力をはかる

①斜面の角度を20°にして，斜面上に台車をのせ，台
車にはたらく斜面方向の力の大きさをばねばかりで
はかる。

・斜面の上方，中間，下方の3か所ではかる。

②斜面の角度を30°にして同じようにはかる。

斜面を下る台車の運動を調べる

①台車の後ろに紙テープの先端をはりつけ，斜面を下
る台車の運動を記録タイマーで記録する。

②斜面の角度を変えて同じ実験を行う。

③紙テープを5打点（西日本では6打点）ごとに切ってグラフ用紙にはりつける。

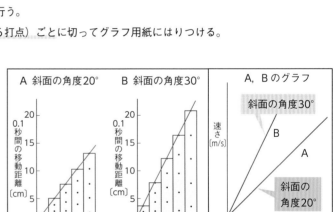

結果 ①台車にはたらく力は，
斜面の角度20°…2.9N
斜面の角度30°…4.2N
それぞれ斜面のどこでも同じ
値であった。

②紙テープを5打点ごとに切っ
て用紙にはると，右のA，B
のようになった。

結論 ①斜面上の台車には，斜面に沿った下向きの力がはたらく。この力は斜面上のどこでも等しい。

②斜面を下る台車には，斜面に沿った下向きの力がはたらき続けるために，速さは時間に比例する運動を
する。このため，速さは一定の割合で増えていく。

③斜面の角度が大きくなると，斜面に沿った下向きの力が大きくなる。このため，速さが変化する割合も
大きくなる。

❷ 自由落下

自由落下は，斜面の傾きが90°のときの運動である。

❶**自由落下**…手で持っている物体を静かにはなすと，物体は落下する。この運動を自由落下（自由落下運動）という。

❷**斜面の傾きと自由落下**…斜面の傾きをしだいに大きくしていき，斜面の角度を90°にしたときが落下運動である。

❸**自由落下での物体にはたらく力**…物体には鉛直下向きの**重力**がはたらき続ける。

❹**自由落下での物体の速さ**…速さはしだいに大きくなる。

重要実験 自由落下の記録

方法 おもりを落下させ，記録タイマーで運動のようすをテープに記録する。

①テープは5打点（西日本は6打点）ごとに切って，順にはる。

②テープの上端の中央を結んだ直線を引く。

おもりを落下させて，記録タイマーでその運動のようすをテープに記録する。

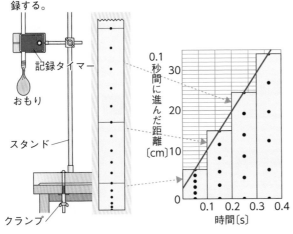

結論 おもりが自由落下する速さは一定の割合で増えている。おもりには一定の大きさの力がはたらき続けていると考えられる。

くわしく 真空中の落下

空気中では鉄球と羽毛を同じ高さから同時に落とすと，空気の抵抗が羽毛の方により大きくはたらくので，鉄球の方が速く落ちる。しかし，真空中では，空気の抵抗がなく，重力だけがはたらくため，鉄球と羽毛はほぼ同時に落ちる。落下する物体の速さが，物体の質量に関係しないことを示している。

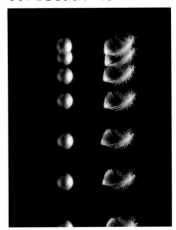
↑真空中での鉄球（左）と羽毛の落下

発展 加速度

1秒間あたり，速さがどれだけ変化したかを表す量を加速度といい，次の式で求められる。

加速度[m/s²]＝速さの変化[m/s]÷時間[s]

単位 m/s²はメートル毎秒毎秒と読む。

物体が落下するときの加速度を特に重力加速度といい，gという記号で表される。重力加速度の大きさはおよそ9.8m/s²で，物体の質量には関係しない。上の写真のように，空気の抵抗のない真空中では，鉄球も羽毛も同じ重力加速度で落下する。

③ 速さが小さくなる運動

運動の向きとは逆向きの力がはたらいている。

❶速さが小さくなる運動と力…物体の運動の向きとは逆向きに力がはたらき続けると，速さがしだいに小さくなり，やがて静止する。その後，力の向きに動き始める。

❷斜面を上る物体の運動…物体の速さはしだいに小さくなり，一瞬静止したあと下り始める。

a 斜面を上る物体にはたらく力…重力の斜面に平行な分力が，物体の運動の向きとは逆向きにはたらく。

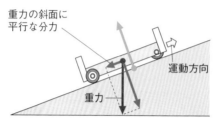

b 斜面を上る物体の速さ…物体の運動の向きとは逆向きの力がはたらくので，時間とともに速さはしだいに小さくなっていく。

❸物体の接触面で，物体の運動をさまたげる向きにはたらく力を**摩擦力**という。

・摩擦力は離れている物体の間にははたらかず，必ず接触している物体の間にはたらく。

❹摩擦力がはたらく面上での物体の運動…摩擦力が物体の運動方向とは逆向きにはたらくので，しだいに速さは小さくなっていき，やがて止まってしまう。

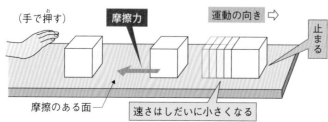

↑摩擦のある面上での物体の運動

発展　**運動の第2法則**

この法則は，斜面上の運動や自由落下のように，物体に力がはたらくときの運動についてまとめたものである。この法則を運動の法則といい，ニュートンの運動の3法則のうちの第2法則である。

物体に力がはたらくと，加速度が生じ，その加速度の大きさは，物体に加えた力に比例し，物体の質量に反比例する。この関係は次の式で表され，これを運動方程式という。

力〔N〕＝質量〔kg〕×加速度〔m/s²〕

力の単位ニュートン（記号N）は，この運動方程式をもとに，質量1kgの物体に1m/s²の加速度を生じさせる力を1Nとして決められたものである。

比較　**摩擦力のいろいろ**

・**静止摩擦力**…物体を引いても動かないとき，物体の面との間にはたらく摩擦力。物体を引く力の大きさと等しい。

・**最大静止摩擦力**…物体に力を加えていくと，静止摩擦力は物体が動き出す瞬間に最大になる。

・**動摩擦力**…物体が動いているときにはたらく摩擦力。最大静止摩擦力より小さい。

生活　**摩擦力がなかったらどうなる？**

人が地面などを歩くことができるのは，地面との間に摩擦力がはたらくからである。摩擦力がなければ，氷の上のようにつるつるすべって歩くことができない。自動車や自転車も，タイヤと地面との間に摩擦力がはたらくことによって走行することができる。

ボールペンや鉛筆で紙に文字が書けるのも，ボールペンと紙との間に摩擦力がはたらくからである。

④ 等速直線運動

速さと向きが変化しない運動である。

❶ 水平面上を進む台車の運動…下の図のように，紙テープをつけた台車を，なめらかな水平面上に置き，手でポンと押して運動させ，記録タイマーで記録する。

・紙テープの打点間隔はすべて等しく，速さが一定である。

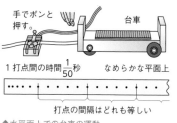

手でポンと押す。　台車

1打点間の時間$\frac{1}{50}$秒　なめらかな平面上

打点の間隔はどれも等しい

↑水平面上での台車の運動

テープを5打点ごとに切ってはったグラフ

❷ 等速直線運動…物体に力がはたらいていないか，はたらいていてもつり合っているとき，一定の速さで一直線上を進む物体の運動。

> **重要**
> **a 時間と速さの関係**…時間と速さのグラフは，横軸に平行な直線になる。時間に関係なく速さはいつも一定。
> **b 時間と移動距離の関係**…時間と移動距離のグラフは，原点を通る右上がりの直線となり，移動距離は時間に比例して増加する。
>
> **移動距離〔cm〕＝速さ〔cm/s〕×かかった時間〔s〕**

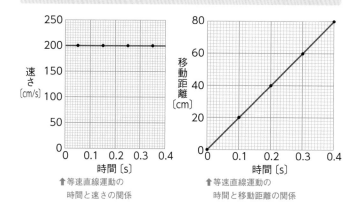

↑等速直線運動の時間と速さの関係

↑等速直線運動の時間と移動距離の関係

くわしく　摩擦のない水平面で物体が受ける力

ドライアイスをなめらかな面の上に置くと，ドライアイスの表面から気体（二酸化炭素）が発生し，面との間に気体の層ができて摩擦がほとんどなくなり，ドライアイスを少し押すと，等速直線運動をする。このとき，ドライアイスは水平方向の力は受けておらず，垂直方向の重力と垂直抗力はつり合っている。

ドライアイス

垂直抗力

なめらかな水平面

重力

> 等速直線運動をするときは，力がはたらいていないか，つり合っているということだね。

くわしく　力のつり合いと等速直線運動

上空で落下を始めた雨粒は，しだいに速さが増す自由落下をするが，ある速さに達すると，重力と空気の抵抗がつり合い，一定の速さで落ちてくる。

力がつり合っている場合も力がはたらいていない場合と同じように等速直線運動をする。

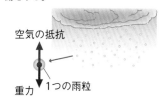

空気の抵抗

重力　1つの雨粒

5 慣性

物体には，それまでの運動を続けようとする性質がある。

❶**電車の運動と車内のようす**…下図のように，電車が急に走り出すと，乗客はその場にとどまろうとして後方に傾く。逆に，走行していた電車が急に止まると，乗客はそのままの速さで運動しようとして，前方に傾く。これは，物体のもつ**慣性**による現象である。

急に走り出すと…
運動方向
運動方向と逆向きに傾く

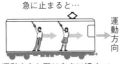

急に止まると…
運動方向
運動方向と同じ向きに傾く

⚠重要

❷**慣性の法則**…ほかの物体からの力がはたらかないとき，またははたらいている力がつり合っている場合，

a**静止している物体**…いつまでも静止を続ける。

b**運動している物体**…そのままの速さで**等速直線運動**を続ける。

❸**慣性**…物体がその運動の状態を続けようとする性質。

・静止している物体は静止を続けようとし，運動している物体は等速直線運動を続ける。

❹**力のつり合いと慣性の法則**…物体にはたらいている2つ以上の力がつり合い，合力が0Nならば，力を受けていない場合と同様に慣性の法則が成り立つ。

a**等速直線運動する自動車**…エンジンの力と地面との摩擦力や空気の抵抗とつり合い，合力は0Nである。

b**台上で静止する台車**…台車にはたらく重力と垂直抗力がつり合い（合力は0N），台上で静止を続ける。

c**台上で等速直線運動をする台車**…台車は運動の向きに力を受けていないので，等速直線運動を続ける。

生活 電車内でふく風

電車の中の空気にも慣性があるために，電車の中では，電車が走り出すときは後方へ，止まるときは前方へ風がふく。

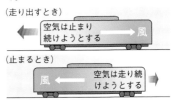

（走り出すとき）
空気は止まり続けようとする　風

（止まるとき）
風　空気は走り続けようとする

静止は，速さ0の等速直線運動ともいえるね。

ここに注目　力のつり合いと慣性の法則

電車が止まろうとする力（摩擦力など）と前進する力（電気モーターの力）が等しく，電車にはたらく力がつり合っているならば慣性の法則より，電車は等速直線運動を続ける。

電車にかかる摩擦力や空気抵抗　＝　電車が進む力　水平方向の合力は0N

等速直線運動

垂直方向の合力（垂直抗力＝重力）は0N

Column ガリレオの慣性の法則と，ニュートンの運動の第1法則

　図1のように，なめらかな斜面からボールを転がす。ボールは斜面を下り，向かい側の斜面を，ボールをはなした高さになるまで上っていく。斜面の角度を小さくしても，やはり同じ高さまで上るだろう。

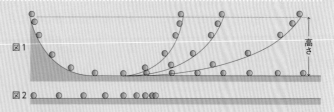

図1
図2
高さ

　それでは，転がる先の斜面を水平にしたらどうなるか。これは，ボールをはなした高さと同じ高さになることはないので，ボールはどこまでも水平面を転がり続けるはずだ。しかし，実際には図2のようにボールは永遠に転がらない。これは空気の抵抗や摩擦力がボールにはたらくからである。もしも空気の抵抗や摩擦がなければ，ボールは水平面を転がり続けるはずだと考えたのは，イタリアの科学者ガリレオである。ガリレオは，物体に力がはたらかなくても，運動を続ける性質（慣性）があると考えた。これを受けて，「物体に力がはたらかないかぎり，静止している物体はいつまでも静止を続け，運動している物体は等速直線運動を続ける」として，**運動の第1法則**としてまとめたのが，イギリスのニュートンである。

 比較　　**いろいろな慣性**

だるまや鉛筆の運動

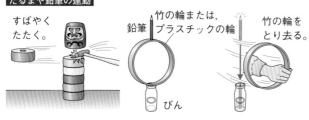

すばやくたたく。

鉛筆

竹の輪または，プラスチックの輪

竹の輪をとり去る。

びん

台をハンマーですばやくたたいたり，竹の輪をすばやく取り去ったりすると，だるまや鉛筆は慣性によって静止を続け，その後真下に落ちる。

テーブルの上にある食器の運動

テーブルクロスをすばやく引きぬくと，食器は慣性によって静止を続け，テーブルの上に残る。

カーリングのストーンの運動

©アフロ

手からストーンが離れた瞬間から，手の力はストーンにはたらかなくなり，ストーンは慣性による運動を続ける。

宇宙空間を飛行する惑星探査機の運動

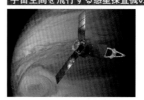

©NASA／JPL-Caltech

惑星探査機は所定の速さを得るまではエンジンを使用するが，そのあとは慣性によって飛行を続ける。

慣性の法則を感じるときはたくさんあるね。

6 作用と反作用

作用・反作用は2つの物体間にはたらく力の関係である。

❶ **対になってはたらく力**…右の図のように，台車に乗ったAさんが壁を押すと，Aさんは押した力の向きとは反対向きに動くことから，Aさんは壁から力を受けたことがわかる。

❷ **作用と反作用**…ある物体Aがほかの物体Bに力を加えるとき，同時に物体Aは物体Bから必ず力を受ける。このとき，物体Aが物体Bに加える力を**作用**といい，物体Aが物体Bから受ける力を**反作用**という。

Aさんが壁を押したとき

図1　Aさん　壁を押す。
荷物台車

図2　動く。

発展 **作用・反作用の法則**

作用・反作用の法則は，ニュートンの運動の3法則のうちの第3法則である。力がはたらくときは，必ず力を加える物体と力を受ける物体があり，人が壁を押すと，壁が人を押し返したように，2つの物体の間では，力を受けた物体は，受けた力と同じ大きさの力で物体を押し返している。

運動の第1法則（➡p.159）と運動の第2法則（➡p.156）は，力を受ける側の物体の運動についてまとめたものだが，運動の第3法則である作用・反作用の法則は，力をおよぼし合っている2つの物体の運動のようすについてまとめたものである。

比較　作用・反作用

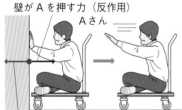
壁がAを押す力（反作用）
Aさん
Aが壁を押す力（作用）

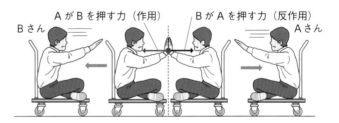
AがBを押す力（作用）　BがAを押す力（反作用）
Bさん　Aさん

❸ **作用・反作用の法則**…作用と反作用の2つの力は，それぞれ異なる物体に同時にはたらき，向きは反対で，一直線上にあり，大きさは等しい。

a 作用・反作用の法則は，力がはたらき合いながら運動している物体の間でも成り立つ。

b 重力や磁石の力，電気の力のように，離れた物体間ではたらく力についても成り立つ。

発展 **物体の質量と作用・反作用**

作用・反作用の力がはたらく2つの物体の質量が異なるときは，質量の小さい方の物体がより速く，より大きく動く。壁を押したときや地面の上を歩いたり走ったりするときは，壁や地面（地球）より，人の質量がはるかに小さいので人だけが動く。

⚖️ 比較　2力のつり合いと作用・反作用のちがい

つり合っている2力と，作用・反作用の2力は，どちらも大きさが等しく，向きが反対で一直線上にはたらく。しかし，2力がはたらいている物体がちがうことによって区別することができる。

- **つり合っている2力**…1つの物体にはたらいている。①
- **作用・反作用の2力**…たがいに相手の物体にはたらき，力がはたらく物体がちがう。②

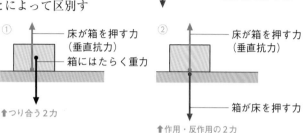

床が箱を押す力（垂直抗力）
箱にはたらく重力
箱が床を押す力

① 床が箱を押す力（垂直抗力）
箱にはたらく重力
⬆つり合う2力

② 床が箱を押す力（垂直抗力）
箱が床を押す力
⬆作用・反作用の2力

❹ **力のはたらき方**…力が2つの物体間ではたらくとき，作用があれば必ず反作用がある。作用と反作用の大きさは等しいから，作用が大きいほど大きな反作用が生じる。

ロケットの打ち上げのときの力

反作用
作用

作用…ロケットがガスを押す力
反作用…ガスがロケットを押す力

ボートのオールをこぐときにはたらく力

作用 ⟷ 反作用

作用…オールが水を押す力
反作用…水がオールを押す力

スタートするときにはたらく力

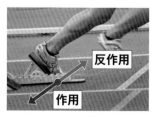

反作用
作用

作用…人がスタート台を押す力
反作用…スタート台が人を押す力

プールでターンするときにはたらく力

作用
反作用

作用…人が壁を押す力
反作用…壁が人を押す力

※上の例は全て，注目する方を「作用」としたときの関係。

🔍くわしく　自転車や自動車などの乗り物を動かす力

自転車と地面との間に摩擦力（➡p.156）がはたらかないと，自転車は前に進むことができない。ペダルを踏んでタイヤが回転すると，タイヤと地面との間に摩擦力がはたらいてタイヤが地面を後方に押す。このとき作用・反作用の法則によって地面がタイヤを押し返す反作用がはたらいて，自転車は前に進むことができる。自動車が進むことができるのも作用・反作用の原理である。

反作用 ⟷ 作用

速さや移動距離を求める問題

例題 右の図は，1秒間に50回打点する記録タイマーで，ある物体の運動を記録した紙テープに，5打点ごとにa〜fの記号を入れ

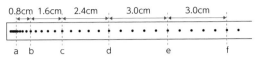

たものである。数値は5打点ごとの紙テープの長さを表している。また，d点以降の打点の間隔は変化しなかった。次の問いに答えなさい。

(1) a点からb点まで運動するのにかかった時間は何秒か。

(2) b〜c間，d〜e間の平均の速さはそれぞれ何cm/sか。

(3) d点から20打点した点までの紙テープの長さは何cmか。

ヒント 記録タイマーは1秒間に50回打点するから，1打点間や5打点間の時間を最初につかみ，速さ＝移動距離÷時間　の公式を活用する。

打点の時間は何秒か	(1) 記録タイマーは1秒間に50打点打つから，1つの打点間の時間は$\dfrac{1}{50}$秒である。 a点からb点までの打点間は5つなので，$\dfrac{1}{50}$〔s〕×5＝$\dfrac{1}{10}$〔s〕＝0.1〔s〕
速さを求める式に代入する	(2) b〜c間の長さは1.6 cm，d〜e間の長さは3.0 cmである。かかった時間は(1)より0.1秒だから，これを速さを求める公式に代入すると， b〜c間の速さ…$\dfrac{1.6〔cm〕}{0.1〔s〕}＝16$〔cm/s〕 d〜e間の速さ…$\dfrac{3.0〔cm〕}{0.1〔s〕}＝30$〔cm/s〕
d点以降の5打点ごとの長さは何cmか	(3) d点以降は打点間隔が等しいので，等速直線運動をしている。紙テープから，5打点で3.0cmだから，20打点でのテープの長さは，$3.0〔cm〕×\dfrac{20}{5}＝12.0$〔cm〕

答え (1) 0.1秒　(2) b〜c間…16cm/s，d〜e間…30cm/s　(3) 12.0cm

問題 右の図は，ある物体の運動を1秒間に50回打点する記録タイマーで記録したテープである。この記録から物体がa点からe点まで運動したときの平均の速さを求めよ。

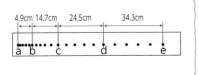

答え ▶196 cm/s

1 運動のようす

□(1)　物体の運動のようすは，物体の〔　　　〕と動く向きの変化を調べればわかる。

□(2)　物体の運動の速さは，一定時間に移動した〔　　　〕で表される。

□(3)　記録タイマーで記録した打点の間隔が〔　大きい　小さい　〕ほど，物体の速さは大きい。

□(4)　速さを求める式は，速さ=〔　　　〕÷移動にかかった時間。

□(5)　ある区間を一定の速さで移動したと見なして求めた速さを〔　　　〕という。

(1) 速さ

(2) 距離

(3) 大きい

(4) 移動距離

(5) 平均の速さ

2 運動の変化と力

□(6)　斜面を下る物体には，物体にはたらく重力の〔　　　〕に平行な〔　　　〕がはたらく。

□(7)　斜面を下る物体の速さは，時間とともに〔　大きく　小さく　〕なる。

□(8)　運動している物体の運動の向きと逆向きの力がはたらくと，物体の速さはしだいに〔　　　〕。

□(9)　一定の速さで一直線上を進む運動を〔　　　〕運動といい，物体の移動距離は時間に〔　比例　反比例　〕する。

□(10)　記録タイマーで等速直線運動を記録すると，紙テープの打点の間隔は〔　どれも等しい　しだいに広がる　〕。

□(11)　物体がその運動の状態を続けようとする性質を〔　　　〕という。

□(12)　物体に力がはたらかないとき，または力がはたらいてもつり合っているとき，静止している物体は〔　　　〕を続けようとし，運動している物体は〔　　　〕を続けようとする。

□(13)　物体Aが物体Bに力を加えたときの力を作用というとき，物体Bから物体Aにはたらく力を〔　　　〕という。

(6) 斜面，分力

(7) 大きく

(8) 小さくなる
　　（おそくなる）

(9) 等速直線，
　　比例

(10) どれも等しい

(11) 慣性

(12) 静止，
　　等速直線運動

(13) 反作用

1 仕事

1 仕事
◎物体に力を加えて力の向きに動かしたとき，力は物体に**仕事**をしたという。
◎**仕事〔J〕＝力の大きさ〔N〕×力の向きに動かした距離〔m〕**

2 いろいろな仕事
◎**物体を引き上げる仕事**…物体にはたらく**重力**にさからってする仕事。
◎**物体を床の上で引く仕事**…床との間の**摩擦力**にさからってする仕事。

3 仕事の原理
◎**仕事の原理**…道具を使って仕事をしても，直接仕事をしても，仕事の大きさは変わらない。

4 仕事率
◎**仕事率〔W〕＝ $\dfrac{仕事の大きさ〔J〕}{仕事にかかった時間〔s〕}$**

1 仕事

仕事は加えた力と力の向きに動かした距離の積で表す。

❶物体に力を加えて，力の向きに物体を動かしたとき，力は物体に**仕事**をしたという。

❷**仕事の大きさ**…物体に加えた力の大きさと，物体を力の向きに動かした距離の積で表される。

仕事〔J〕＝力の大きさ〔N〕×力の向きに動かした距離〔m〕

a 仕事の単位…ジュール（記号 J）が使われる。物体を 1 N の力で，力の向きに 1 m 移動させる仕事を 1 J という。

b 仕事と力・距離の関係…力の向きに動かす距離が一定なら，仕事は加える力の大きさに比例する。加える力の大きさが一定なら，仕事は力の向きに動かす距離に比例する。

力の向きに動かした距離
4 m
30N　30N
仕事〔J〕＝30〔N〕× 4〔m〕＝ 120〔J〕

電力量や熱量の単位
中2では「ジュール」

仕事の単位のジュールは，電力量や熱量の単位と同じものである。電力量や熱量は，エネルギーの量を表すもので，ジュールはエネルギーの大きさの単位として広く用いられている。

物体に対して仕事をすることは，物体のエネルギーの大きさを変化させることであり，仕事の単位にもジュールが使われる。

電力量は，電気器具などで消費された電気エネルギー（➡p.180）の量を表す。電熱線に電流を流したときの発熱量も，電力量と同じ式で表される。

電力量〔J〕＝電力〔W〕×時間〔s〕
（電力〔W〕＝電圧〔V〕×電流〔A〕）
1 J ＝ 1 Ws，　1 Wh ＝ 3600J，
1 kWh ＝ 1000Wh

c 日常生活で使う「仕事」の意味とのちがい…日常生活では，荷物を運んだり，机で事務をすることは，どちらも「仕事をした」ことになるが，理科では，物体に力を加えてその力と同じ向きに物体を動かさなければ仕事をしたことにならない。

d 仕事の大きさが0の場合…物体に力を加えても，その力の向きに物体が動かなければ，仕事の大きさは0である。

ここ に注目	仕事の大きさが0の場合

①物体に力を加えても動かない場合

仕事＝20〔N〕×0〔m〕=0〔J〕

②物体を支えて動かない場合

③物体を支えて水平方向に動く場合

加える力か力の向きに動く距離が0のときは仕事は0

Column　力の向きと動く向き

仕事は，力の大きさと力の向きに動かした距離の積で表される。このとき，物体に加える力の向きと動いた向きは同じでないといけない。

仕事の大きさを求めるときの「力」と「動かした距離」は，どちらも大きさと向きをもつ量であるが，この2つの量の積である仕事は大きさだけをもち，向きをもたない量になっている。これは，2つの量の向きが同じ（間の角度が0°）とき，2つの量のかけ算に特徴があり，「向き」の要素が失われてしまうことで，普通のかけ算の計算で求めることができるようになる。

では，力の向きと動いた向きが異なるときはどうするか。

図のように，力 F で距離 S だけ物体を動かした場合は，力 F を，動いた向きの方向とそれと垂直な方向に分解して，分力 P の大きさを求め，仕事＝P×S を計算すればよい。また，物体は垂直な方向には動かないので垂直方向の分力の仕事は0Jになる。

床　動いた距離 S

💭 **くわしく** ─ **仕事の考え方**

物体にする仕事を考えるときは，仕事がどの力によってされたかということと，加える力の向きを見きわめることが重要である。

例えば，①荷物を床からある高さに持ち上げて，②その高さのまま一定の速さで水平に移動して，再び③床の上に置いたとする。

ここで荷物に対して仕事をしたのは①だけで，②と③では仕事をしていない。

①では，荷物の重力にさからって手が上向きに力を加え，その力の向きに持ち上げているので仕事をしたが，②と③では，力を加えている向きに，荷物は移動していないので，仕事はしていないことになる。

📱 **高校では** **大きさと向きをもつ量**

力を矢印で表すのは，力は大きさだけでなく，力の向きも大事な成分であるからだ。力のように大きさと向きをもつ量を特にベクトル量という。ベクトル量にはほかに速度や加速度などがある。ベクトル量に対して，長さや密度，速さ，仕事，質量，エネルギーなどのように大きさだけをもっている量を，スカラー量という。また，ベクトル量のたし算やかけ算などの計算は，スカラー量の計算とは異なる方法で行うことになっている。

2 いろいろな仕事

物体にする仕事を，いくつか例をあげてみる。

❶ **重力のする仕事**…物体が自由落
下をするとき，**重力**は物体に
仕事をする。質量 1 kg の物体
にはたらく重力は 10 N だから，
この物体が 2 m 落下したとき，
重力が物体にした仕事は，

$$10〔N〕× 2〔m〕= 20〔J〕$$

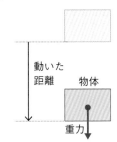

↑重力のする仕事

❷ **物体を引き上げる仕事**…物体に
はたらく**重力**にさからってす
る仕事である。物体には鉛直下
向きに重力がはたらくので物体
を引き上げるには，重力と反対
向きに同じ大きさの力を加え続
けなければならない。20 N の物
体を 3 m の高さに引き上げた
とき，引き上げる力がした仕事は，$20〔N〕× 3〔m〕= 60〔J〕$

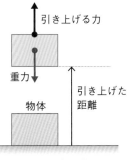

↑物体を引き上げる仕事

❸ **物体を水平面上で動かす仕事**…物体を**摩擦力**（➡P.156）のあ
る床の上で一定の速さで動かすには，物体にはたらく摩擦力
とは反対向きに，同じ大きさの力を加え続ければよい。

　a 引く力がした仕事…物体を水平面上で，2 N の力でその力
　の向きに一定の速さで 5 m 動かしたとき，物体を引く力
　がした仕事は，$2〔N〕× 5〔m〕= 10〔J〕$

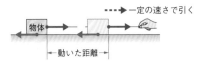

‥‥▶一定の速さで引く

←動いた距離→

　b 摩擦力の大きさと仕事…物体にはたらく摩擦力を小さくす
　ると，物体を引く力は小さくなるので，同じ距離を動かす
　場合，引く力がする仕事は小さくなる。

↶くわしく **水平面上を移動する
物体がされた仕事**

　左の❸で，水平面を移動させた物体に
は，次の図のように，物体を引く力，摩
擦力，重力，垂直抗力の 4 つの力がはた
らいている。

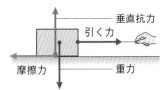

物体は一定の速さで動き続けたので，摩
擦力と物体を引く力はつり合っている。
したがって，物体には 2 N の摩擦力が運
動の向きとは反対向きにはたらいてい
る。摩擦力が物体にした仕事は，

$$2〔N〕×（− 5）〔m〕=− 10〔J〕$$

　また，物体の移動の向きに対して垂直
方向の重力と垂直抗力が物体にした仕事
は，いずれも 0 J である。よって，物体
がされた仕事の合計は，

$$10〔J〕+（− 10）〔J〕= 0〔J〕$$

3 仕事の原理

道具を使うと，力は小さくなるが，距離(きょり)が大きくなる。

重要

❶仕事(しごと)の原理(げんり)…道具を使って物体に仕事をしても，直接手で物体に仕事をしても，仕事の大きさは変わらない。

・**道具を使った仕事**…力は小さくてすむが，ひもなどを引く距離は長くなる。

❷動滑車(どうかっしゃ)を使った仕事…右の図のように，動滑車を使って 20 kg（200 N）の物体を 2 mの高さに持ち上げる。

a 直接手で持ち上げる仕事…200〔N〕× 2〔m〕= **400**〔J〕

b 動滑車を使ったときの仕事…動滑車を1個使うと，ひもを引く力は $\frac{1}{2}$ になり，ひもを引く距離は2倍になる。

ひもを引く力…200〔N〕× $\frac{1}{2}$ = 100〔N〕

ひもを引く距離… 2〔m〕× 2 = 4〔m〕

仕事の大きさ…100〔N〕× 4〔m〕= **400**〔J〕

❸斜面(しゃめん)を使ったときの仕事…右の図のように，斜面を使って 20 kg（200N）の物体を1.2 mの高さに引き上げる。

a 真上に持ち上げる仕事…200〔N〕× 1.2〔m〕= **240**〔J〕

b 斜面に沿って引く力は摩擦を考えないとき，斜面の高さ h と斜面の長さ s から求められる。

$$物体を引く力 F = 物体の重さ W × \frac{斜面の高さ h}{斜面の長さ s}$$

物体を引く力…200〔N〕× $\frac{1.2〔m〕}{2.4〔m〕}$ =100〔N〕

斜面を使った仕事…100〔N〕× 2.4〔m〕= **240**〔J〕

❹てこを使った仕事…右の図のように，200Nの物体をてこを使って0.4m持ち上げる仕事では，てこを押(お)す力は， $\frac{0.5}{2} = \frac{1}{4}$ 倍，てこを押す距離は $\frac{1.6}{0.4}$ = 4〔倍〕になる。

a 直接手でする仕事…200〔N〕× 0.4〔m〕= **80**〔J〕

b てこを使った仕事…50〔N〕× 1.6〔m〕= **80**〔J〕

テストで注意 **定滑車と仕事**

定滑車を使うと，力の向きは変わるが，ひもを引く力の大きさは変わらない。

動滑車を使ったときの仕事❷

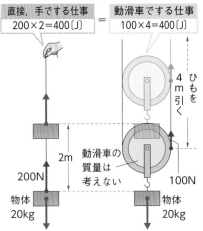

直接，手でする仕事		動滑車でする仕事
200×2＝400〔J〕	＝	100×4＝400〔J〕

ひもを 4 m 引く

動滑車の質量は考えない

200N

物体 20kg

100N

物体 20kg

2m

斜面を使ったときの仕事❸

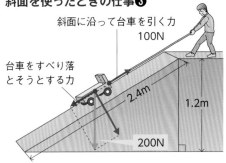

斜面に沿って台車を引く力 100N

台車をすべり落とそうとする力

2.4m

1.2m

200N

てこを使ったときの仕事❹

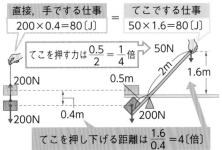

直接，手でする仕事		てこでする仕事
200×0.4＝80〔J〕	＝	50×1.6＝80〔J〕

てこを押す力は $\frac{0.5}{2} = \frac{1}{4}$ 倍

50N

200N

0.5m

2m

1.6m

200N

0.4m

200N

てこを押し下げる距離は $\frac{1.6}{0.4}$ ＝4〔倍〕

重要実験 　滑車を使った仕事の実験

目的 物体に対して直接手で仕事をする場合と比べて，道具を使って仕事をする場合には仕事の大きさはどうなるか，滑車を使って調べる。

方法 ①下の図のA～Cのように，おもりをばねばかりにつり下げて，20 cmの高さまで一定の速さで持ち上げる。
　　　Aはそのまま持ち上げ，Bは定滑車を使って，Cは動滑車を使ってそれぞれ持ち上げる。
　　　（Cでは，おもりとともに動滑車を持ち上げているので，A，Bでもおもりに動滑車をつける。）※
②おもりを持ち上げているときのばねばかりの示した値，糸を引き上げた距離をはかる。
③A～Cで，おもりにした仕事の大きさを求める。

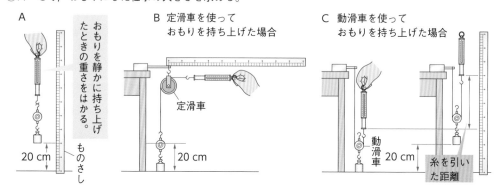

結果 下の表のようになった。

おもりと 動滑車の質量	実験	持ち上げる 力の大きさ	糸を引いた 距離	仕事の大きさ
200g	A	2N	20cm	2〔N〕× 0.2〔m〕=0.4〔J〕
	B	2N	20cm	2〔N〕× 0.2〔m〕=0.4〔J〕
	C	1N	40cm	1〔N〕× 0.4〔m〕=0.4〔J〕

考察 ①定滑車を使ったときは，力の大きさも引き上げた距離も，直接持ち上げたときと変わらなかった。
②動滑車を使うと，直接持ち上げたときと比べて，力の大きさは$\frac{1}{2}$になり，糸を引く距離は2倍になった。仕事の大きさは変わらなかった。

結論 動滑車を使うと，力は小さくてすむ$\left(\frac{1}{2}倍\right)$が，糸を引く距離が長くなり（2倍），仕事の大きさは変わらない。

※A，BとCとの持ち上げる重さをそろえるため。

4 仕事率

仕事の能率は仕事率で比べる。

❶仕事の能率…物体を引き上げたり，動かしたりするとき，時間がどれだけかかっても，物体にした仕事の大きさは変わらない。しかし，仕事の大きさが同じでも，道具や機械を使うと，短時間で作業を終えることができ，仕事の能率がよいといえる。仕事の能率は，一定時間あたりの仕事を比べればよい。

❷仕事率…一定時間（1秒間）あたりにする仕事。ある仕事をしたときの仕事率を求めるには，その仕事の大きさをかかった時間（秒）で割ればよい。

$$仕事率〔W〕＝\frac{仕事の大きさ〔J〕}{仕事にかかった時間〔s〕}$$

仕事率が大きいほど能率がよいといえる。

❸仕事率の単位…1秒間に1Jの仕事をするときの仕事率は，1J/s（ジュール毎秒）で，これを1ワット（記号**W**）といい，仕事率の単位とする。1W＝1J/s

❹機械の仕事率（能率）…機械が単位時間にする仕事の大きさで，機械の性能を表す1つの目安になる。

❺仕事の原理と機械…機械を使っても仕事の大きさは変わらないが，次のような点で得をする

a 同じ仕事をするのに，短い時間ですますことができる。

b クレーンなどのように，人では出せない大きな力を出すことができる。

c 物体を移動させるために，加える力の向きや大きさを自由に変えることができる。

d 右の図のA，Bの仕事率

・A，Bの仕事の大きさ　100〔N〕×3〔m〕＝300〔J〕

・Aの仕事率　$\frac{300〔J〕}{5〔s〕}＝60〔W〕$

・Bの仕事率　$\frac{300〔J〕}{60〔s〕}＝5〔W〕$

くわしく **電力と仕事率**

仕事率の単位は電力の単位と同じである。これは，電力が電流による仕事率を表すためである。例えば，200Wのモーターは，1秒間で200Jの仕事をすることができる。

発展　馬力

以前は仕事率の単位として馬力が使われていた。これは，馬1頭がする平均的な仕事率を単位としたもので，1馬力は735.5Wである。

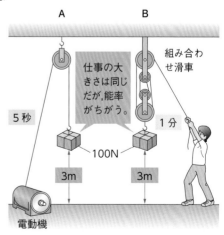

仕事の大きさは同じだが，能率がちがう。

組み合わせ滑車

100N

5秒

3m

1分

3m

電動機

2 物体のもつエネルギー

教科書の要点

① 位置エネルギー

◎ **位置エネルギー**…高いところにある物体がもっているエネルギー。
◎ 位置エネルギーの大きさ…基準面からの高さと質量に比例する。

② 運動エネルギー

◎ **運動エネルギー**…運動している物体がもっているエネルギー。
◎ 運動エネルギーの大きさ…質量に比例し，速さが速くなるほど大きくなる。

③ 力学的エネルギーとその保存

◎ **力学的エネルギー**…位置エネルギーと運動エネルギーの和。
◎ **力学的エネルギー保存の法則**…力学的エネルギーはいつも一定に保たれる。

① 位置エネルギー

物体に仕事をすると，物体のもつエネルギーが変化する。

❶エネルギー…ある物体がほかの物体に**仕事**をする能力。
ある物体がほかの物体に対して，仕事ができる状態にあるとき，その物体はエネルギーをもっているという。
エネルギーの単位…仕事の単位と同じジュール（記号 J）。

❷位置エネルギー…高いところにある物体がもつエネルギー。p.171 の図のように，金属球を転がす装置で，金属球の質量を一定にすると，木片の移動距離は，金属球の高さに比例する。また，金属球の高さを一定にすると，金属球の質量に比例する。

くわしく 位置エネルギーの利用

水力発電（➡p.251）では，ダム湖にためた水の位置エネルギーを利用する。発電機につながったタービン（水車）を流れ落ちる水で回転させて発電する。

くわしく 位置エネルギーの測定

p.171 の実験で，金属球が転がって水平面上の木片に衝突したとき，金属球が木片にした仕事は，金属球の運動エネルギー（➡p.172）によるもの。この運動エネルギーは，金属球がはじめにもっていた位置エネルギーが変換されたものである。よって木片の移動距離は，金属球の位置エネルギーの大きさを示している。

重要実験 # 位置エネルギーの大きさと高さと質量の関係を調べる実験

目的 高さや質量を変えて金属球を転がして木片に当て，木片の移動距離を測定することで，位置エネルギーと高さ・質量の関係をつかむ。

方法 ①図1のような装置を組み立てる。

②図2のように，高さは水平部分のレールの上面を基準面として，斜面に置いたときの金属球の下部までとする。

③質量10gの金属球を，5cm，10cm，15cm，20cmの高さから転がし，木片の移動距離を測定する。

注意▶ 金属球を転がすとき，手の力が金属球に加わらないように，金属球をそっとはなす。

④10cmの高さから，質量が5g，10g，15gの金属球を転がして，木片の移動距離をそれぞれ測定する。

図1
レール（カーテンレールなど）
金属球（5g,10g,15g）
高さ
木片
レール
コの字形の木片

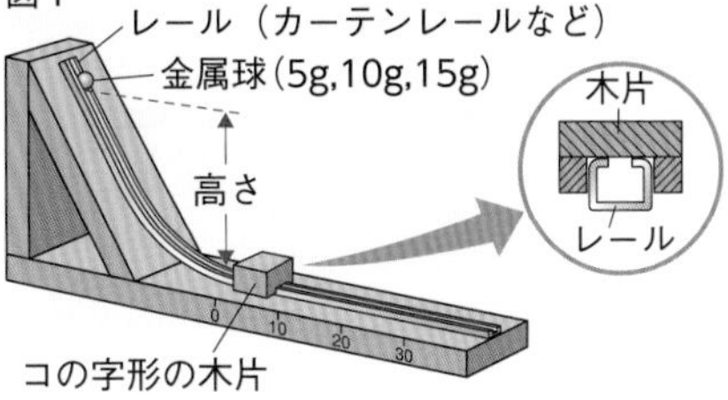

図2
高さは，金属球の下部から水平部分のレールの上部までをはかる。
金属球
高さ　基準面
レール　木片

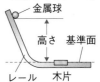

結果 ①上の③，④の結果をそれぞれ表にまとめると，右の表1，表2になった。

②表1，2をもとに，横軸に金属球の高さ，または金属球の質量をとり，縦軸に木片の移動距離をとってグラフに表すと，図3，図4のようになった。

表1

金属球の高さ〔cm〕	5	10	15	20
木片の移動距離〔cm〕	7.5	14.5	21.5	29.5

表2

金属球の質量〔g〕	5	10	15
木片の移動距離〔cm〕	8.0	14.5	22.0

考察 図3，図4は，どちらも原点を通る直線のグラフになった。木片の移動距離は，図3では，金属球の高さに比例し，図4では，金属球の質量に比例することを示している。金属球が木片にした仕事の大きさは，金属球がもっていた位置エネルギーの大きさを表すから，金属球の位置エネルギーは，基準面からの高さと金属球の質量にそれぞれ比例するといえる。

図3
金属球の高さと木片の移動距離〔質量10g〕

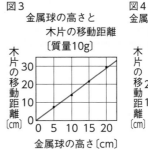

木片の移動距離〔cm〕
金属球の高さ〔cm〕

図4
金属球の質量と木片の移動距離〔高さ10cm〕

木片の移動距離〔cm〕
金属球の質量〔g〕

結論 ①物体のもつ位置エネルギーは，基準面からの高さに比例する。
②物体のもつ位置エネルギーは，物体の質量に比例する。

3章／運動とエネルギー

3節／仕事とエネルギー

❸**位置エネルギーの大きさ**…金属球のはじめの位置が高いほど，金属球の質量が大きいほど，木片の移動距離が大きい。位置エネルギーは，高さが高いほど大きく，質量が大きいほど大きい。

Column 位置エネルギーを求める式　　　発展

物体を持ち上げる仕事をするには，物体にはたらく重力とつり合う力を加える。このとき，物体を持ち上げる力がした仕事によって，物体は位置エネルギーを得る。物体の位置エネルギーの大きさは，次の式で表される。重力は質量に比例するから，物体の位置エネルギーは，物体の質量に比例し，基準面からの高さに比例する。

位置エネルギー〔J〕＝物体にはたらく重力の大きさ〔N〕

　　　　　　質量に比例し，100 g で約1 N　　　×基準面からの高さ〔m〕

くわしく **弾性エネルギーは位置エネルギーの一種**

ばねやゴムに力がはたらくと変形し，力がはたらかなくなると，もとにもどる。このような性質を弾性という。変形したばねやゴムがもつエネルギーを弾性エネルギーという。

弾性エネルギーの大きさは，もとの長さからどのくらい引きのばされたかによって知ることができるので，弾性エネルギーは位置エネルギーの一種であると考えられる。

2 **運動エネルギー**

運動している物体がもつエネルギーである。

❶**運動エネルギー**…運動している物体がもつエネルギー。走行している自動車や転がっているボウリングのボールなど，運動しているすべての物体は運動エネルギーをもっている。

　a 下の図の実験で，ものさしが打ちこまれる長さは，台車の速さが速いほど，台車の質量が大きいほど大きくなる。

⬆ボールがもっている運動エネルギーを，バットで感じることができる。

比較 **運動エネルギーと物体の質量と速さ**

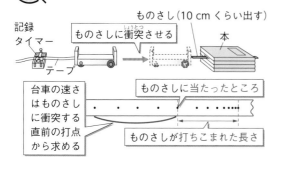

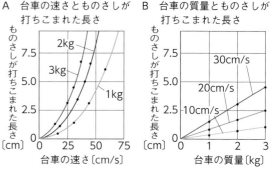

⬆運動エネルギーと台車の速さ・台車の質量

172

b 運動エネルギーの大きさ…ものさしが打ちこまれた長さが大きいほど、台車がした仕事が大きく、台車がもっていた運動エネルギーの大きさが大きい。物体の運動エネルギーの大きさは、物体の速さと、物体の質量が関係することがわかる。

❷ **物体の速さと運動エネルギー**…p.172の A のグラフからわかるように、物体の速さが大きくなるほど、物体の運動エネルギーは大きくなることがわかる。

・A のグラフは放物線で、$y = ax^2$ のグラフである。このことから、台車の運動エネルギーの大きさは速さの 2 乗に比例することがわかる。

❸ **物体の質量と運動エネルギー**…p.172の B のグラフは原点を通る直線だから、台車の運動エネルギーの大きさは物体の質量に比例することがわかる。

❹ **物体の速さや質量と運動エネルギーの関係**…物体のもつ運動エネルギーの大きさは、物体の速さが速くなるほど非常に大きくなり、物体の質量に比例して大きくなる。

Column **運動エネルギーを求める式** 発展

運動する物体の運動エネルギーは、次の式で求められる。

運動エネルギー〔J〕= $\frac{1}{2}$ **×物体の質量〔kg〕**

×速さ〔m/s〕×速さ〔m/s〕

運動エネルギーの大きさは、物体の質量に比例し、速さの 2 乗に比例する。速さが 2 倍、3 倍、4 倍、…になると、運動エネルギーの大きさは、4 倍、9 倍、16 倍、…になる。

発展 **運動エネルギーの計算**

質量 1000 kg の自動車が、速さ 50 km/h と速さ 100 km/h で走行したときの運動エネルギーをそれぞれ計算してみよう。

はじめに速さの単位 km/h を m/s に変える。1 h =（60×60）s = 3600 s だから、

$50 \text{ km/h} = \dfrac{50 \times 1000}{3600}$ m/s

$= 13.8\cdots$ m/s → 14 m/s

$100 \text{ km/h} = \dfrac{100 \times 1000}{3600}$ m/s

$= 27.7\cdots$ m/s → 28 m/s

50 km/h のときの運動エネルギー

$\dfrac{1}{2} \times 1000 \text{ kg} \times (14\text{m/s})^2 = 98000 \text{J}$

100 km/h のときの運動エネルギー

$\dfrac{1}{2} \times 1000 \text{ kg} \times (28\text{m/s})^2 = 392000 \text{ J}$

$= 4 \times 98000 \text{ J}$

となり、速さ 100 km/h の自動車の運動エネルギーは、速さ 50 km/h の自動車の 4 倍の大きさになっている。

速さが速くなると、運動エネルギーは急に大きくなるね。

重要実験 運動エネルギーの大きさと速さや質量の関係を調べる実験

目的 質量の異なる小球を，速さを変えて転がして木片に当て，木片の移動距離を測定し，金属球の運動エネルギーの大きさと，速さ・質量の関係をつかむ。

方法 ①右の図1のように，カーテンレールを水平な台の上に置き，カーテンレール上に木片を置き，そのすぐ前に速さ測定器を置く。

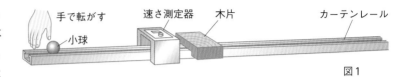

手で転がす　小球　速さ測定器　木片　カーテンレール

図1

②1つの小球をいろいろな速さで転がして木片に当て，小球の速さと木片の移動距離を記録する。

③異なる質量の小球を，②と同様に転がして，小球の速さと木片の移動距離を記録する。

結果 ①小球の質量は10g，20g，30gであった。

②それぞれの小球ごとに，小球の速さと木片の移動距離を測定した結果は，表1〜3のようになった。

③表1〜3をもとに，小球の速さと木片の移動距離との関係を，小球の質量ごとにグラフに表すと，図2のようになった。

④図2のグラフをもとに，小球の速さが100cm/sのときの小球の質量と木片の移動距離との関係をグラフに表すと，図3のようになった。

表1

小球の質量	10 g		
小球の速さ〔cm/s〕	29.6	99.0	140.0
木片の移動距離〔cm〕	1	15	29

表2

小球の質量	20 g		
小球の速さ〔cm/s〕	50.0	105.5	140.0
木片の移動距離〔cm〕	8	33	51

表3

小球の質量	30 g		
小球の速さ〔cm/s〕	20.1	59.5	94.5
木片の移動距離〔cm〕	2	16	40

考察 ①図2から，小球の速さが速くなるほど木片の移動距離は大きく，小球の運動エネルギーは大きいことがわかる。

②図3は，原点を通る直線となり，木片の移動距離は小球の質量に比例するので，小球の運動エネルギーは質量に比例するといえる。

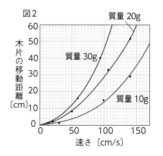

図2

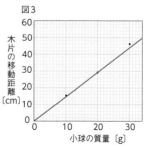

図3

結論 物体の運動エネルギーは，物体の速さが速いほど大きくなり，物体の質量に比例する。

3 力学的エネルギーとその保存

位置エネルギーと運動エネルギーの和は一定になる。

重要

❶**力学的エネルギー**…ある物体のもつ位置エネルギーと運動エネルギーの和を，その物体のもつ力学的エネルギーという。

❷**力学的エネルギーの移り変わり**…位置エネルギーと運動エネルギーは，一方が減少すると他方が増加する関係になっていてたがいに移り変わる。

a **高さ（位置）が低くなる運動**…位置エネルギーが減少し，速さが大きくなるので，運動エネルギーは増加する。

b **高さ（位置）が高くなる運動**…位置エネルギーが増加し，速さが小さくなるので，運動エネルギーは減少する。

ここに注目 斜面を下ったあと水平面を移動する球の運動

斜面を下る球の力学的エネルギーの移り変わり

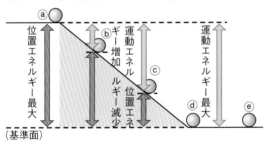

（基準面）

ⓐ**の位置**…球の位置エネルギーは最大で，運動エネルギーは0である。

ⓑ，ⓒ**の位置**…斜面を下るにつれて，球の位置エネルギーは減少し，その分運動エネルギーは増加する。

ⓓ**の位置**…位置エネルギーは0になり，運動エネルギーが最大になって，基準面上を転がっていく。

ⓓ～ⓔ**間**…基準面上を転がり位置エネルギーは0，運動エネルギーは最大で変化しない（摩擦や空気の抵抗がないとき）。

くわしく **位置エネルギーと運動エネルギー**

位置エネルギーは，物体がどのくらいの大きさの運動エネルギーを生み出す能力をもっているかを表しているともいえる。

くわしく **斜面の角度と運動エネルギーの大きさ**

基準面からの高さが同じなら，球の位置エネルギーは変わらないので，斜面の角度がちがっても水平面での運動エネルギーの大きさは同じである。

3章／運動とエネルギー

3節／仕事とエネルギー

❸振り子の運動での力学的エネルギーの移り変わり

aおもりの動く速さ…右の図のAからはなしたおもりは，しだいに速くなり，支点の真下Bで最も速くなる。BからCに向かうときはしだいにおそくなり，Cで速さが0になる。

b力学的エネルギーの移り変わり…おもりの位置エネルギーと運動エネルギーは，次の表のように変化する。

	A	→	B	→	C
位置エネルギー	最大	小さくなる	0	大きくなる	最大
運動エネルギー	0	大きくなる	最大	小さくなる	0

c振り子の長さが変わるとき

右の図のように，振り子の長さを途中で変えると，エネルギーが保存されるため 振り子ははじめと同じ高さまで上がる。

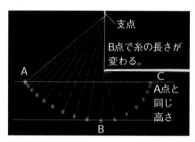

支点
B点で糸の長さが変わる。
A
C
A点と同じ高さ
B

❹ジェットコースターの運動…下り始める直前の，位置エネルギーが最大で，その後減少しながら運動エネルギーが増加する。最も低い点(基準面)ですべて運動エネルギーに変わる。

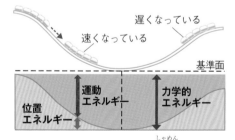

遅くなっている
速くなっている
基準面
運動エネルギー
力学的エネルギー
位置エネルギー

❺力学的エネルギーの保存…斜面を下る球の運動でも振り子の運動でも，位置エネルギーと運動エネルギーはたがいに移り変わるが，その和はつねに一定である。

つまり，すべての運動で，力学的エネルギーは保存される。このことを，**力学的エネルギー保存の法則**という。これは，摩擦や空気の抵抗などを考えない場合に成り立つ。

ここに注目 振り子の運動

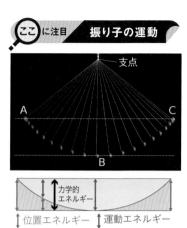

支点
A
C
B

力学的エネルギー
位置エネルギー　運動エネルギー

振り子
小学校では

振り子の周期（1往復の時間）は，振り子の長さ（支点からおもりの中心までの長さ）で決まり，おもりの重さや振れ幅とは関係しない。振り子の長さが長いほど周期は長くなる。振り子の長さを4倍，9倍，…にすると，周期の長さが2倍，3倍，…になる。

ジェットコースターは最初に上る高さが最高で，下り始めるとこれよりも高くは上れないんだね。

力学的エネルギーの移り変わり

例題 ▶ 次の問いに答えよ。

(1) 右の図の点線は，小
球が斜面を下って水
平面を移動するとき
の小球の位置エネル
ギーの変化を表した
ものである。A〜C
間の小球の運動エネ
ルギーの変化を実線でかけ。

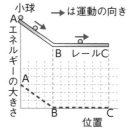

(2) 下の図は，振り子のおもりの位置エネル
ギーの変化を表したものである。おもり
の力学的エネルギーの変化を実線で，運
動エネルギーの変化を点線でかけ。

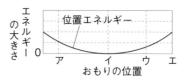

(3) 右の図は，水平面と2つの
斜面がある装置で，台車が
A〜D間を運動したときの
台車の位置エネルギーの変
化を表したものである。こ
のときの台車の運動エネルギーの変化を実線でかけ。

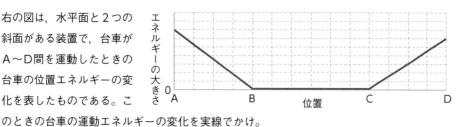

(4) 図1は，小球が斜面ABを運動した
ときの位置エネルギーの変化を表し
たものである。斜面ABの中点Cに
小球を置き，静かに手をはなしたと
きの小球の位置エネルギーの変化を
実線で，運動エネルギーの変化を点線で，図2にかけ。

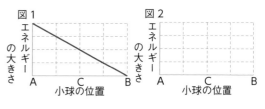

答え

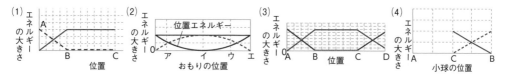

解説 (1) 運動エネルギーはB点で最大の，方眼3目盛り分になる。

(3) D点での運動エネルギーは，方眼の7−6＝1〔目盛り〕分になる。

(4) C点での位置エネルギーは，方眼2目盛り分である。

3　多様なエネルギーと変換

1　仕事とエネルギー
◎ 外から物体に仕事をすると，その物体のもつエネルギーは増加する。
◎ 物体がほかの物体に仕事をすると，物体がもっていたエネルギーは減少する。

2　熱とエネルギー
◎ **熱**…物体の温度を変化させる原因となるもの。
◎ **熱の移動**…**伝導**，**対流**，**放射**がある。

3　いろいろなエネルギー
◎ 熱エネルギー，電気エネルギー，光エネルギー，化学エネルギーなどがある。
◎ **エネルギーの変換**…さまざまなエネルギーはたがいに移り変わる。
◎ **エネルギー保存の法則**…エネルギーの総和は一定に保たれる。

1　仕事とエネルギー

エネルギーは，仕事をするとその大きさがわかる。

❶**仕事**は，物体に力を加えて，その力の向きに動かしたとき，力の大きさと力の向きに動いた距離の積で表される。

❷ある物体がほかの物体に仕事をする能力を**エネルギー**という。

❸**仕事とエネルギーの関係**…物体がもっているエネルギーの大きさは，ほかの物体にする仕事の大きさで表すことができる。

　a 物体に仕事をすると，その物体のエネルギーは増加する。

　b ほかの物体に仕事をすると，物体のエネルギーは減少する。

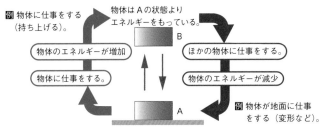

例 物体に仕事をする（持ち上げる）。
物体は A の状態よりエネルギーをもっている。
物体のエネルギーが増加
物体に仕事をする。
ほかの物体に仕事をする。
物体のエネルギーが減少
例 物体が地面に仕事をする（変形など）。

⬆仕事とエネルギーの関係

くわしく　仕事，熱，エネルギーの単位

物体のもっているエネルギーは，別の物体にできる仕事の大きさで表すことができる。したがってエネルギーの単位は，仕事の単位と同じジュールが使われる。また，下の図の装置では，左右のおもりが落下すると，容器内の水がかき混ぜられて，熱が発生し，水の温度が上昇する。イギリスのジュールは，この装置を使って精密な実験をくり返し，水にあたえた仕事と発生する熱量の関係を明らかにした。つまり，仕事と熱は同じものであることを明らかにした。したがって，仕事，熱，エネルギーは，ジュールという同じ単位が使われている。

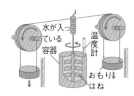

水が入っている容器
温度計
おもり
はね

2　熱とエネルギー

熱は高温の物体から低温の物体へ移動する。

❶**熱と温度**…物体の温度を変化させる原因となるものを**熱**といい，熱の出入りによって物質の**温度**は変化する。

　a 高温の物体は熱が出ていくと温度が下がり，低温の物体は熱が入ると温度が上がる。

　b 2つの物体の間で熱が伝わるとき，温度が等しくなると，熱の移動が止まる。

❷**熱の移動のしかた**…熱の移動には**伝導**，**対流**，**放射**がある。

　a **伝導（熱伝導）**…温度の異なる物体が接しているとき，高温の物体から低温の物体へ熱が移動したり，熱源から直接熱が移動する熱の伝わり方。

　・フライパンを熱すると，フライパンが熱くなる。

　・熱い紅茶に入れた金属のスプーンにさわると，熱く感じる。

　b **対流**…気体や液体の状態で，高温の物体によってあたためられた気体や液体が移動して，熱が全体に伝わること。

　・加熱された水や空気は膨張して密度が小さくなって上部へ移動し，上部の冷たく密度の大きい水や空気と入れかわる。

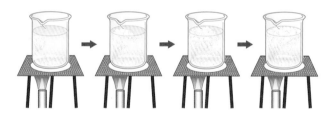

⬆みそ汁をあたためると，下のみそ汁が上へ上がっていく。

　c **放射（熱放射）**…太陽，たき火などの炎，電気ストーブのヒーターなどから出た，目に見えない**赤外線**（光の一種）が，直接物体に当たって，その物体の温度が上がる熱の伝わり方。

　・気温が低くて寒い冬でも，日光が当たる日なたではあたたかくなる。

📖くわしく **熱の移動**

　熱は固体や液体，気体，真空のどのような状態のものでも移動できる。熱の移動のうち，固体内の移動を伝導，液体，気体の移動を対流，電磁波（赤外線）による移動を放射という。電磁波は真空中や気体中を移動する。

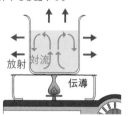

⬆伝導・対流・放射

📖くわしく **電子レンジ**

　電子レンジも放射によって食品をあたためるが，使われている電磁波は赤外線ではなく，マイクロ波という電波の一種である。マイクロ波が，食品にふくまれている水分子を振動させて食品をあたためるしくみである。

🏠生活 **伝導を防ぐ方法**

　やかん，フライパン，なべなどの取っ手は，熱を伝えにくい木やプラスチックでつくってある。また，カップラーメンの容器は熱を伝えにくい発泡ポリスチレンでつくってあるものが多い。

3 章／運動とエネルギー

3 節／仕事とエネルギー

179

3　いろいろなエネルギー

エネルギーは変換されるが，総量は一定に保たれる。

❶**エネルギーの種類**…力学的エネルギーのほかに，エネルギーには，次のような種類がある。

　a **電気エネルギー**…電気がもつエネルギー。モーターに電流を流すと，モーターが回転し，物体を動かすなど仕事をすることができる。

　b **光エネルギー**…光がもつエネルギー。光電池に光を当てると，電流が発生してモーターが回転する。光のエネルギーが電気エネルギーに変換された。

　c **熱エネルギー**…熱湯のような高温の物体がもつエネルギー。水を加熱したとき発生する水蒸気は羽根車を回転させるので，仕事をすることができる。

　d **化学エネルギー**…物質がもっているエネルギー。ガスや石油などが燃焼すると，光や熱が発生する。これらの物質はエネルギーをもっている。

　e **弾性エネルギー**…変形した物体がもつエネルギー。引きのばされたり，押し縮められたりしたばねやゴムは，もとにもどろうとする力（弾性力）で，ほかのものを動かすなどの仕事をすることができる。

　f **音エネルギー**…音の波がもっているエネルギーを音エネルギーという。スピーカーや太鼓などから出る大きな音は，近くにある物体を振動させることができる。

　g **核エネルギー**…原子核から発生するエネルギー。原子力発電（→p.251）では，ウランなどの核燃料が核分裂するときに発生する核エネルギーを利用して電気エネルギーをつくっている。

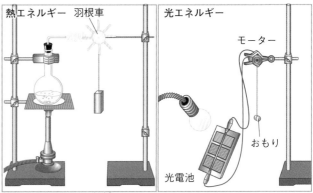

いろいろなエネルギー

↑フラスコ内の水が沸騰して発生した水蒸気によって羽根車を回転させ，おもりを持ち上げる。

↑光電池に電球の光を当て，発電した電流によってモーターを動かし，おもりを持ち上げる。

くわしく　弾性エネルギー

　下の図のように，ばねに物体をとりつけて引きのばし，物体をはなすと，ばねは縮んでもとの形にもどるが，そのとき物体を動かして仕事をするので，引きのばされたばねはエネルギーをもっている。

©アフロ

❷**エネルギーの変換**…エネルギーはいろいろな装置によって，たがいに移り変わる。その中で**電気エネルギー**はほかのエネルギーに変換しやすいことから，いろいろな場面で利用される。

　a電気エネルギーへの変換…手回し発電機は運動エネルギーを，光電池（太陽電池）は光エネルギーを，化学電池は化学エネルギーをそれぞれ電気エネルギーに変換する。

　b電気エネルギーからの変換…電気エネルギーを，電灯や発光ダイオードは光エネルギーに，モーターは運動エネルギーに，電気ストーブは熱エネルギーに，スピーカーやイヤホンは音エネルギーにそれぞれ変換する。

　c そのほかのエネルギーの変換

　・植物の光合成では，太陽の光エネルギーを利用して有機物を合成する。光エネルギーが化学エネルギーに変換される。

　・ガソリン自動車では，燃料の化学エネルギーがエンジンで熱エネルギーに，さらに運動エネルギーに変換される。

❸**ジェットコースターでのエネルギーの変換**…ジェットコースターは上り下りをくり返し，位置エネルギーと運動エネルギーがたがいに移り変わって運動しているが，しだいに低い位置になり，最初の高さまで上ることはできない。つまり運動するにつれて力学的エネルギーは減少している。

　a減少したエネルギーのゆくえ…減少した力学的エネルギーは，運動のときに生じる摩擦や空気の抵抗によって，熱や音エネルギーに移り変わっている。

　bエネルギー保存の法則…いろいろなエネルギーがたがいに移り変わっても，エネルギーの総量はつねに一定に保たれる。

❹**エネルギーの変換効率**…はじめに投入されたエネルギーに対する，利用できるエネルギーの割合。

| 重要 | $変換効率〔\%〕 = \dfrac{利用できるエネルギー〔J〕}{投入されたエネルギー〔J〕} \times 100$ |

くわしく　発電に使われるエネルギー

　いろいろな発電方法があるが，発電に使われる物質はすべてエネルギーをもっている。地熱，潮力（海水），波力，太陽光，太陽熱，原子力など。

くわしく　白熱電球と発光ダイオード

　白熱電球は，消費した電気エネルギーの約90％は熱として放出され，光エネルギーに変換されるのは，約10％くらいにすぎない。

　これに対して，発光ダイオードは消費した電気エネルギーが光エネルギーに変わる割合は白熱電球より大きい。このため，白熱電球よりエネルギーの変換効率が高い。

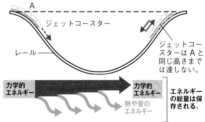

↑エネルギーの移り変わり

重要実験　エネルギーの移り変わりを確かめる実験

目的 手回し発電機を使って，運動エネルギーがどのようなエネルギーに移り変わるか，また，そのエネルギーが保存されるかどうかを調べる。

方法 ①図1のような装置で，手回し発電機に豆電球を1個つなぎ，発電機を回して点灯させ，明るさと手ごたえを覚えておく。また，発電機を回す速さを変えてみる。

②図1の装置で，豆電球の数を1個ずつ増やしていき，同じ明るさになるときの手ごたえを調べる。

③図2のように，温度計を巻きつけた電熱線に手回し発電機をつなぎ，10回回して温度計の目盛りを記録する。

④図3のように，2つの発電機を接続し，1秒間に1回転の速さで，片方の発電機を10回転させ，もう一方の発電機が何回転するか記録する。

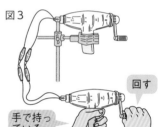

注意 手回し発電機を速く回しすぎると豆電球が切れてしまうのであまり速く回さないように注意すること。

結果 ①発電機を速く回すほど，豆電球は明るく点灯した。

②豆電球の数が増えるほど，発電機を回す手ごたえが重くなった。

③図2の装置で，発電機を10回回すと温度が3.2℃上昇した。

④図3の装置で一方の発電機を10回回すと，もう一方は回した発電機よりゆっくり6回回転した。

考察 ①発電機を回す運動エネルギーは電気エネルギーに移り変わった。

②電気エネルギーは豆電球によって光エネルギーに，電熱線によって熱エネルギーに移り変わった。

③図3の実験の結果は，運動エネルギーが電気エネルギー，運動エネルギーに移り変わる中でエネルギーが減少したことを示している。これはエネルギーの一部が，摩擦によって熱や音のエネルギーとして放出されたからと考えられる。

結論 運動エネルギーは，電気エネルギーをへて，光エネルギーや熱，音エネルギーに移り変わる。

1 仕事

☐(1) 物体に力を加えて動かしたとき，力の大きさと，力の向きに動いた距離(きょり)の積を〔　　　〕といい，単位は〔　　　〕を使う。

(1) 仕事
　　ジュール(J)

☐(2) 100gの物体にはたらく重力を1Nとして，10kgの石を2m引き上げるときの仕事は〔　　　〕Jである。

(2) 200
　　(式 100N×2m)

☐(3) 単位時間にする仕事の大きさを〔　　　〕という。

(3) 仕事率

☐(4) 1秒間に1Jの仕事をするときの仕事率は1J/s（ジュール毎秒）で，これを1〔　　　〕（記号W）という。

(4) ワット

2 物体のもつエネルギー

☐(5) ほかの物体を動かしたり，変形させたりする能力をもっている物体は〔　　　〕をもっているという。

(5) エネルギー

☐(6) 高いところにある物体がもっているエネルギーを〔　　　〕エネルギーという。

(6) 位置

☐(7) 運動している物体がもっているエネルギーを〔　　　〕エネルギーという。

(7) 運動

☐(8) 位置(いち)エネルギーと運動(うんどう)エネルギーの和を〔　　　〕エネルギーという。

(8) 力学的

☐(9) 位置エネルギーと運動エネルギーは，たがいに移り変わりながら，その和はつねに〔　　　〕である。このことを，力学(りきがく)的(てき)エネルギー〔　　　〕の法則(ほうそく)という。

(9) 一定，保存

3 多様なエネルギーと変換

☐(10) 目に見えない赤外線(せきがいせん)による熱の移動を〔　　　〕という。

(10) 放射（熱放射）

☐(11) エネルギーがいろいろな形に変換されるとき，エネルギーの総量は，〔減る　一定に保たれる〕。これをエネルギー〔　　　〕の法則という。

(11) 一定に保たれる，
　　保存

定期テスト予想問題 ①

時間 ▶ 40分
解答 ▶ p.306

得点
／100

1節／力の合成と分解

1 右の図のように，点Oに2つの力A，Bがはたらいている。力Aの大きさは4N，力Bの大きさは6Nとして，次の問いに答えなさい。 【6点×3】

(1) 2力のつくる∠AOBを大きくしていくと，その合力の大きさはどのように変化するか。〔　　　　　　　　　　　　　〕

(2) 2力の合力が最大になるようにするには，∠AOBを何度にすればよいか。〔　　　　　　〕

(3) (2)の合力の大きさは何Nか。〔　　　　　　〕

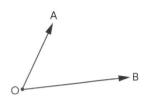

2節／物体の運動

2 2つの物体の間にはたらき合う力について，次の問いに答えなさい。 【6点×2】

(1) 右の図のように，ローラースケートをはいたAが荷車に力を加えて右に押した。このときAと荷車は，それぞれどうなるか。次のア〜エから選べ。
〔　　　　　　〕

ア 荷車はAから力を受けて右に移動し，Aは静止したままである。

イ 荷車は静止したまま，Aは荷車から逆向きに力を受けて左に移動する。

ウ Aは力を加えた右の方へ，荷車といっしょに移動する。

エ 荷車はAから力を受けて右に移動し，Aは荷車から逆向きの力を受けて左に移動する。

(2) Aが加えた力に注目したとき，図の**a**の力のことを何というか。 〔　　　　　　　　　〕

1節／力の合成と分解

3 右の図のように，斜面上にある質量150gの物体に滑車を通しておもりをひもで結び，物体を静止させた。これについて，次の問いに答えなさい。ただし，質量100gの物体にはたらく重力の大きさを1Nとし，摩擦やひもの質量は無視できるものとする。 【6点×3】

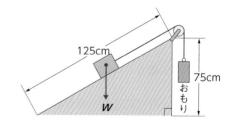

(1) 物体にはたらく重力**W**を，斜面に平行な分力と斜面に垂直な分力に分解し，図の中に記入せよ。

(2) 物体が静止しているとき，おもりの質量は何gか。 〔　　　　　　　　　〕

(3) 物体が斜面から押される力（垂直抗力）は何Nか。 〔　　　　　　　　　〕

4 右の図のように，質量5kgの物体を床に置き，軽くてじょうぶなロープと定滑車を使って，質量3kgのおもりをつり下げ，静止させた。次の問いに答えなさい。ただし，質量100gの物体にはたらく重力の大きさを1Nとし，摩擦やロープの質量は無視できるものとする。 【7点×4】

(1) 物体が床を押す力は，どちら向きに何Nか。次のア～エから選べ。

〔　　　　〕

　ア．上向きに20N　　イ．上向きに30N

　ウ．下向きに20N　　エ．下向きに30N

(2) ロープがおもりを引く力は，どちら向きに何Nか。（完答）

〔　　　　　　　〕向きに〔　　　　〕N

(3) このおもりをつるしたことによって，天井に下向きにかかる力の大きさは合わせて何Nか。

〔　　　　　　　〕

(4) 右側の滑車Pが，ロープから受ける2つの力と，その合力を作図したものとして適当なものを，次のア～オから選べ。

〔　　　　　　　〕

ア 　　イ 　　ウ 　　エ 　　オ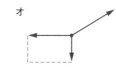

5 右の図のように，120gの物体を完全に水の中に入れたとき，ばねばかりの目盛りは0.8Nを示した。次の問いに答えなさい。ただし，100gの物体にはたらく重力の大きさを1Nとする。 【6点×4】

(1) 物体は，水から上向きの力を受けている。この力を何というか。

〔　　　　　　　〕

(2) 物体にはたらく(1)の力の大きさは何Nか。〔　　　　　　　〕

(3) 物体をさらに深く沈めると，ばねばかりが示す値はどうなるか。あてはまるものを，次のア～ウから選べ。 〔　　　　　　　〕

　ア．小さくなる。　　　イ．変わらない。　　　ウ．大きくなる。

(4) ばねばかりに下げている物体を，質量が同じで体積が1.5倍大きい物体にとりかえた。この物体を図のときと同じように完全に水中に入れた場合，ばねばかりが示す値はどうなるか。あてはまるものを，(3)のア～ウから選べ。

〔　　　　　　　〕

3章／運動とエネルギー

定期テスト予想問題 ②

時間 ▶ 40分
解答 ▶ p.306

得点　　　／100

2節／物体の運動

1　右の図は，台車をなめらかな水平面上で手でポンと押して運動させ，記録タイマーで台車の運動を記録したテープを5打点間隔で切って並べたものである。この記録タイマーは1秒間に50打点打つものとして，次の問いに答えなさい。　【6点×5】

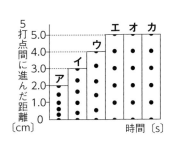

(1)　グラフの縦軸の「5打点間に進んだ距離」は，台車が何秒間に進んだ距離を表しているか。　〔　　　　　　　　〕

(2)　速さが変わらない運動をしているのは，どのテープの区間か。**ア～カ**からすべて選べ。
　　　　　　　　　　　　　　　　　　　　　　〔　　　　　　　　　〕

(3)　(2)のように，速さが変わらない運動を何というか。　〔　　　　　　　　〕

(4)　(2)のような運動をする台車の性質を何というか。　〔　　　　　　　　〕

(5)　アの最初からウの最後までの，台車の平均の速さは何cm/sか。　〔　　　　　　　　〕

2節／物体の運動

2　右の図のようななめらかな斜面を使い，表のA～Cのように，台車の質量と台車をはなす高さを変えて台車を走らせ，水平面上の本の間にはさんだものさしに衝突させた。次の問いに答えなさい。　【6点×3】

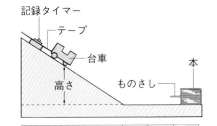

(1)　A～Cで，ものさしに衝突するとき，台車がもつ運動エネルギーが最も大きいのはどれか。　〔　　　　　　〕

(2)　Cの条件で実験したとき，表の*x*にあてはまる数値を答えよ。　〔　　　　　　〕

(3)　台車が斜面を下っている間の台車の速さと時間の関係を表しているグラフは，次のア～エのどれか。　〔　　　　　〕

	A	B	C
質量〔kg〕	0.1	0.1	0.2
高さ〔cm〕	10	20	20
ものさしが打ちこまれた長さ〔cm〕	2.0	4.0	*x*

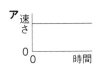

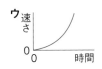

3 右の図のように，なめらかな水平面上のA点で台車をポンと押したら，台車はB点から毛布の上を運動し，P点で止まった。次の問いに答えなさい。 【5点×2】

(1) 台車がB点からP点まで移動したとき，台車には何という力がはたらいていたか。〔　　　　　　　　　　〕

(2) (1)の力の向きを，図のア〜エから選べ。〔　　　　　〕

4 糸の一端をO点に固定し，振り子を左右に振って往復運動をさせると，振り子のおもりはA点とC点の間を運動した。O点の真下の位置をB点として，次の問いに答えなさい。 【6点×4】

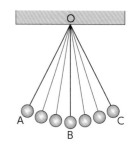

(1) B点でのおもりの中心を基準面の高さとすると，おもりがA点からB点，C点と移動する間，おもりの位置エネルギーの変化を示しているものは，次のア〜エのどれか。〔　　　　　　〕

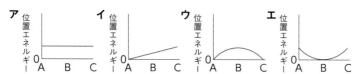

(2) 次の文の（　　）に入る適切な語句を書け。
　　力学的エネルギーは，位置エネルギーと（　①　）エネルギーの和である。おもりがA点からC点まで移動する間の（　①　）エネルギーは，おもりがB点に近づくにつれ（　②　）いき，B点を通り過ぎると（　③　）いく。　　①〔　　　　　　　〕②〔　　　　　　　〕③〔　　　　　　　〕

5 右の図のように，滑車とロープを用いて質量40kgの物体を3mの高さまで引き上げた。次の問いに答えなさい。ただし，質量100gの物体にはたらく重力の大きさを1Nとし，滑車とロープの質量や摩擦は考えないものとする。 【6点×3】

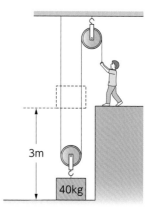

(1) 物体を3m引き上げるためには，ロープを何m引き下げなければならないか。〔　　　　　　　　　　〕

(2) 物体を3m引き上げるのに必要な仕事の大きさは何Jか。〔　　　　　　　　　　〕

(3) (2)の仕事をするのに50秒かかった。このときの仕事率は何Wか。〔　　　　　　　　　　〕

斜面を下る物体にはどのような力がはたらくのか

水平面に置いた小球はまったく動かないが，斜面上に置いた小球は何もしなくてもすぐに転がり始める。それは，小球に何らかの力がはたらくからである。物体にはたらく力と運動について考えてみよう。

疑問 小球は転がり始めるときはゆっくりだが，下るにしたがってしだいに速くなる。これは，斜面を下るにしたがって小球にはたらく力が大きくなるからだろうか？

資料1 斜面を転がる小球。これは，ストロボ装置を使って1秒間隔で発光して撮影したものである。となり合う2つの小球の距離は1秒間に移動した距離である。

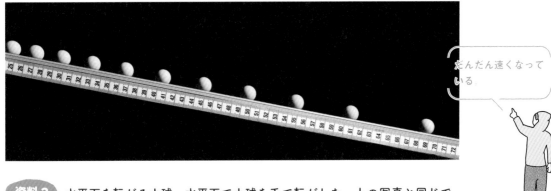

だんだん速くなっている。

資料2 水平面を転がる小球。水平面で小球を手で転がした。上の写真と同じで，ストロボ装置を使って1秒間隔で発光して撮影したものである。

こちらは速さが変化していない。

考察1 小球には，どのような力がはたらいているかを考える。

小球は斜面の下向きに転がり，1秒間での間隔がしだいに大きくなっているから，小球には斜面と平行な向きに力がはたらいていることはまちがいない。でもその力は何だろう？

図1は，水平面上にある小球にはたらく2つの力を表したものである。A は重力，B は垂直抗力だ。小球は力の向きには動けない（床があるため）から静止している。もし，水平面がなくなれば，B の力は消え，小球はAの力の向きに動く（自由落下する）。

図2は，小球を斜面上に置いたときに小球にはたらく力を表している。A の重力は変わらないが，B の垂直抗力の向きが変わり，大きさは少し小さくなっている。

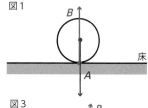

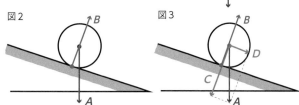

ここで，B の重力を分解してみよう。斜面の方向と斜面に垂直な方向に分解すると，図3のようになる。分力CはBとつり合っているため小球を動かす力にはならないが，分力Dをさまたげる力はない。この力が小球を動かしている。

考察2 力がはたらかなくても物体は動く。

小球をはじめに転がすとき，手が小球を押したから，その力がはたらいた結果，小球が動いている。でも速さが変わらないから力ははたらいていないのかな。

手の力は，小球から手が離れた瞬間，小球にははたらかなくなる。小球には考察1のように，小球の重力と水平面からの垂直抗力がはたらいているが，水平面での運動だから，これらの力は運動の向きにははたらいていない。では，なぜ小球が動いているのか。これは小球自身（物質）がもっている性質によるものである。今からおよそ400年前にイタリアのガリレオが発見した慣性とその法則である。

もし空気の抵抗や水平面との摩擦などがなければ，小球は手から離れた瞬間の運動の状態を続けようと，等速直線運動を行う。

中学生のための
勉強・学校生活アドバイス

スケジュールを見つめ直そう

「2人は毎日勉強する時間って決めてる？」

「わたしはその日のやる気によって，いろいろかなぁ…。」

「わたしは晩ご飯のあと，2時間は必ず勉強時間をとるようにしてるかな。」

「さすが早希…！」

「オレも前は日によってバラバラだったけど，"いつやるか"を決めないと時間ってどんどん過ぎちゃうんだよな。」

「それ，すごくわかる！　どうやって勉強時間を決めるのがいいかな？」

「まずは起きてから寝るまで，**自分がどういう時間の過ごし方をしているか書き出してみる**といいよ。」

「1日の過ごし方は……。改めて思い返すと，学校から帰ってからダラダラしてるだけの時間がけっこうあるかも……。」

「その時間を，例えば1時間，"勉強の時間"って決める。何時から何時までって決めると，より具体的でいいかな。」

「なるほど。」

「毎日の時間を何にどれくらい使っているかを自覚すると，時間を大切にしなくちゃって気持ちになるね…。」

「そうだね。」

「平日の勉強は**集中力が続くくらいの時間で，毎日やるのが大事**だよ。」

「わたしは平日は，授業の復習と次の日の予習をするようにしてる。」

「平日の勉強時間は1時間でいいのかな？」

「**中3は中1・2の復習もしないといけないから，平日1～2時間，時間をとりたい**ね。」

「土日はどうしたらいいかな？」

「復習と入試対策もふくめて，1日2～3時間ガッツリ勉強できるといいと思う。」

「**土日はまとまった時間をとりやすいから，問題集で問題を解く**のがオススメだよ。」

「よし！　今日からさっそく時間を決めて勉強してみる！」

4章

地球と宇宙

四季の星座 （午後8時ごろ、南の空に見える星座）

星座は，季節や時刻によって移り変わっていく。日本で見られる，四季の代表的な星座をたどってみよう。

春

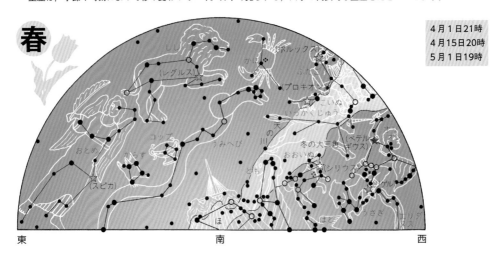

4月1日21時
4月15日20時
5月1日19時

春の星座ガイド 春の代表的な星座はしし座。ちょうど？マークをうらがえしたような星がならんでいるので見つけやすい。しし座の前あしのつけねには青く輝くレグルスがある。おとめ座は大きいわりに明るい星が少ないが，1等星のスピカがある。

夏

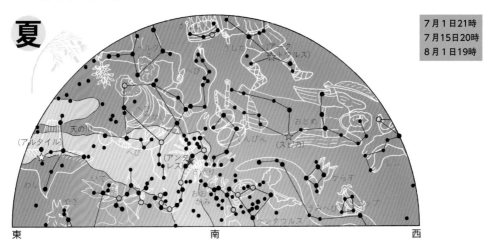

7月1日21時
7月15日20時
8月1日19時

夏の星のガイド 夏の星座といえば，南の空に大きなS字形をえがくさそり座が有名。その心臓にアンタレスが真っ赤に輝いている。さそり座の東側にはいて座がある。

図 の 見かた	星座は，星空の中でたがいの位置を変えない星（恒星）を区分したものである。この図では，その区分が見やすいように星座の形を絵で示した。また，1等星以上の明るい星にはその名前と星の色（☆…青，☆…白，☆…黄，★…だいだい，★…赤）を示した。星の明るさは次のように示した。（1等星以上…☆，2等星…○，3等星…●，4等星以下…● なお,等星の前につく数字は小さいほど明るい星である）

秋

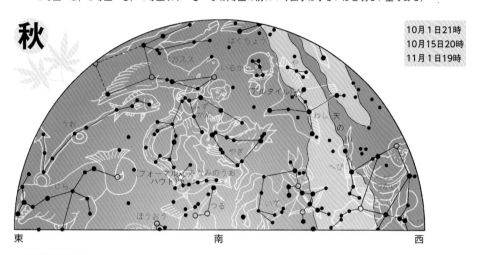

10月 1日21時
10月15日20時
11月 1日19時

東　　　　　南　　　　　西

秋の星のガイド	七夕のけん牛星として知られているのは，わし座のアルタイル（天の川の東側にある）。天頂（真上の空）付近には，秋の四角形とよばれるペガスス座がある。そこから下に目を向けると，秋の1つ星，フォーマルハウトが見える。

冬

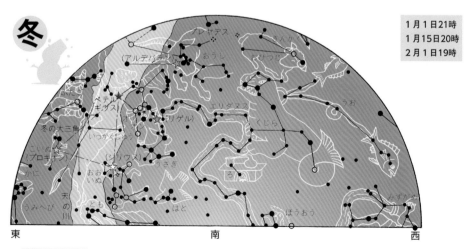

1月 1日21時
1月15日20時
2月 1日19時

東　　　　　南　　　　　西

冬の星のガイド	冬を代表する星座の1つにオリオン座がある。オリオン座の3つ星を4つの明るい星が囲んでいる。その1つのベテルギウスはおおいぬ座のシリウスとこいぬ座のプロキオンとで，冬の大三角をつくる。シリウスは全天で最も明るい星。

1 太陽

1 太陽
◎ 自ら光を出してかがやく天体を**恒星**といい，太陽もその1つである。
◎ 直径は約140万kmで，地球の約109倍。
◎ 高温のガス（気体）でできており，約27〜30日で**自転**している。

2 太陽の表面
◎ 表面の温度は約6000℃。
◎ 炎のような**プロミネンス**が見られることもある。
◎ さらに高温（100万℃以上）のガス（**コロナ**）でおおわれている。

3 黒点
◎ 太陽の表面には，**黒点**とよばれる黒く見える点がある。

4 太陽のエネルギー
◎ 太陽のエネルギーが地球の環境や生命活動に影響を与えている。

1 太陽

太陽は，自ら光を出してかがやいている恒星（➡p.202）で，表面を直接観測できるただ1つの恒星である。

❶**太陽の位置**…太陽は，銀河系（➡p.201）の中心から約3万光年（➡p.201）の距離にある。

❷**太陽の形と大きさ**…直径は約140万kmの球形で，地球の約109倍の大きさ。太陽は，内部も表面もすべて気体でできている。

❸**地球からの距離**…約1億5000万kmで，太陽から出た光が地球に届くには約8分20秒かかる。

❹**太陽のつくり**…太陽の本体（光球）は高温のガスのかたまりで，おもに水素とヘリウムでできている。

❺**太陽の自転**…太陽は自転している。自転の周期は，約27〜30日（地球の公転を加えた見かけの自転周期）である。自転していることは，黒点（➡p.196）の観測からわかる。

くわしく 太陽をつくっているもの

太陽は，おもに水素とヘリウムでできている。太陽の中心部は約1600万℃という高温で，水素が核融合とよばれる現象によってヘリウムという別の物質に変化する。このときにばく大なエネルギーを出している。

くわしく 太陽の質量

太陽は水素とヘリウムという，物質の中では軽い気体でできているが，ばく大な量が集まっているため，その質量は地球の約33万倍にもなる。

2 太陽の表面

太陽の本体（光球）の表面は約6000℃で，一部に**黒点**とよばれる黒い点が見られる。

❶太陽の温度

　a**中心部**…約1600万℃。

　b**表面**…内部から表面に熱が伝わり，表面の温度は約6000℃である。

❷黒点…表面にある黒いはん点のような部分。温度は約4000℃で，周囲よりも温度が低いために黒く見える。

❸彩層…光球の外側にある大気の層。

❹プロミネンス（紅炎）…太陽の表面からふき出す炎のようなガスの動き。

❺コロナ…彩層の外側をとりまいている，高温のガス。温度は100万℃以上で，皆既日食（➡p.232）のときに見ることができる。

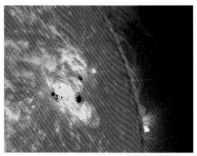
⬆黒点　　提供：NASA,SDO,AIA,HMI, Goddard Space Flight Center

⬆コロナ（写真で白く見える部分）

🔍ここに注目　太陽のつくり

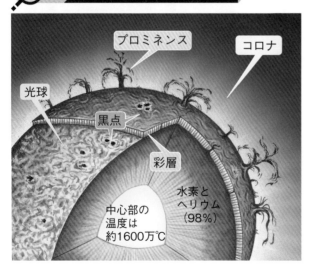

プロミネンス

コロナ

光球

黒点

彩層

中心部の温度は約1600万℃

水素とヘリウム（98%）

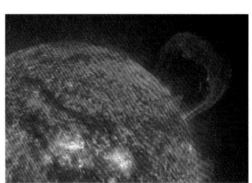
⬆プロミネンス　　提供：SOHO-EIT Consortium, ESA, NASA

プロミネンスの高さは地球の直径の数倍から数十倍の大きさだよ。

3 黒点

太陽の表面に見える黒いはん点を，**黒点**という。

❶**大きさ**…大きさはさまざまだが地球より大きいものもある。

❷**温度**…約4000℃で，まわりよりも温度が低いため，黒く見える。

❸**観測方法**…天体望遠鏡に太陽投影板をとりつけ，観測用紙に太陽の像をうつして，黒点の部分をなぞって記録する。

❹**観測結果からわかること**

a黒点の移動…黒点は東から西へ移動し，約14日で太陽の表面を半周する。→太陽は約27〜30日の周期で自転していることがわかる。

b黒点の形の変化…形は，周辺部に行くほど細長く見える。→太陽は球形をしていることがわかる。

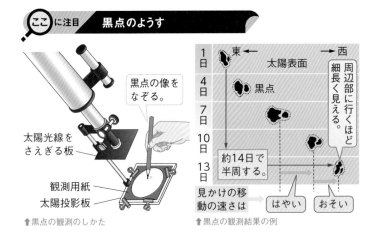

ここに注目 黒点のようす

太陽光線をさえぎる板

黒点の像をなぞる。

観測用紙
太陽投影板

↑黒点の観測のしかた

	東 ←	→ 西
1日		太陽表面
4日		黒点
7日		
10日	約14日で半周する。	
13日		

周辺部に行くほど細長く見える。

見かけの移動の速さは　はやい　おそい

↑黒点の観測結果の例

<くわしく **天体望遠鏡の使い方**

①ファインダーと望遠鏡の方向を，遠方の景色を見て合わせる。

②極軸を北極星の方向に向ける。

③太陽を観察する場合，望遠鏡を太陽に向け，太陽投影板にうつる太陽の像を見ながら，接眼レンズと太陽投影板の位置を調整して，ピントを合わせる。

発展 太陽の活動と黒点

太陽の活動は，黒点の数が多いほど活発で，地球では電波障害が起こったりする。また，太陽の活動が活発なときは，オーロラの出現も多くなる。

↑ISSから見たオーロラ　　提供：NASA/ISS

ISSは国際宇宙ステーションのことだね。

4 太陽のエネルギー

太陽が放出している光や熱のエネルギーによって，地球はあたためられ，植物の光合成などの生命活動や，大気や水の循環のエネルギー源となっている。

重要
観察

太陽の黒点のようすを調べる

目的 天体望遠鏡を使って，太陽の黒点の位置や形の変化を，1週間くらい続けて観察する。

方法 ①天体望遠鏡に，太陽投影板と太陽光線をさえぎる板（しゃ光板）をとりつけ，投影板に記録用紙を固定する。

②天体望遠鏡を太陽に向け，太陽投影板にうつる太陽の像を見ながら接眼レンズと太陽投影板の距離を調整して，記録用紙にかいた円と太陽の像が合うようにする。

③黒点の位置と形をスケッチし，日付，時刻を記入する。

④1週間くらい，継続して記録をとる。

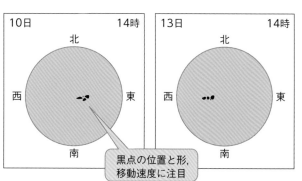

ファインダー
太陽光線をさえぎる板
ピントを合わせるねじ
接眼レンズ
直径10cmの円
記録用紙
投影板

注意▶

●太陽の光は非常に強いので，絶対に太陽を直接望遠鏡で見てはいけない。

結果

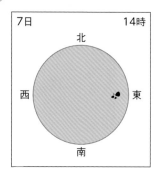

7日　14時
北
西　東
南

10日　14時
北
西　東
南

黒点の位置と形，移動速度に注目

13日　14時
北
西　東
南

・黒点の位置は日がたつと東から西へ移動する。また，周辺部に近づくほど移動の速さが遅くなる。

・黒点は周辺部に行くほど形が細長く見える。

結論 ・太陽は自転している。

・太陽は球形をしている。

2 太陽系

教科書の要点

1 太陽系の天体
◎**太陽系**…太陽と，太陽を中心として運動している天体の集まり。
◎太陽系には**恒星（太陽）**が１個，**惑星**が**８個**ある。
◎惑星のほかに，**小惑星**，**すい星**，**衛星**などがある。

2 惑星
◎惑星は，太陽に近い順に**水星**，**金星**，**地球**，**火星**，**木星**，**土星**，**天王星**，**海王星**。
◎惑星には，**地球型惑星**と**木星型惑星**がある。

3 惑星の公転運動
◎惑星は，ほぼ同じ平面上の円に近いだ円軌道を，同じ向きに公転している。

1 太陽系の天体

　太陽と，そのまわりを公転（➡p.216）している惑星，小惑星，すい星，さらに惑星のまわりを公転する衛星などの天体の集まりを**太陽系**という。

❶**惑星**…太陽のまわりを公転している水星〜海王星の８個の天体。自ら光を出さず，太陽の光を反射して光っている。

❷**衛星**…惑星のまわりを公転している天体。月は地球の衛星である。

❸**小惑星**…太陽のまわりを公転する小天体。おもに火星と木星の間を公転しているが，ほかにもさまざまな軌道のものがある。

❹**すい星**…氷の粒や小さなちりが集まってできた天体で，太陽のまわりを細長いだ円軌道で回っているものが多い。太陽に近づくと，太陽の反対側に長い尾を引く。

❺**太陽系外縁天体**…海王星の外側を回る多数の小さな天体。冥王星，エリスなどがある。

⬆地球　　　　　　　　　提供：NASA

> **発展 はやぶさとはやぶさ2**
>
> 　「はやぶさ」と「はやぶさ2」は，ともに日本の小惑星探査機である。2003年に打ち上げられた「はやぶさ」は，小惑星「イトカワ」に着陸し，表面のサンプルを採取して，地球に持ち帰った。地球の重力の影響を受けない遠方の天体の物質を地球に持ち帰ったのは「はやぶさ」がはじめてである。
>
> 　2014年に打ち上げられた「はやぶさ2」は，2019年，小惑星「リュウグウ」に着陸し，表面などのサンプルを採取した。

2 惑星

 ▶動画 太陽系の惑星

太陽系には，太陽に近い順から，**水星，金星，地球，火星，木星，土星，天王星，海王星**の8個の惑星がある。

❶地球型惑星…小型で密度が大きく，表面が岩石，中心は重い金属でできている。水星，金星，地球，火星。

❷木星型惑星…大型で密度が小さく，ガスなどでできている。木星，土星，天王星，海王星。

❸それぞれの惑星の特徴

a **水星**…太陽に最も近いため，表面の温度が昼は約400℃以上，夜は−150℃以下になる。大気はほとんどない。

b **金星**…二酸化炭素の厚い大気があり，硫酸の雲でおおわれ表面は見えない。表面の温度は約460℃と高温である。

c **地球**…おもに窒素と酸素からなる大気と，適度な温度のため液体の水が存在する。火山活動，地殻変動が活発である。

d **火星**…おもに二酸化炭素のうすい大気があり，表面の温度は−140〜20℃程度。表面は赤茶色の岩石や砂でおおわれていて，火山や水が流れたような地形が見られる。

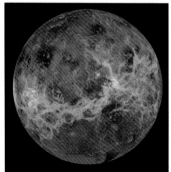

↑金星 　　　　　　　　　　　　提供：NASA/JPL

↑火星
提供：NASA/JPL/Malin Spase Science System

⚖比較 惑星の比較

天　　体	直　径〔地球＝1〕	質　量〔地球＝1〕	密　度〔g/cm³〕	衛星の数	太陽からの平均距離〔億km〕	公転周期〔年〕	自転周期〔日〕	
太　　陽	109	332946	1.41	—	—	—	25.38	
水　　星	0.38	0.055	5.43	0	0.579	0.2409	58.65	地球型惑星
金　　星	0.95	0.815	5.24	0	1.082	0.6152	243.02	
地　　球	1.00	1.000	5.51	1	1.496	1.000	0.997	
火　　星	0.53	0.107	3.93	2	2.279	1.8808	1.026	
月	0.27	0.012	3.34	—	1.50	27.3日	27.3	
木　　星	11.2	317.83	1.33	70以上	7.783	11.862	0.414	木星型惑星
土　　星	9.4	95.16	0.69	60以上	14.294	29.46	0.444	
天王星	4.0	14.54	1.27	27	28.750	84.02	0.718	
海王星	3.9	17.15	1.64	14	45.044	164.77	0.671	

※太陽・月は参考

4章／地球と宇宙

1節／宇宙の広がり

e **木星**…半径，質量ともに太陽系で最も大きな惑星。おもに水素とヘリウムからなる厚い大気とアンモニアの雲がある。激しく動く大気によるうずやしま模様が見られる。環（リング）をもつ。

f **土星**…木星についで2番目に大きい。氷の粒でできた円盤状の環がある。大気はおもに水素やヘリウムなどからできていて，惑星の中で最も密度が小さい。

g **天王星**…大気に水素，ヘリウムのほかメタンをふくむため，青緑色に見える。自転軸が公転面とほぼ平行で，横だおしの状態になっている。

h **海王星**…大気に水素とヘリウム，そして天王星よりも多くのメタンをふくむため，青色に見える。

⬆木星 **提供**：NASA/JPL/Space Science Institute

⬆土星　　　　　　　　　　　　　　提供：NASA

③ 惑星の公転運動

惑星は太陽のまわりを，だ円軌道をえがいて公転している。

❶**惑星の公転運動**…すべての惑星の公転軌道は，ほぼ円に近いだ円で，公転の向きは，北極側から見て反時計回りである。

❷**惑星の公転面**…惑星の公転軌道はほぼ同じ平面上にあるので，地球から観測する惑星はどれも黄道（➡p.218）付近に見られる。

ここ に注目　惑星の公転軌道

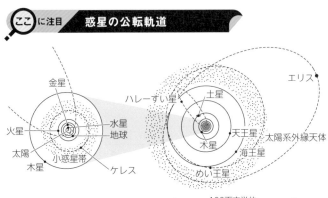

金星
ハレーすい星
火星
水星
地球
太陽
小惑星帯
木星
ケレス
土星
エリス
天王星
太陽系外縁天体
海王星
めい王星

◀——100天文単位——▶
1天文単位：地球から太陽までの平均距離（約1億4960万Km）

3 銀河系

教科書の要点

1 銀河系

◎**銀河系**…太陽をふくむ約2000億個の恒星からなる集団。うずをまいた円盤状の形をしている。「天の川銀河」ともいう。

2 銀河

◎**銀河**…宇宙に数多く存在する数億〜数千億個の恒星からなる集団。天の川銀河もその1つ。

◎**恒星**…自ら光を出してかがやいている星。

◎**光年**…光が1年間に進む距離を1光年という。約9兆5000億km。

1 銀河系

恒星は，宇宙空間に一様に散らばっているのではなく，集団をつくっている。地球は，太陽系に属しているが，その太陽系は，銀河系という恒星の集団に属している。

❶**銀河系**…太陽系がふくまれている恒星の集団。恒星のほか，恒星をつくるもとになるガスやちりなどがふくまれている。地球から見たときの銀河系の姿が「天の川」である。

❷**銀河系の構造**

重要

a **恒星の数**…約2000億個の恒星からなる。

b **銀河系の大きさ**…直径は約10万光年。

c **銀河系の形**…恒星がうずまき状に集まっている。横から見ると，中心のあたりがふくらんだ円盤状になっている。

d **銀河系の中心**…地球から見て，いて座の方向にある。

❸**太陽系の位置**…銀河系の中心から約3万光年のところにある。

発展 銀河系にふくまれる天体

銀河系には，太陽のような恒星のほか，ガスやちりの集まりが光っている星雲や，恒星が特に集団を作っているもの（星団）もふくまれている。地球をはじめとする惑星などの天体も，銀河系の一員である。

ここ に注目 銀河系と太陽系

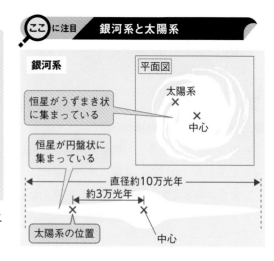

銀河系

平面図

恒星がうずまき状に集まっている

太陽系 ×

× 中心

恒星が円盤状に集まっている

直径約10万光年

約3万光年

太陽系の位置

中心

2 銀河

宇宙には，銀河系と同じような，多数の恒星が集まってできた銀河とよばれる天体が無数に存在している。

↑アンドロメダ銀河　　　　提供：NASA

(1) 銀河

❶**銀河**…太陽のような恒星が，数億～数千億個集まってできている星の集団。銀河系も銀河の1つ。

(2) 恒星

❶**恒星**…星座をつくる星や太陽のように，自ら光を出す天体を恒星という。

❷**恒星までの距離の表し方**…恒星までの距離はとても長いので，光が届くまでにかかる年数（光年）で表す。

❸**光年**…距離の単位。光が1年間に進む距離を1光年という。

　a **光の速さ**…光は1秒間に約30万km（地球の7周半の距離）を進む。

　b **1光年**…光が1年間に進む距離で，約9兆5000億km。

❹**恒星の明るさ**…等級で表す。

> **重要**
>
> a 肉眼で見える最も暗い恒星を6等星とする。
>
> b 等級が小さいほど明るい。5等星の明るさは，6等星と比べて約2.5倍になる。
>
> c 1等星は6等星の約100倍明るい。

❺**見かけの明るさ**…地球から見たときの恒星の明るさは見かけの明るさで，もともとの恒星の明るさと地球からの距離によって決まる。地球から非常に遠い恒星は，もともとの明るさが非常に明るくても，暗い星にしか見えない。

⚖比較 おもな恒星の明るさと地球からの距離

おもな恒星	距離	明るさ(等級)	色
太陽	光で約8分	−26.8等	黄
ケンタウルス座のアルファ星	4.3光年	0等	黄
おおいぬ座のシリウス	8.6光年	−1.5等	白
わし座のアルタイル	17光年	0.8等	白
こと座のベガ	25光年	0等	白
ぎょしゃ座のカペラ	43光年	0等	黄
オリオン座のベテルギウス	500光年	0.4等	赤
オリオン座のリゲル	860光年	0.1等	青白
さそり座のアンタレス	550光年	1等	赤
こぐま座の北極星	430光年	2等	黄

くわしく　恒星までの距離

オリオン座をつくる3つの恒星までの距離を比べると，下のようになり，まちまちである。

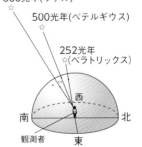

860光年(リゲル)
500光年(ベテルギウス)
252光年(ベラトリックス)
西　北　南　東　観測者

1 太陽

□(1) 太陽は，内部も表面もすべて〔　液体　気体　〕でできている。

(1) 気体

□(2) 太陽の直径は，地球の約〔　　　　〕倍である。

(2) 109

□(3) 太陽の表面の温度は，約〔　　　　〕℃である。

(3) 6000

□(4) 太陽の表面に見られる〔　　　　〕は，まわりより温度が低いために黒く見える。

(4) 黒点(こくてん)

□(5) (4)の動きや形の変化などから，太陽は球形で〔　　　　〕している。

(5) 自転(じてん)

2 太陽系(たいようけい)

□(6) 太陽と，太陽を中心として回っている天体の集まりを〔　　　　〕という。

(6) 太陽系

□(7) 太陽のまわりを，円に近いだ円をえがいて回っている地球のような天体を〔　　　　〕という。

(7) 惑星(わくせい)

□(8) 太陽系には〔　　　　〕個の惑星がある。

(8) 8

□(9) 惑星は，小型で密度が大きく表面が岩石でできている〔　　　　〕と，密度が小さくガスなどでできている〔　　　　〕に分けられる。

(9) 地球型惑星，
　　木星型惑星

□(10) 太陽系の惑星の中で最も大きいものは〔　　　　〕である。

(10) 木星

□(11) 惑星のまわりを公転している天体を〔　　　　〕という。

(11) 衛星(えいせい)

□(12) 太陽系には，惑星以外にも，衛星，小惑星，太陽に近づくと尾を引く〔　　　　〕などがある。

(12) すい星

3 銀河系(ぎんがけい)

□(13) 自ら光を出してかがやいている星を〔　　　　〕という。

(13) 恒星(こうせい)

□(14) 光が1年間に進む距離を，1〔　　　　〕という。

(14) 光年

□(15) 数億～数千億個の恒星の集まりを〔　　　　〕という。

(15) 銀河(ぎんが)

□(16) 太陽をふくむ約2000億個の恒星からなる集団を〔　　　　〕という。

(16) 銀河系

1 地球の自転と天体の動き

教科書の要点

1 太陽の1日の動き
◎ 太陽は，東から出て，南の空を通り，西に沈む。
◎ **南中**…太陽が真南にくることを，太陽の南中という。
◎ **南中高度**…太陽が南中したときの高度のこと。太陽の高度は，南中したときに最も高くなる。

2 日周運動
◎ 太陽が一定の速さで1日に1回，東から西へと動くことを，太陽の日周運動という。
◎ 空全体を，地球を中心とする球面だと考え，太陽や星は，その球面上にあるとみなすとき，この球面のことを**天球**という。

3 地球の自転
◎ 地球は，**地軸**を中心に1日に1回，自転している。
◎ 太陽の日周運動は，地球が自転しているために起こる。

4 方位と時刻
◎ 北極の方向が北，南極の方向が南，南から90°左が東，90°右が西である。
◎ 太陽が南中したときが，その地点の正午である。

5 星の1日の動き
◎ 星空全体が，東から西へ1日で約1回転する。（日周運動）
◎ 星の1日の動きは，地球が自転しているために起こる。

1 太陽の1日の動き

太陽は，朝，東から出て，南の空を通り，夕方，西に沈む。
❶ **高度**…観測者から見た太陽や星の高さは，高度で表す。高度は，地平線から太陽や星までの角度で表す。
❷ **南中**…太陽が，真南の方角にくること。
❸ **南中高度**…太陽が南中したときの高度。太陽は南中したときに高度が最大になる。

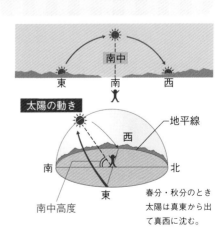

南中

東　南　西

太陽の動き

地平線
西
南　　北
東

南中高度

春分・秋分のとき太陽は真東から出て真西に沈む。

❶**日周運動**…太陽が１日に１回，東から南の空を通り，西へと動くことを，太陽の日周運動という。

　日周運動では，太陽は一定の速さで動き，東から南にかけて高度が高くなり，南から西にかけて高度が低くなる。

❷**日周運動の原因**…太陽の日周運動は，地球が１日に１回，西から東へ自転している（➡p.207）ために起こる見かけの動きである。

太陽の日周運動（春分・秋分）

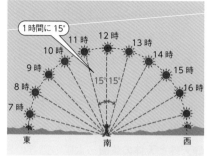

重要観察

透明半球による太陽の動きの観測

目的　透明半球を用いて太陽の１日の動きを観察し，太陽の動きの特徴を調べる。

方法　①厚紙に透明半球と同じ大きさの円をかき，中心に印をつけ，方位を記入する。円に透明半球のふちを合わせてセロハンテープで固定し，方位を合わせて水平な場所に置く。

②透明半球上の，ペン先の影が円の中心にくる位置に●印をつけ，時刻を記入する。１時間ごとに記録する。

③記入した点をなめらかな線で結び，透明半球のふちまで延長する。

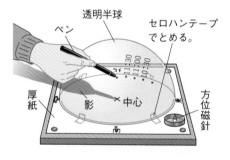

結果　・太陽が南の方角にくるとき，いちばん高くなる（透明半球の天頂に近くなる）。

　　　・隣どうしの点の間隔はほぼ同じになる。

結論　・透明半球上にかいた線は，１日の太陽の動きのようすを示す。

　　　・太陽が１時間に動く距離は同じなので，太陽の動く速さは一定である。

　　　・太陽は，真南にきたときに高度が最も高くなる。

　　　・かいた線と透明半球のふちの交点は，日の出の位置と日の入りの位置を表す。

❸**天球**…空全体を，地球を中心とした半径の大きな球面だと考えると，天体（太陽や星）はその球面上を動いていくように見える。この球面のことを天球という。

a 天球の中心…天球の中心は地球の中心だが，観測者の位置を中心と考えてもよい。

b 天頂…天球上で観測者の真上の点のこと。

c 天の子午線…観測者から見て，真南の地点から天頂を通り真北の地点まで，天球面上に沿って結んだ線。太陽が天の子午線を通過するときが，太陽の南中である。

❹**天球と天体の位置**…太陽の動きの観測で用いた透明半球の半径を大きくして，その中心に立ったとき，その透明半球は天球と同じである。ペンで透明半球に記録した太陽の位置は，天球の中心に立って見たときの，天球上の太陽の位置を示している。天球上にある太陽などの天体の位置は，方位と高度で表す。

天球上の太陽の動き（春分・秋分）

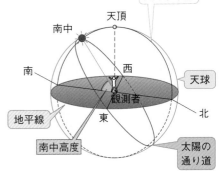

◇くわしく ▶ **天の子午線**

　子午線は地球の経線（経度を表す線）を意味するので，天球上の子午線をとくに「天の子午線」といい，地球の子午線と区別して表現する。

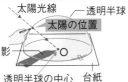

小さい透明半球の場合

大きい透明半球の場合
▶透明半球の中心は観測地点にあたる。

しゃ光プレートを使う。太陽を直接見ないようにする。

⚖比較 **春分・秋分の世界各地の太陽の動き**

　北極付近，赤道付近，南半球のシドニーで，透明半球での太陽の動きを記録する。

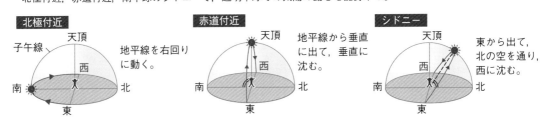

北極付近
地平線を右回りに動く。

赤道付近
地平線から垂直に出て，垂直に沈む。

シドニー
東から出て，北の空を通り，西に沈む。

3 地球の自転

地球は，地軸を軸として回転している。

❶地軸…北極と南極を結ぶ線のこと。地球の中心を通る直線で地球が自転する軸となる。

❷地球の自転…地球は，地軸を中心に回転している。地球が1回転する時間を1日という。

❸回転する向き…地球を北極の上空から見ると，反時計回りに回転している。方角で表すと，西から東へ回転している。

❹回転の速さ…一定の速さで，約1日（24時間）で1回転（360°）する。したがって，360°÷24＝15°より，1時間に約15°回転している。

❺地球の自転と太陽の日周運動…地球が，西から東へ自転しているために，太陽は東から西へ動くように見える。地球の自転が1日1回，回ることから，太陽の動きも1日1回，東から西へ動く。つまり，太陽の日周運動は，地球が自転しているために起こる見かけの動きであり，太陽自身が地球のまわりを回っているのではない。

「それでも地球は回っている」
地動説を唱えたガリレオの時代（17世紀ごろ）は地球が自転しているとは考えなかった。

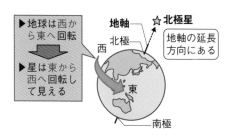

▶地球は西から東へ回転

▶星は東から西へ回転して見える

地軸
北極
西
東
南極
☆北極星
地軸の延長方向にある

Column 太陽が動くか，地球が動くか

　停止している電車に乗っているとき，窓から見える隣の電車が動き始めると，自分が動いているかのように感じられる。停止しているのは，「自分」か「動いている電車」か，確信がもてないからである。このように考えると，太陽が東から西へと動くのは，太陽がその方向に動いているのか，地球（地面）が西から東へ動いているのか，どちらも等しく考える必要がある。しかし実際には，わたしたちは地球があまりに大きく不動なものとしてとらえているために，地球を基準に運動を考えるのが当然であり，地球が止まっていて，太陽が動いていると考えるのが自然だと思えるのだ（天動説）。これに対してコペルニクスやガリレオが「地面こそが動いている」（地動説）と異を唱えたのは，革新的だったのである。

提供：NASA

↑地面（地球）が西から東へ動く（自転する）ことによって，太陽は東から西へ動いているように見える。

4 方位と時刻

地表の地点の方位は，北極の方向が北，南極の方向が南である。

❶ **地球上の地点の方位**…方位は，その地点の水平面上での方向で，南北の方向は経線に，東西の方向は緯線に沿っている。経線に沿って北極の方向が北，南極の方向が南，南から90°左が東，90°右が西である。

❷ **北極の上空から見た地球上の地点の方位**…北極の上空から地球を見ると，地球上の各地点での北の方位は，すべて北極に向かっている。

❸ **地球の自転と方位**…自転によって，ある地点と太陽の位置関係が変化しても，その地点の方位は，つねに北極の方向が北，南極の方向が南であり，南北の方向に直角な方向が，東西になる。

 復習 緯度と経度

地球上の地点の位置は，緯度と経度で表すことができる。北極と南極を結ぶ線が経線で，イギリスのグリニッジを経度0°としている。地表の水平面上で経線に直角な線が緯線で，赤道を緯度0°とし，北極点が北緯90°，南極点が南緯90°である。

発展 北極点，南極点の方位

北極点に立った場合，どちらを向いても南極の方向になるので，360°すべて南になる。同様に，南極点では，すべての方向が北になる。

比較 地球の自転と方位

それぞれの地点での太陽の見える方位は次のとおり。

・A地点…明け方で，太陽が東からのぼる。
・B地点…正午で，太陽は真南にある（南中）。
・C地点…夕方で，太陽が西に沈む。
・D地点…真夜中で，太陽は見えない。

地球上の方位

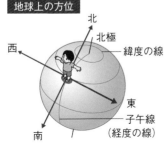

地球の自転と日本の方位

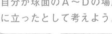
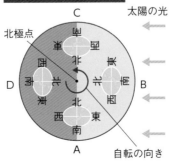

自分が球面のA〜Dの場所に立ったとして考えよう。

❹ **地球の自転と時刻**…地球の自転によって，地球の各地点と太陽の位置関係は時間がたつにつれて変化する。ある地点がちょうど太陽が南中する位置にきたとき，その地点の時刻が正午（12時または午後0時）である。

❺ **地球の自転と1日の長さ**…地球は，約24時間で360°回転する。したがって，正午に太陽が南中してから24時間たつと，また太陽は南中する。

地球と太陽の位置関係と時刻

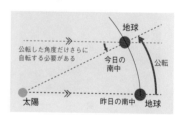

ここに注目 時刻と太陽の見え方

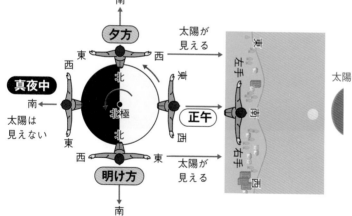

くわしく 1日の長さ

1日の長さは，地球の自転によるものだけではない。なぜなら，地球が自転する間，地球は太陽のまわりを公転するからである。そのため翌日，同じ地点で太陽が南中するには，公転した分（約1°）だけ余計に自転する必要がある。平均的には，春分点で自転にかかる時間が23時間56分，余計に自転する時間が4分ほどになる。

発展 月の1日

自転と公転の周期が等しい月は，いつも地球に対して同じ面を見せる。地球から見ると，月は自転していないように見えるが，太陽に対しては回転しているので，地球から見える同じ面も満ち欠けして見える。月の自転＝公転に地球の公転分を加えたもの，つまり月の満ち欠けの周期こそが「月の1日」の周期となる。

4章／地球と宇宙

2節／地球の動きと天体の動き

209

5 星の1日の動き

星は，星どうしの位置関係が変わらないまま，太陽と同様に日周運動をしている。

(1) 東・西・南・北の空の星の動き

❶ 東の空…南の空に向かって，地平線から斜めにのぼる。

❷ 南の空…東から西に向かって，大きな弧をえがいて動く。

❸ 西の空…南から北に向かって斜めにくだり，地平線に沈む。

❹ 北の空…北極星を中心に，反時計回りに回転する。

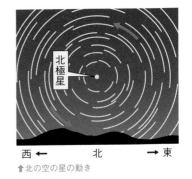

↑北の空の星の動き

 各方位における星の動き

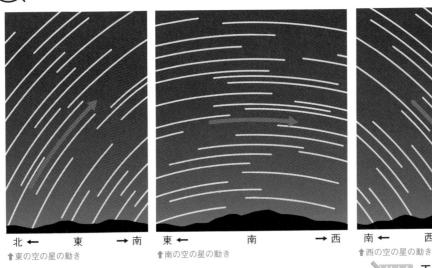

↑東の空の星の動き　　↑南の空の星の動き

↑西の空の星の動き

(2) 星の日周運動（にっしゅううんどう）

❶ 星の1日の動き…北極星を中心として，1日に1回，東から西へ回転する。これを，天体の**日周運動**という。

❷ 日周運動の速さ…1日（24時間）に1回転（360°）するので，1時間では約15°回転する。

くわしく 天体の日周運動

空全体の星の日周運動は北極星を中心に回っているように見える。これは南極と北極をむすぶ地軸を延長した線の先に北極星があるためで，星はこの線を軸として回転している。この回転の軸は，太陽の日周運動と同じである。回転の速さも太陽の日周運動と同じである。

▶動画 星の日周運動

重要 観察

星の1日の動きを調べる

目的 各方位の星の動く向きを調べ，空全体として，星が1日にどのように動いているかを考える。

方法 ① 見通しのよい場所に立ち，東西南北の各方位の空で，観察する星を決める。
② 観察する星の位置を，1時間ごとに観察して観察用紙に記録する。
③ 記録をもとに，星の動く方向を記録用紙に記入する。
④ 記録用紙を切り抜くか，ほかの紙に星の動きをかきうつして，透明半球の内側に，方位を合わせてはりつける。

結果 ・各方位の星の動きは，右図と下図のようになる。

透明半球で見る星の動き

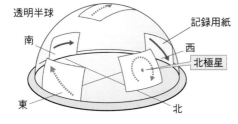

・星はほぼ同じ速さで動いている。

各方位の星の動き

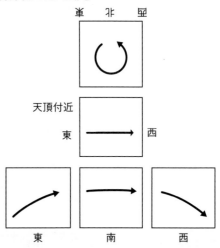

考察 ・東西南北のそれぞれの方位で，星の動き方はちがうが，どの方位でも，それぞれ一定の速さで動く。
・北の空では北極星を中心に回っているように見える。
・天頂付近の星の動く向きは，北の空にある星の動く向きと同じで，南の空の星の動く向きとも同じである。

結論 ・空全体の星の動きは，北極星を中心に回転しているように見える。
・星の動く速さが一定であることから，太陽の1日の動きと同様に，星の1日の動きも地球の自転によって起こる動きと想定される。

（3）星空全体の1日の動き

❶全天の星の動き…北極星を中心に全天の星が回転している。

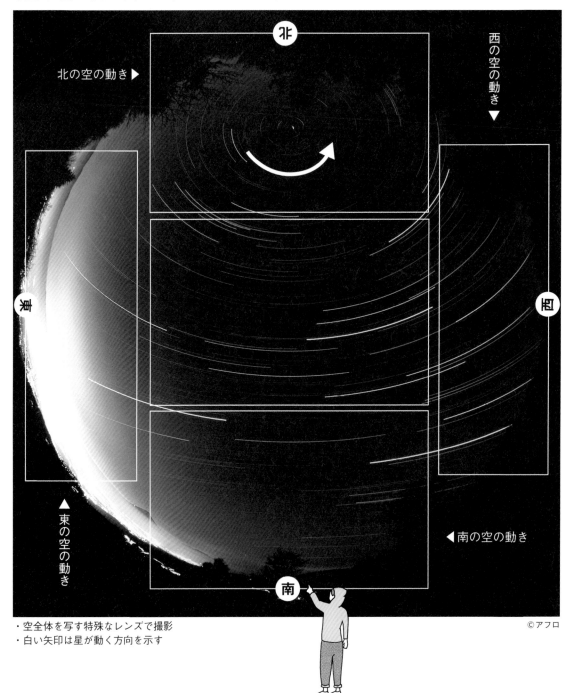

・空全体を写す特殊なレンズで撮影
・白い矢印は星が動く方向を示す

©アフロ

（4）地球の自転と天体の日周運動

❶星の動きと天球…天球を用いると，どの方位の星の動きも天球の回転で説明できる。

　　星の1日の動きは，星がはりついた天球が，地軸を延長した線を中心に東から西へ，一定の速さで1日に1回，回転しているとみることができる。

❷地球の自転と日周運動…天球の動きは，実際には天球が回転しているのではなく，地球の自転が原因である。太陽も星も，すべての天体の日周運動は，地球が地軸を中心に西から東へ自転しているために起こる見かけの動きである。

❸観測地による星の動きのちがい…観測する場所（緯度）が変わると，見える天球の範囲が変わり，地軸の傾きも変わるため，星の動き方が変わる。

a 北極…星は，地平線とほぼ平行に回転するように動く。回転の向きは，天頂を中心として反時計回り。

b 北半球…北極星（天の北極：地球の地軸と天球が交わる点のうち北方向のもの。北極星の方向）を中心に，東から西へ回転する。

c 赤道…東の地平線から垂直にのぼり，西の地平線に垂直に沈む。

d 南半球…南極の上空（天の南極：地軸と天球が交わる点のうち南方向のもの）を中心に，東から西へ回転する。

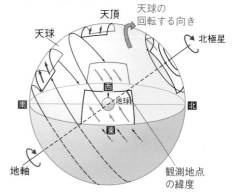

天体の日周運動（日本の場合）

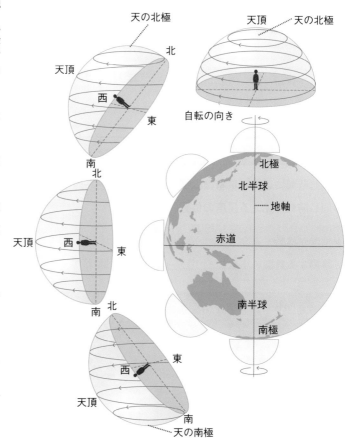

地球の公転と天体の動き

教科書の要点

1 星の1年の動き
◎同じ時刻に見える星座の位置は，東から西へ，1日に約1°，1か月に約30°動き，1年たつともとの位置にもどる。
◎星座の南中する時刻は，1か月で約2時間早くなる。

2 年周運動
◎同じ時刻に星の見える位置が毎日約1°ずつ西へ移動し，1年間で元にもどる動きを，星の**年周運動**という。

3 地球の公転
◎地球は，太陽のまわりを1年で1周している。

4 太陽の1年の動き
◎太陽の年周運動は，地球が公転しているために起こる。
◎太陽は，1年で天球上を1周して見える。

5 黄道
◎天球上での太陽の通り道のこと。

1 星の1年の動き

同じ時刻に見える星座は，毎日少しずつ東から西へ動く。

❶同じ時刻に見える星座の位置

重要
a 位置が移動する向き…東から西へと移動する。
b 移動する角度…1日に約1°，1か月に約30°移動する。

くわしく　1日に約1°移動するのはなぜ

同じ時刻に見える星座の位置は，1年で1回転（360°移動）するので，1日では，360°÷365≒1°，1か月では，360°÷12＝30°移動する，

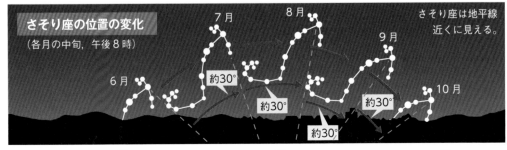

さそり座の位置の変化
（各月の中旬，午後8時）

さそり座は地平線近くに見える。

6月　7月　8月　9月　10月

約30°　約30°　約30°　約30°　約30°

東　　　　南　　　　西

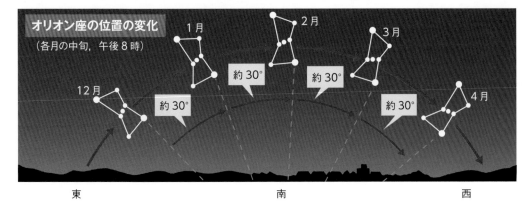

オリオン座の位置の変化
（各月の中旬，午後8時）

1月

2月

3月

約30°

約30°

12月

約30°

約30°

4月

東　　　　　　　　　南　　　　　　　　　西

❷星座の南中時刻の変化…ある星座が南中する時刻は，毎日少しずつ早くなり，1年で元の時刻にもどる。

$$\underset{\text{→ 24 時間÷12 ヶ月}}{24 \div 12} = 2\,\text{時間より，1か月では，約2時間ずつ早くなる。}$$

❸北の空の星座の1年の動き

　a 位置が移動する向き…北極星の近くの星座は，1年中見えているが，その位置は，北極星を中心に反時計回り（左回り）に回転する。

　b 移動する角度…1日に約1°，1か月に約30°回転する。

4章／地球と宇宙

2節／地球の動きと天体の動き

💧くわしく　**位置の変化と南中時刻の変化の関係**

　同じ時刻に見える星座の位置は，1か月で約30°西へ移動する。今日の午後10時に南中した星は，1か月後の午後10時には，真南から30°西の位置に移動している。

　一方，星の位置は毎日，東から西へ1時間に約15°移動する（星の日周運動）。したがって，1か月後の午後10時に真南から30°西に見える星は，30÷15＝2時間より，2時間前の午後8時に真南に見えるので，南中時刻は2時間早くなる。

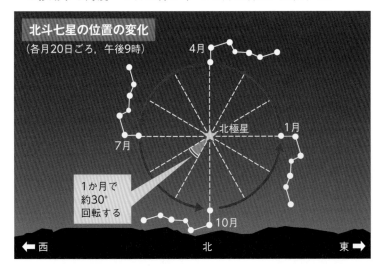

北斗七星の位置の変化
（各月20日ごろ，午後9時）

4月

北極星

1月

7月

1か月で
約30°
回転する

10月

← 西　　　　　北　　　　　東 →

1年で360°だから，
1か月はその $\frac{1}{12}$ の30°だね

2 年周運動

星座の位置は毎日少しずつ移動し，1年間で1周する。

❶年周運動…星座の位置は，毎日少しずつ東から西へ動き，1年で1周する。このような星の1年の動きを，星の年周運動という。

❷年周運動の原因…年周運動は，地球が1年に1回太陽のまわりを公転しているために起こる見かけの動きである。

3 地球の公転

地球は，自転しながら，太陽のまわりを公転している。

❶公転…星（天体）が，ほかの星のまわりを回ることを，公転という。

❷地球の公転…地球は，1日に1回自転しながら，太陽のまわりを1年に1回，公転している。

a 公転周期…約1年である。

b 公転の速さ…1年で約360°回転するので，1か月では，$360° ÷ 12 = 30°$ より，約30°回転している。

c 公転の向き…北極の上空から見て反時計回り。

❸星座が見える方向の変化…地球は，1か月で公転軌道上を約30°移動する。そのため1か月後の同じ時刻には，星座の見える方向は約30°西の方向になる。

▶くわしく **日周運動と年周運動**

日周運動と年周運動のちがいをしっかり理解しよう。

日周運動は，1日で1周する動きのことで，地球が1日に1回，自転しているために起こる見かけの運動。

年周運動は，1年で1周する動きのことで，地球が1年に1回，太陽のまわりを公転しているために起こる見かけの運動。

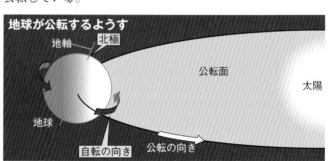

地球が公転するようす

北極／地軸／公転面／太陽／地球／自転の向き／公転の向き

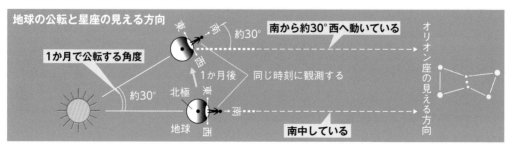

地球の公転と星座の見える方向

1か月で公転する角度／約30°／南から約30°西へ動いている／1か月後／同じ時刻に観測する／北極／地球／南中している／約30°／オリオン座の見える方向

❹**地球の公転と夜中に見える方向**…地球が太陽の まわりを公転しているために，真夜中に真南に なる方向は，季節によって変わる。そのため， 夜中によく見える星座も，季節によって変わ る。

❺**地球の公転と四季の星座の変化**…星座が真夜中 によく見える季節は，その星座が地球をはさん で太陽と反対側にあるときである。逆に，太陽 と同じ方向に見える星座は，太陽と同時に東か ら西へと動いているので，太陽と重なってしま い，見ることができない。

真夜中に南中する星座

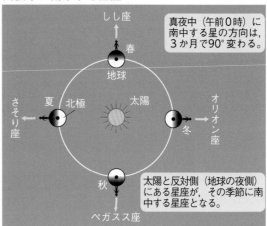

真夜中（午前0時）に 南中する星の方向は， 3か月で90°変わる。

太陽と反対側（地球の夜側） にある星座が，その季節に南 中する星座となる。

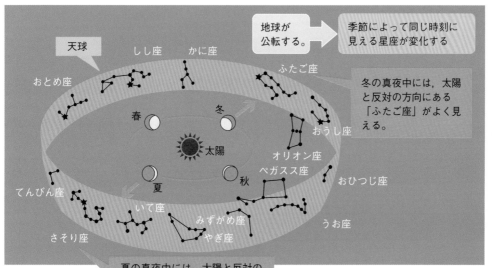

地球が 公転する。 → 季節によって同じ時刻に 見える星座が変化する

冬の真夜中には，太陽 と反対の方向にある 「ふたご座」がよく見 える。

夏の真夜中には，太陽と反対の 方向にある「さそり座」がよく 見える。

❻**天球で見る星の年周運動**…同じ時刻に見えるオリオン座の位 置をつなぐと，オリオン座の位置が変化していく道すじは天 球をとりまく円になり，オリオン座の位置は1年で1周して もとの位置にもどるように見える。

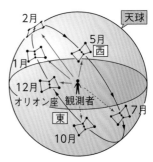

太陽の1年の動き

太陽が天球上を1年で1周する運動は，地球の公転による見かけの運動である。

❶ **正午に南中する星座と太陽**…地球が公転しているために，真夜中ではなく，正午に真南にくる星座も季節により変わり，1年で1周する。太陽は，正午に南中する星座と同じ方向にあるので，季節によって異なる星座と同じ方向にあるように見える。

❷ **天球上の太陽の動き**…太陽は，星座の間を，西から東へ動くように見える。この動きは，1年で1周するので，これも年周運動の1つといえる。

西の空での星座と太陽の動き

くわしく **真夜中に南中する星座と正午に南中する星座**

夏の真夜中に南中するさそり座は，冬には正午に南中している。地球からさそり座を見るときの方向は変わらないが，地球の公転により，夏は太陽の反対側（地球の夜の側）になり，冬は太陽と同じ方向（昼の側）になる。

冬の真夜中に南中するふたご座は，太陽をはさんでさそり座と反対側にあるので，夏には正午に南中する。

くわしく **正午に南中する星座は見えない**

正午に南中する星座は，地球から見て，太陽と同じ方向にあるが，太陽が明るいため，その星座を見ることはできない。

5　黄道（こうどう）

太陽は，地球の公転により，天球上のきまったところを移動していくように見える。

❶ **黄道**…天球上の，太陽の見かけの運動の通り道のこと。

❷ **地球の公転と黄道**…実際には，地球が太陽のまわりを公転しているが，地球から太陽を見ると，あたかも太陽が天球上の星座の間を動いているように見える。このときの太陽の通り道が黄道である。太陽は，黄道上を西から東へ，1年に1周するように見える。

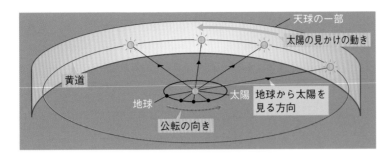

黄道

太陽の見かけの動き
天球の一部

地球

太陽

公転の向き

地球から太陽を見る方向

▶ 動画 星座の移り変わり

生活 黄道12星座

　黄道付近にある12の星座のことを，黄道12星座とよぶことがある。星占いでは，黄道十二宮ともいい，ある人の誕生日のころ，太陽と同じ方向にある星座を，その人の生まれ月の星座として，いろいろなことを大昔から占ってきた。しかし，星座が決められた当時と現在では，生まれ月の星座と太陽の位置はずれてしまっている。

❸**黄道上にある星座**…天球上の黄道付近にある星座は，四季それぞれの真夜中に南中する星座である。太陽がその星座の方向にある季節は，真夜中に南中する季節とは真逆になる。例えば，さそり座が真夜中に南中するのは夏だが，黄道上で太陽がさそり座の方向にあるのは冬である。

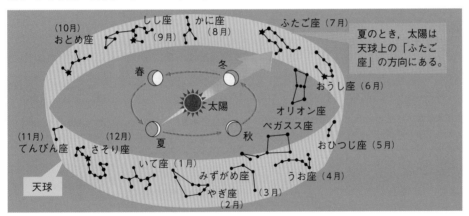

（10月）おとめ座　しし座（9月）　かに座（8月）　ふたご座（7月）

夏のとき，太陽は天球上の「ふたご座」の方向にある。

春　冬　太陽　おうし座（6月）

夏　秋　オリオン座　ペガスス座

（11月）てんびん座　（12月）さそり座　いて座（1月）　みずがめ座（3月）　うお座（4月）　おひつじ座（5月）

やぎ座（2月）

天球

太陽も星座と同じように1年で360°，1か月で30°天球上を動く計算になるね。

Column 南半球での星の見え方

(1) 南半球での星の動き

　南半球では，星は天の南極を中心として，東から西へ動いているように見える。

　北半球の南の空の星は，東から西へ，大きな弧をえがいて回転して見えるが，南半球では，北の空の星が，東から西へ大きな弧をえがいて回転して見える。

(2) 南半球でのオリオン座の見え方

　オリオン座は，北半球では，東の空から出て南の空を通り西に沈む。ところが，南半球では東の空から出て北の空を通り，西に沈む。オリオン座の見える向きは，南半球と北半球では逆になる。

(3) 南半球で見える星座

　南半球では，天の北極付近の北極星をふくむこぐま座などは見えないが，天の南極付近にみなみじゅうじ座（南十字星）など，北半球では見えない星座を見ることができる。

↑みなみじゅうじ座

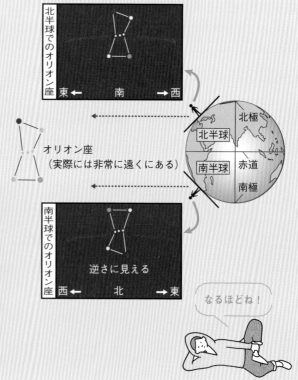

なるほどね！

実験操作 星座早見の使い方

無数の星の中から星座を見つけることは難しい。そこで星座早見を使って，おもな星座の位置を確かめていくと目的の星座を見つけやすくなるだろう。ここでは，その使い方を簡単にまとめる。

星座早見のしくみ

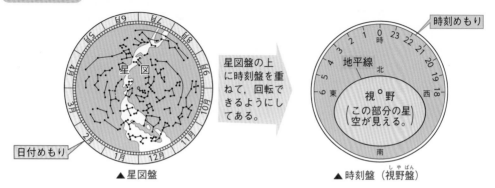

星図盤の上に時刻盤を重ねて，回転できるようにしてある。

▲ 星図盤

▲ 時刻盤（視野盤）

星座早見の使い方

例 2月20日，午後8時（20時）に南の空を観察する場合

①日付と時刻を合わせる…星図盤の2月20日と時刻盤の20時を合わせる。

②南を向いて立ち，星座早見の南の部分を下にして持つ。

③星座早見を頭の上にかざして，下からあおぎ見るようにして見る。

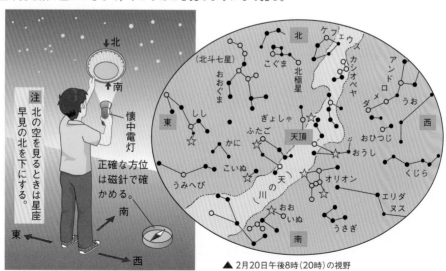

注 北の空を見るときは星座早見の北を下にする。

正確な方位は磁針で確かめる。

▲ 2月20日午後8時（20時）の視野

季節の変化

1 地軸の傾き

◎ 地球の地軸は，公転面に対して垂直ではなく，公転面に垂直な方向に対して約23.4°傾いている。

◎ 地球は，傾いている地軸を軸として自転しながら，太陽のまわりを公転しているため，太陽の南中高度や昼の長さが変化する。

◎ 太陽の高度が高いほど，また昼の長さが長いほど，単位面積の地面が受けとる日光の量は多くなる。

1 地軸の傾き

　地球が地軸を傾けて公転するため，季節の変化が生じる。

(1) 公転面に対する地軸の傾きと南中高度

❶太陽光の当たる角度

　a 夏至のとき…北緯23.4°の地点に真上から太陽光が当たる。

　b 冬至のとき…南緯23.4°の地点に真上から太陽光が当たる。

　c 春分・秋分のとき…赤道に真上から太陽光が当たる。

くわしく　南中高度を求める式

　北緯35°の地点の南中高度
・夏至…90°−(35°−23.4°)=78.4°
・冬至…90°−(35°+23.4°)=31.6°
・春分・秋分…90°−35°=55°

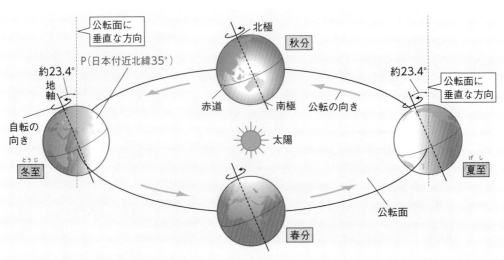

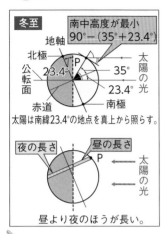

冬至

南中高度が最小
90°−（35°+23.4°）

地軸
北極　P
公転面　23.4°　　35°　太陽の光
23.4°
赤道　南極
南極

太陽は南緯23.4°の地点を真上から照らす。

夜の長さ　昼の長さ
P　太陽の光

昼より夜のほうが長い。

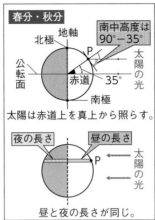

春分・秋分

地軸
北極　P
公転面　赤道　35°　太陽の光
南極

南中高度は
90°−35°

太陽は赤道上を真上から照らす。

夜の長さ　昼の長さ
P　太陽の光

昼と夜の長さが同じ。

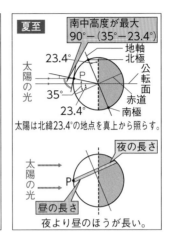

夏至

南中高度が最大
90°−（35°−23.4°）

23.4°　地軸　北極
太陽の光　P　公転面
35°　赤道
23.4°　南極

太陽は北緯23.4°の地点を真上から照らす。

太陽の光　夜の長さ
P
昼の長さ

夜より昼のほうが長い。

 重要観察

季節ごとの太陽光の当たり方を調べる

目的　地球儀を使って，季節ごとの太陽の高度や昼の長さを比べる。

方法　①分度器をコピーした厚紙を台紙の上に垂直に立てて固定し，台紙を日本付近に置く。

②影が分度器の中心を通るように，紙で光源の光をさえぎり，光（太陽光）の高度をはかる。

③日本付近の緯度（東京で北緯35°）の緯線に沿って地球儀の光の当たっている部分にひもをあて，その長さをはかる。

結果　●太陽光の高度の結果

季節	春	夏	秋	冬
太陽光の高度	55°	78.4°	55°	31.6°

●ひもの長さの結果

季節	春	夏	秋	冬
ひもの長さ (cm)	32.1	38.0	32.1	26.2

結論　・日本付近の太陽光の高度は，夏は高くなり，冬は低くなる。

・日本付近では，昼の長さが夏は長くなり，冬は短くなる。

地軸　秋
冬　夏
春

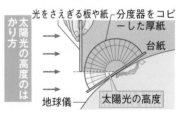

太陽光の高度のはかり方

光をさえぎる板や紙　分度器をコピーした厚紙
台紙
地球儀　太陽の高度

昼の長さのはかり方

夜　地球儀の真上から見た図
昼　ひもの長さ　昼の長さ
真横から光をあてる

❷南中高度の変化

a 夏至のとき…南中高度は最大。

（北緯 35°では 78.4°）

b 冬至のとき…南中高度は最小。

（北緯 35°では 31.6°）

c 春分・秋分のとき…南中高度は冬至と夏

至の中間。（北緯 35°では 55°）

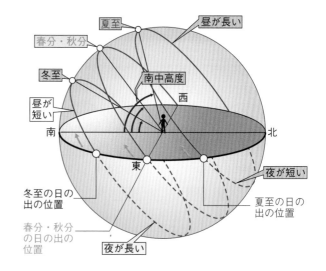

(2) 公転面に対する地軸の傾きと気温の変化

❶昼の長さの変化…地軸が傾いているため，日の出・日の入り
の位置は季節によってちがう。春分・秋分のとき，真東から
出て真西に沈むので，昼の長さと夜の長さが等しい。昼の長
さは夏至のとき最も長くなり，冬至のとき最も短い。

❷太陽の高度とエネルギー量…太陽の高度が高いほど，$1\ m^2$
の地面が受けとる太陽光のエネルギー量は大きくなる。

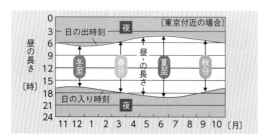

❸気温の変化…太陽の高度が高く昼間の長さが長
い夏は，地面が太陽光から受けとるエネルギー
量が大きくなるので，気温が高くなる。冬は，
太陽の高度が低く昼間の長さが短いので，地面
が太陽光から受けとるエネルギー量が少なく，
気温は上がりにくい。

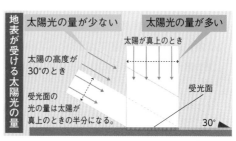

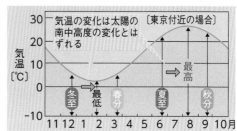

1 地球の自転と天体の動き

□(1) 地球の北極と南極を結ぶ軸を〔　　　〕という。

(1) 地軸

□(2) 地球は(1)を中心に，1日に1回〔　　　〕している。

(2) 自転

□(3) 太陽の動く速さは〔　一定である　季節によって異なる　〕。

(3) 一定である

□(4) 1日のうちで，太陽や月が真南（天の子午線上）にくること
を〔　　　〕といい，そのときの高度を〔　　　　〕という。

(4) 南中，南中高度

□(5) 地球の自転によって，天体が1日1回地球のまわりを回るよ
うに見える動きを〔　　　〕という。

(5) 日周運動

□(6) 北の空の星は，〔　　　〕を中心にして〔　時計回り　反時計
回り　〕に回転しているように見える。

(6) 北極星，
　　反時計回り

□(7) 天体の位置や動きを表すため，空全体を大きな球面で表した
ものを〔　　　〕という。

(7) 天球

2 地球の公転と天体の動き

□(8) 地球は，太陽のまわりを1年に1回〔　　　〕している。

(8) 公転

□(9) 地球の公転により生じる天体の見かけの動きを〔　　　〕という。

(9) 年周運動

□(10) 太陽が星座の間を1年かけて西から東へ移動して見える天球
上の太陽の通り道を〔　　　〕という。

(10) 黄道

□(11) ある星座が南中する時刻は，1か月で約〔　　　〕時間ずつ
早くなる。

(11) 2

3 季節の変化

□(12) 1年のうちで，昼と夜の長さがほぼ等しくなるのは〔　　　〕・
〔　　　〕の日である。

(12) 春分，秋分
　　〈順不同〉

□(13) 昼の長さは〔　　　〕の日で最も長く，〔　　　〕の日で最も短い。

(13) 夏至，冬至

□(14) 季節の変化が生じるのは，地球が〔　　　〕を傾けたまま，太
陽のまわりを公転しているためである。

(14) 地軸

1 月の満ち欠け，日食・月食

教科書の要点

1 月の1日の動き
◎形は変わっても，月は東から出て南の空を通り，西に沈む。
◎月は，ほぼ1日に1回，東から西へ動く**日周運動**をしている。

2 月の満ち欠け
◎月は地球の衛星で，地球のまわりを公転している。
◎月は，自ら光を出さず，太陽の光を反射して光っている。
◎月の形は，**新月→三日月→半月**（上弦の月）**→満月→半月**
（下弦の月）**→新月** と変化する。
◎月の形によって，同じ時刻に月が見られる位置が変わる。

3 日食
◎月が太陽に重なり，太陽がかくされる現象。新月のときに起こる。

4 月食
◎月が地球の影(かげ)に入る現象。満月のときに起こる。

1 月の1日の動き

　月は，太陽や星座と同じように，ほぼ1日に1回東から出て，南の空を通り，西に沈む。

❶月の日周運動…太陽や星座と同じように，月は見かけ上，ほぼ1日に1回，東から西へ日周運動をしている。どの形の月も，同じように日周運動をしている。

　月の日周運動の原因は，地球の自転である。

❷満月のときの動き

　a 満月のときの月と地球の位置関係…満月は，地球をはさんで太陽と反対側にある。そのため，地球から見える側の面全体に太陽の光が当たっている。

くわしく　月の公転と地球の自転

　月は地球のまわりを約30日で1周（公転）する。30日ということは，月が1周する間に地球は30回自転する。地球の自転の方が，月の公転よりもかなり速いために，1日の月の動きはほぼ地球の自転による見かけの動きによるものとなる。月の日周運動は太陽と同じように，地球の自転（西から東へ）によるものなので，月は東から西へ動く。

b満月の１日での見え方の変化

- **夕方**…満月は東の地平線から出始めている。このとき，太陽は西の地平線に沈み始めている。
- **真夜中**…満月は南中している。
- **明け方**…満月は西の地平線に沈み始めている。このとき，太陽は東の地平線から出始めている。
- **正午**…満月は太陽と反対の側にあるので，見ることはできない。

くわしく — 観察条件を決める

月の満ち欠けを調べるとき，いくつもの条件（月の形，月の見える位置，観測時刻など）から１つだけを決め，ほかの関係性を調べる。ここでは月の形（満月）を固定し，「月の見える位置」と「時刻」から，満月の動きを観察する。月の形を変え「半月」や「三日月」のときにはどうなるのかも考察してみよう。

ここ に注目　満月の見え方

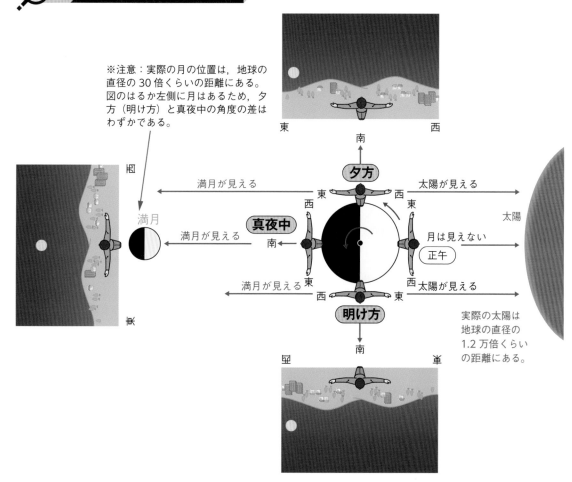

※注意：実際の月の位置は，地球の直径の30倍くらいの距離にある。図のはるか左側に月はあるため，夕方（明け方）と真夜中の角度の差はわずかである。

夕方

太陽が見える

満月が見える

真夜中

満月が見える

月は見えない

正午

満月が見える

太陽が見える

明け方

満月

太陽

実際の太陽は地球の直径の1.2万倍くらいの距離にある。

2 月の満ち欠け

月は，地球のまわりを公転しているために，地球から見たときの位置と形が毎日少しずつ変わる。

(1) 月の公転

❶**衛星**…月は，地球のまわりを**公転**している地球の衛星である。

❷**月の公転**…月は，北極側から見て反時計回りに公転している。月の公転周期はおよそ1か月である。月が公転しているために，月・地球・太陽の位置関係は毎日変わっていく。

(2) 月の形と位置の変化

❶**月の満ち欠け**…月の見かけの形が変化することを，**月の満ち欠け**という。月の形は，新月→三日月→半月（上弦の月）→満月→半月（下弦の月）→新月　と変化する。

❷**月の位置**…毎日同じ時刻に月を観察すると，月の位置は西から東へ移動していくように見える。

三日月，満月など，同じ月の形のときは，同じ時刻には同じ位置に見える。

❸**月の形と位置の変化の原因**…月の形や同じ時刻に見られる位置が毎日少しずつ変わる原因は，月の公転により，月・地球・太陽の位置関係が変わるためである。月の形や見られる位置の変化は，およそ1か月たつと，もとにもどる。

くわしく　いろいろな衛星

月は，地球から約38万km離れたところを公転している。月のように，惑星のまわりを公転している星を衛星といい，火星ならフォボス，木星ならガニメデやイオ，土星ならタイタンなどがある。

ここ に注目　月の公転と公転の向き

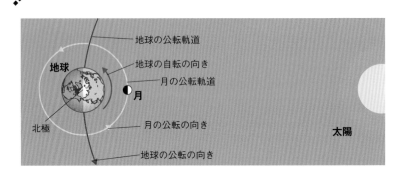

地球の公転軌道
地球の自転の向き
月の公転軌道
地球
月
月の公転の向き
北極
地球の公転の向き
太陽

比較　日没直後の月の形と位置の変化

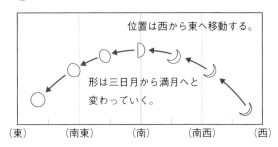

位置は西から東へ移動する。

形は三日月から満月へと変わっていく。

（東）　（南東）　（南）　（南西）　（西）

月の位置と形の変化を調べる

目的 夕方の同じ時刻に，月の位置と形を観察して記録し，三日月の日から2週間の間に，位置と形がどのように変化するか調べる。

方法 ①南側の空が，東から西まで開けているところを選び，観測場所とする。

②南に向かって，東から西までの方位にある目印となる建物や木を探し，記録用紙にスケッチする。

③三日月の日の夕方7時に月を観測し，月の位置と形を，日時とともに②の記録用紙に記録する。

④2〜3日ごとに2週間，同じ時刻に月の位置と形を観測し，記録用紙に追加する形で記録する。

結果 記録用紙に記録された月の位置と形は図のようになった。

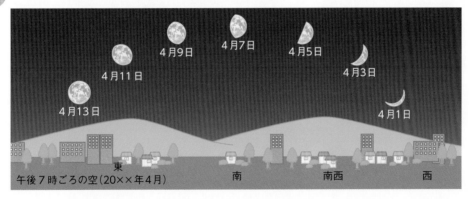

結論 ・同じ時刻の月の位置は，西から東に移動していく。

・月の形は，三日月→半月（上弦の月）→満月と，左側にしだいにふくらんでいく。

考察 ・月の位置が西から東に移動するのは，地球の夕方の地点から見る月の位置が，月の公転によって動いていくからと考えられる。

・夕方の月の形が，月が東に移動するにつれてふくらんでいくのは，月の位置が公転によって変化して，月の太陽に照らされた部分が，地球からより大きく見えるようになるからと考えられる。

（3）月の公転と月の見え方

❶**月の公転と月の位置**…同じ時刻に見える月の位置は，月が公転しているため，毎日，西から東へ移動する。1日には，西から東へ約12°動いて見える。約29.5日たつと，地球から見た月の位置は1周（360°）して，もとの位置にもどる。

❷**月の見え方**…月は，常に太陽に向いている側の半分が太陽の光に照らされて光っている。しかし，月が公転しているので，地球から見るときの月の位置は毎日変わる。そのため，光っている部分の見え方が変わり，月の形が変化する。

ここに注目　月の1日の変化

今日の20時　きのうの20時

12°

東←　　　　→西

360°÷29.5日≒12.2°／日

比較　　月の公転と月の見え方

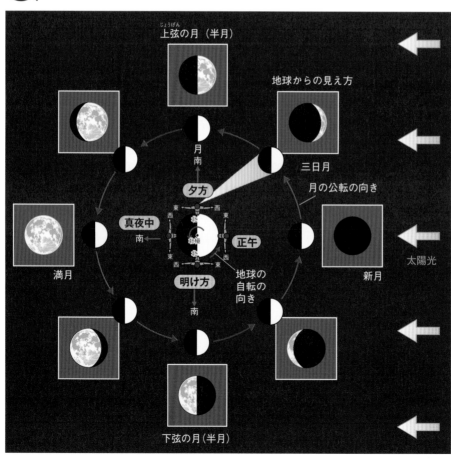

上弦の月（半月）

地球からの見え方

月　南

三日月

夕方

月の公転の向き

真夜中

南←

正午

新月

太陽光

明け方

南

地球の自転の向き

満月

下弦の月（半月）

230

❸月の満ち欠けの周期…月の形は，地球から見た月の位置によって変わる。地球から見た月の位置は，約29.5日で1周することから，月の形も，満月から約29.5日たつと，ふたたび満月にもどる。したがって，月の満ち欠けの周期は約29.5日である。

❹月の出の時刻のずれ…同じ時刻に見える月の位置は，西から東へ1日に約12°ずつ移動するので，前日と同じ位置に月がくる時刻は，前日と同じ時刻に月が12°を動くのにかかる時間を足したものとなる。月の1日の動きは，地球

この12°を月が移動するのに，約50分かかる。

の自転によって起こるので，月は1時間に約15°動くことから，月が12°を移動するには $1時間 \times \dfrac{12°}{15°} = 約0.8時間$ かかる。よって，月の出の時刻は，毎日約48分ずつ遅くなる。

くわしく

月の公転周期と満ち欠けの周期

月の公転周期は27.3日だが，月の満ち欠けの周期は29.5日で，地球から見た月の位置も29.5日でもとにもどる。

このちがいは，月が1回公転する間に，地球もまた太陽のまわりを公転しているためである。27.3日をおよそ1か月と考えると，地球は1か月の間に30°公転している。そのため地球から太陽を真向かいに見る方向も30°変わるので，同じ時刻に地球から月を見るときの位置は，月が360°＋30°＝390°公転しないと，もとの位置関係にはならない。その結果，月の満ち欠けの周期は27.3日ではなく，29.5日になる。

Column **月のようす**

(1) **月の大きさと重力**
　月の直径は約3500kmで地球の約$\dfrac{1}{4}$。重力は地球の約$\dfrac{1}{6}$。

(2) **月の公転**…月は地球から約38万kmのところを，北極側から見て反時計回りに公転している。公転周期は27.3日。

(3) **月の表面のようす**…月には大気も水もない。
　①大気がない証拠…月面と空の境（月面のふち）がはっきりしている。大気がないので光が散乱されないため，昼でも空が真っ暗である。
　②水がない証拠…雲がない。川などの水によって侵食されてできる地形（水が地表をけずりとったあと）が見られない。

(4) **月の地形**…地球から見て暗く見える部分を月の海という。ただし，実際には水はない。月面に見られる大小の円形のくぼ地をクレーターといい，いん石が落下したときに当たったあとと考えられている。

↑月の海（黒い部分）
提供：Lick Observatory/ESA/Hubble

↑クレーター　提供：NASA

③ 日食

太陽，月，地球の順に並んだとき，太陽が手前にある月によってかくされると日食が起こる。

❶**日食**…月が太陽に重なって，太陽がかくされる現象。

❷**日食が起こるとき**…太陽，月，地球の順に一直線上に並んだときに起こる。地球から見ると，月は太陽と同じ方向にあるので，日食は新月のときに起こる。

　日食は，月の影が地球に届いた地域だけで起こるので，地球上のどこでも見られるわけではない。

ここに注目　日食のときの太陽，月，地球の位置関係

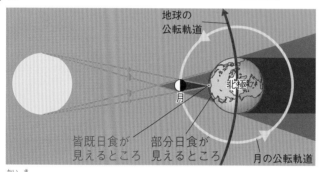
地球の公転軌道
北極
月
皆既日食が見えるところ
部分日食が見えるところ
月の公転軌道

❸**皆既日食**…月によって，太陽の全体がかくされる日食。地球上のごくせまい範囲でしか見られない。

❹**部分日食**…月によって，太陽の一部分がかくされる日食。皆既日食の周囲の地域で見ることができる。

❺**金環日食**…地球と月の距離が長いと，月より太陽の方が大きく見えるため，月の影のまわりに太陽が輪のように見える。

↑皆既日食

↑部分日食

↑金環日食

日食での太陽の欠け方，現れ方

日食では，太陽は右側（西側）から欠けていき，右側から現れる。

太陽　月　　　　皆既日食

思考
新月でもいつも日食が起こらないのは？

月の公転軌道は，地球の公転面に対して約5°傾いているため，太陽，月，地球が完全に一直線に並ぶことはまれである。したがって，新月であってもほとんどの場合，日食は起こらない。さらに，日食が起こる場合でも，皆既日食が見られるのはごくせまい地域に限られる。

思考
月で太陽をかくすことができるのはなぜ？

月の直径は，太陽の直径の約$\frac{1}{400}$しかない。しかし，地球から月までの距離は，地球から太陽までの距離の約$\frac{1}{400}$なので，地球から見ると，見かけでは月と太陽はほぼ同じ大きさに見える。

よって，太陽，月，地球が一直線上に並ぶと，月が太陽をちょうどかくすことができる。

4 月食

太陽，地球，月の順に並んだとき，月が地球の影に入ると月食が起こる。

❶**月食**…月が地球の影に入って，見えなくなる現象。

❷**月食が起こるとき**…太陽，地球，月の順に一直線上に並んだときに起こる。地球から見ると，月は太陽と反対の方向にあるので，月食は満月のときに起こる。

月の大きさよりも地球の影の方が大きいので，月食のとき，月が見られる地域であれば，どこでも月食が見られる。

ここに注目 月食のときの太陽，地球，月の位置関係

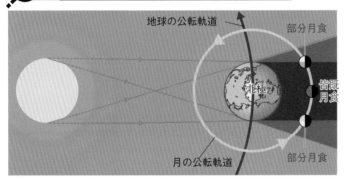

❸**皆既月食**…月の全体が地球の影に入ったときに見られる月食。月には太陽の光が直接には当たらなくなるので，月は白くかがやかなくなる。

❹**皆既月食の月の色**…皆既月食では，月は真っ黒になるのではなく，赤黒い色の月が見られる。これは，太陽の光は直接月を照らしていないが，地球の大気によって屈折した太陽の赤い光が月を照らすためである。

❺**部分月食**…月の一部が地球の影に入ったときに見られる月食。

くわしく 月食での月の欠け方，現れ方

月食では，月は左側（東側）から欠けていき，左側から現れる。

皆既月食　　　　　　　　月

くわしく 満月でも必ず月食が起こるわけではない

日食と同様に，月の公転軌道が地球の公転軌道に対して傾いているため，満月でも，太陽，地球，月が完全に一直線に並ぶとは限らない。一直線に並んで月が地球の影の中を通過するときだけ，月食が起こる。地球の影の上または下を通って，一部が影の中に入るときは，部分月食になる。

比較 月食のときのようす

⬆皆既月食（左上）から月食がほぼ終わる（右下）まで

2　惑星の見え方

教科書の要点

1　金星の見え方

◎ 地球よりも内側を公転しているので，真夜中に見ることはできない。

◎ 見かけの形・大きさ…満ち欠けをし，大きさが変化する。

◎ 明けの明星…明け方，東の空に見える。

◎ よいの明星…夕方，西の空に見える。

2　内惑星と外惑星

◎ 内惑星…地球より内側を公転している惑星。水星，金星。

◎ 外惑星…地球より外側を公転している惑星。火星，木星，土星，天王星，海王星。

1　金星の見え方

　金星は，明けの明星，よいの明星として明け方や夕方に見える明るい惑星で，見かけの形と大きさが変化する。

❶ 金星…太陽系の惑星の1つで，地球のすぐ内側を公転している。

❷ 金星と太陽の位置…地球より内側を公転しているため，地球から見ると，金星はつねに太陽に近い方向にあり，太陽から大きく離れることはない。

　⇨ 明け方，夕方の限られた時間にしか見ることができない。金星の公転軌道が，地球の公転軌道よりも内側にあるため，太陽の反対方向（地球にとって夜側）にくることはない。

　⇨ 真夜中に見ることはできない。

ここに注目　地球と金星，太陽の位置関係

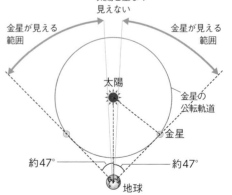

金星の見える方向は，太陽から最大でも約47°しか離れない。また，太陽と重なると，太陽が明るいため，実際には金星は見えない。

重要
観察

金星の大きさや形の変化を調べる

目的 金星の見える大きさや形が変化するのはどうしてなのかをモデルをつくって調べる。

方法 ①発泡ポリスチレンの球を数個用意し，1個は太陽として全体を赤くぬり，1個は地球として青くぬり，
残りはすべて半分（半球）を黄色に，残りの半分を黒くぬる。

②①に竹ひごをさし，竹ひごの反対側に粘土などをつけて立つようにする。金星は，竹ひごをちょうど黄色と黒の境目にさす。

③紙に，図のように太陽の位置と，太陽を中心に金星の公転軌道，地球の公転軌道をかく。

④太陽の位置に太陽の球，地球の公転軌道上の点Pに地球の球を置く。金星の公転軌道上の点A～Eに，黄色の半球が太陽に向くように金星の球を並べる。

⑤地球の位置から見て，金星の黄色の部分がどのような形や大きさに見えるかを観察し，記録する。

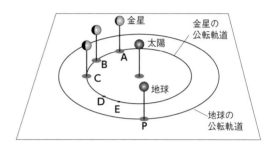

結果 ・A～Eの位置に金星があるときの見える形は，図のようになった。

・金星が地球から遠い位置にあるときの方が，大きさは小さく見えた。

A

B

C

D

E

結論 ・金星の形は，金星の位置によって変わり，満ち欠けする。

・金星は，金星が地球より遠いときは小さく見え，近くなると大きく見える。

考察 ・金星の形が満ち欠けするのは，金星，太陽，地球の位置関係が変化するためであると考えられる。

・金星の大きさが変化するのは，地球と金星の距離が変わるためであると考えられる。

チェック

(1) 黄色の半球が太陽に向くように，金星の球を公転軌道上に並べるのはなぜか。

(2) 金星の球を太陽の右側に並べると，見える形はどうなるか。

▶答え (1) 金星は太陽の光を反射して光っているから。 (2) 金星の左側が欠けて見える。

❸金星が見えるときと方位…見えるのは明け方と夕方のみで，夜遅くや真夜中に見ることはできない。

a明け方…日の出前の東の空に見える。明けの明星（みょうじょう）とよばれる。

b夕方…日の入り後の西の空に見える。よいの明星とよばれる。

❹金星の満ち欠けと大きさの変化…月と同じように満ち欠けして見える。見かけの大きさも変化する。

↑金星　　　　　　提供：NASA/JPL-Caltech

 金星の動きと地球からの見え方

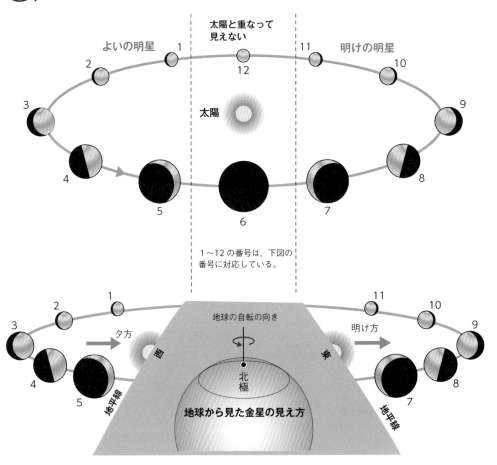

よいの明星　　太陽と重なって見えない　　明けの明星

太陽

1～12の番号は，下図の番号に対応している。

地球の自転の向き

夕方　　西　　北極　　東　　明け方

地平線

地球から見た金星の見え方

地平線

❺金星の不規則な動き…金星を続けて観測すると，天球上で，動きが遅くなったり，速くなったり，あともどりしたりするなど，不規則な動きをしているように見える。そのため，天球上の星座の間をさまよっているように感じる。

 **動画 金星の見え方**

 比較　夕方と明け方の金星の動き（例）

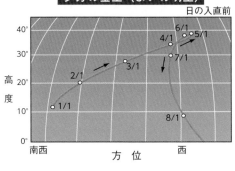

夕方の金星（よいの明星）

日の入直前

高度
40°
30°
20°
10°
0°

6/1　5/1
4/1
7/1
3/1
2/1
8/1
1/1

南西　　　　方　位　　　　西

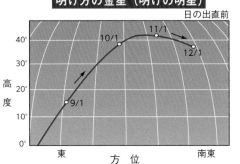

明け方の金星（明けの明星）

日の出直前

高度
40°
30°
20°
10°
0°

11/1
10/1　　12/1
9/1

東　　　　方　位　　　　南東

❻金星の動きが不規則な理由…金星と地球では，公転周期がちがう。金星の公転周期が地球の公転周期よりも短いために，地球と金星の軌道上の位置が少しずつずれていくので，地球と金星と太陽の位置関係の変化は複雑になる。

くわしく　金星と地球の公転周期

地球の公転周期は1年，金星の公転周期は約0.6年である。

ここに注目　金星はなぜ不規則に動くのか

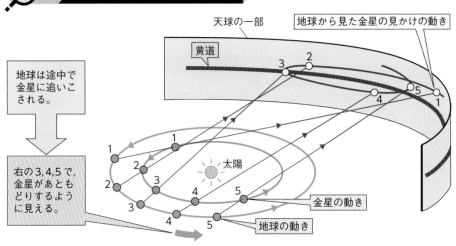

天球の一部

地球から見た金星の見かけの動き

黄道

地球は途中で金星に追いこされる。

右の3，4，5で，金星があともどりするように見える。

太陽

金星の動き

地球の動き

4章／地球と宇宙

3節／月と惑星の見え方

237

② 内惑星と外惑星

　太陽系の惑星という点では同じでも，公転軌道が地球より内側にある惑星と外側にある惑星では，見え方がちがう。

(1) 内惑星・外惑星と見え方

❶**内惑星**…地球の内側を公転している惑星。

　水星・金星

❷**外惑星**…地球の外側を公転している惑星。

　火星・木星・土星・天王星・海王星

❸**内惑星・外惑星の見え方のちがい**

> a **見える時刻**…内惑星は明け方，夕方のみに見えるが，外惑星は真夜中にも見える。
>
> b **見える方位**…内惑星は明け方の東の空，夕方の西の空にしか見えないが，外惑星は真南に見えることがある。
>
> c **満ち欠け**…内惑星は満ち欠けをするが，外惑星はほとんど満ち欠けしない。

（左欄）重要

(2) 火星の見え方

❶**火星が見える時刻**…火星は金星とちがって，地球の外側を公転しているので，太陽から離れた位置にくることもある。そのため，明け方や夕方だけでなく，真夜中に見えることもある。

❷**火星が見える方位**…火星は太陽から離れた位置にくることもあるので，太陽に近い明け方の東の空や夕方の西の空だけでなく，南の空に見えることもある。真夜中に南の空に見えるときは，火星は地球をはさんで太陽と反対の位置にある。

 思考 外惑星でも見かけの大きさは変わるの？

　外惑星はほとんど満ち欠けしないが，大きさは変わらないのだろうか。実際には，火星は地球に最も接近するときと，もっとも離れたときの距離の差が大きいので，見かけの大きさも最小のときと最大のときとで6倍以上ちがう。しかし，ほかの外惑星は公転軌道の半径が地球の5倍以上もあるので，地球に最も接近したときと最も離れたときの距離の差は，火星ほど大きくない。そのため，見かけの大きさのちがいは小さく，土星，天王星，海王星では望遠鏡で観測しても大きさのちがいがあまりわからないほどである。

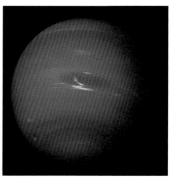

⬆海王星　　　　　　　提供：NASA/JPL

⚖比較　金星と火星の見え方のちがい

	金星	火星
見える時刻	明け方，夕方のみ	真夜中にも見える
見える方位	東の空（明け方）と，西の空（夕方）	東，南，西のどの方位にも見える
見かけの形	満ち欠けする	ほとんど満ち欠けしない
見かけの大きさ	変化する	変化する

❸火星の形と大きさの変化…火星は，地球からはいつも太陽の光を反射している面を見ていることになるので，ほとんど形は変化しない。地球から火星までの距離は大きく変化するので，見かけの大きさは変化する。最大のときと最小のときとで，大きさは6倍以上ちがう。

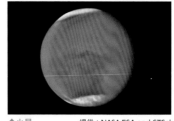

↑火星　　　　　提供：NASA,ESA,and STScl

ここに注目　**火星の動きと大きさの変化**

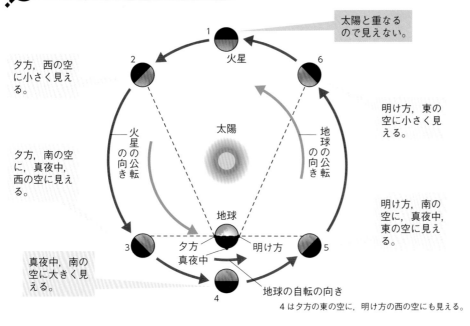

太陽と重なるので見えない。

1 火星

夕方，西の空に小さく見える。

火星の公転の向き

太陽

地球の公転の向き

明け方，東の空に小さく見える。

夕方，南の空に，真夜中，西の空に見える。

明け方，南の空に，真夜中，東の空に見える。

地球

夕方　真夜中　明け方

真夜中，南の空に大きく見える。

地球の自転の向き

4 は夕方の東の空に，明け方の西の空にも見える。

🖊トレーニング　活用問題の解き方

金星と火星の観測

例題　金星と火星の観測で最も大きなちがいは何か。その理由とともに説明せよ。

ヒント　金星は地球より内側を公転する内惑星，火星は地球の外側を公転する外惑星である。

答え　金星は地球の内側を公転しているため，太陽から大きく離れることがないので，明け方か夕方にしか観測できない。火星は地球の外側を公転しているため，明け方，夕方に限らず，真夜中にも観測することができる。また，金星は形が大きく変化するのに対して，火星は形の変化がほぼ見られない。

Column 火星の不規則な動き

　太陽系の惑星の公転周期はそれぞれ異なり，太陽に近い惑星ほど公転周期が短い。地球の公転周期が1.00年なのに対して，火星は1.88年である。よって，火星が1回公転する間に，地球は2回近く回っているので，その途中で地球は火星に追いつき，追いこしている。

　地球が火星を追いこすと，地球から火星を見る方向が変わるため，結果的に火星は西から東に進んだり，逆に東から西にもどったりしているように見える。

　太陽は，天球上の星座の間を西から東へ一定の向きで動くのに対して，惑星は，星座の間を動く向きが変わったり，向きが変わるときに一時的に止まったりする。この動きが「星座の間を惑っている」ように見えることから，「惑星」という名前がついたといわれている。

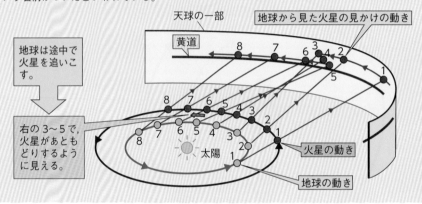

 Column 天動説と地動説

　太陽と惑星の運動については，地球のまわりを太陽とほかの惑星が回っているとするプトレマイオス（2世紀に活躍）の天動説が長いこと信じられてきたが，天動説では，惑星の複雑な動きを説明するために，多くの円を組み合わせた複雑な軌道を考えなければならなかった。それに対してコペルニクス（16世紀に活躍）は，太陽のまわりを地球や惑星が回っていると考えれば惑星の見え方や動きをうまく説明できるとして，地動説を提唱した。

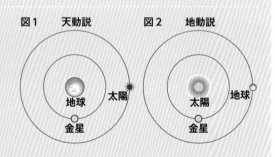

　例えば，図1の天動説では金星と地球の距離は一定で，見かけの大きさの変化や満ち欠けを説明できない。また，金星が太陽から大きく離れることもあり得る。一方，図2の地動説では，金星の見かけの大きさの変化や満ち欠けが金星と地球，太陽の位置関係から説明でき，金星が太陽から大きくは離れないことも説明できる。このように，金星の見え方からも地動説の正しさがわかる。

1 月の満ち欠け，日食・月食

- □(1) 月は，地球のまわりを回っている地球の〔 　 〕である。
- □(2) 月は，〔 　 〕の光を反射して光っている。
- □(3) 月は，地球のまわりを約〔 　 〕か月かけて，地球の北極側から見て反時計回りに〔 　 〕している。
- □(4) (3)のために月は，新月→上弦の月→〔 　 〕→下弦の月へと，形を変える。これを月の〔 　 〕という。
- □(5) 月の満ち欠けの周期は，約〔 　 〕日である。
- □(6) 太陽に月が重なって，太陽がかくされる現象を〔 　 〕という。
- □(7) 月が地球の影に入る現象を〔 　 〕という。
- □(8) (6)のとき，地球と太陽と月は，太陽→〔 　 〕の順で一直線上に並び，(7)のときは太陽→〔 　 〕の順で一直線上に並ぶ。
- □(9) (6)が起こるのは〔 満月　新月 〕のときである。

(1) 衛星
(2) 太陽
(3) 1，公転
(4) 満月，満ち欠け
(5) 29.5
(6) 日食
(7) 月食
(8) 月→地球，地球→月
(9) 新月

2 惑星の見え方

- □(10) 水星と〔 　 〕のように，地球より内側を公転している惑星を〔 　 〕という。
- □(11) 地球より外側を公転している惑星を〔 　 〕という。
- □(12) 夕方，西の空に見える金星のことを〔 　 〕という。
- □(13) 明けの明星とは，〔 明け方　夕方 〕，〔 東　西 〕の空にかがやく金星のことである。
- □(14) 金星の大きさが変化して見えるのは，公転周期がちがうことから，金星と地球の〔 　 〕が変化するためである。
- □(15) 地球から見て，金星の見かけの大きさが大きいとき，欠け方は〔 小さく　大きく 〕なっている。
- □(16) 内惑星は真夜中に見ることが〔 できる　できない 〕。外惑星は真夜中に見ることが〔 できる　できない 〕。

(10) 金星，内惑星
(11) 外惑星
(12) よいの明星
(13) 明け方，東
(14) 距離
(15) 大きく
(16) できない，できる

2節／地球の動きと天体の動き

1 日本のある地点で，1日の太陽の動きを透明半球を使って記録した。右の図は，そのときの記録と，3か月後に同様の観測をしたときの記録をまとめて示したものである。これについて，次の問いに答えなさい。　【5点×5】

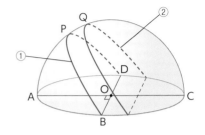

(1) ①，②を記録したのは，それぞれいつと考えられるか。次のア〜ウから選べ。

　　ア．春分の日　　イ．夏至の日　　ウ．冬至の日　　①〔　　　〕②〔　　　〕

(2) 太陽がPまたはQの位置にきたときを，太陽の何というか。〔　　　〕

(3) ∠POAは58°であった。この地点の緯度は何度と考えられるか。〔　　　〕

(4) 太陽の動く経路が図のように平行に移り変わるのは何が原因か。簡単に書け。

　〔　　　　　　　　　　　　　　　　　　　　　　　　　　〕

2節／地球の動きと天体の動き

2 右の図は，地球が太陽のまわりを公転しているようすと，各位置で南中する星座を示している。これについて，次の問いに答えなさい。　【5点×7】

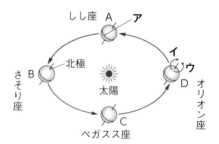

(1) 図のアの線は何を表しているか。　　〔　　　〕

(2) 地球は何を回転の軸として自転しているか。

　　〔　　　〕

(3) 地球の自転の向きは，イ，ウのどちらか。

　　〔　　　〕

(4) 冬至のころ，太陽と同じ方向にあって，見えない星座はどれか。図中の星座から選べ。〔　　　〕

(5) 夏至のころ，夕方に東の空からのぼり，真夜中に南中して，明け方に西の空に沈むと考えられる星座はどれか。図中の星座から選べ。　〔　　　〕

(6) 地球がAの位置にあるとき，夕方に南中し真夜中に西に沈むと考えられる星座はどれか。図中の星座から選べ。　〔　　　〕

(7) 南極で，1日中太陽が沈まない白夜になるのは地球がA〜Dのどの位置にあるときか。

　〔　　　〕

3 右の図は，午後10時ごろ南東の空に見えるオリオン座を観測し，恒星の位置を記録したものである。これについて，次の問いに答えなさい。

【5点×5】

A（赤）　オリオン座

〔東〕　　　　　　　　　〔南〕
　　　　　　　　　　　　地平線

(1) 図中の赤い恒星**A**の名前は何というか。

〔　　　　　　　　　〕

(2) 午後11時ごろにオリオン座を観測すると，位置はどのように変化しているか。次の**ア**〜**エ**から選べ。　　〔　　　　　　〕

　　ア．右上方に移動する。　　**イ**．右下方に移動する。
　　ウ．左上方に移動する。　　**エ**．左下方に移動する。

(3) (2)のように星座が移動して見えるのは何が原因か。次の**ア**〜**ウ**から選べ。　〔　　　　　〕

　　ア．地球の公転　　**イ**．地球の自転　　**ウ**．地球の自転と公転

(4) 1か月後の午後10時ごろに見えるオリオン座は，上の図と比べてどの位置に移動しているか。

〔　　　　　〕

　　ア．右上方に移動する。　　**イ**．右下方に移動する。
　　ウ．左上方に移動する。　　**エ**．左下方に移動する。

(5) 1か月後に，上の図と同じ位置にオリオン座が見えるのは何時ごろか。　〔　　　　　　〕

4 右の写真は，数日間の太陽の表面を観察した記録である。これについて，次の問いに答えなさい。　【5点×3】

東　　　　　　　　　西

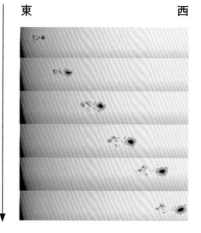

(1) 太陽の表面に見える黒いしみのようなものを何というか。

〔　　　　　　　〕

(2) (1)が移動して見えるのは，太陽のどのような動きによるものか。次の**ア**〜**ウ**から選べ。　〔　　　　　〕

　　ア．日周運動　　**イ**．公転　　**ウ**．自転

(3) (1)の形は，太陽の中央部よりも周辺部のほうが縦長に見える。その理由を簡単に書きなさい。

〔　　　　　　　　　　　〕

4章／地球と宇宙

画像：NASA's Goddard Space Flight Center/SDO/SOHO/CCMC/SWRC/Genna Duberstein, producer

3節／月と惑星の見え方

1 下の表は，9月4日から16日まで午後6時の月を観測した記録で，図1はそのときのスケッチである。これについて，次の問いに答えなさい。 【4点×5】

図1

東　　南　　西

日付	9月4日	9月8日	9月12日	9月16日
位置				

(1) 表の空欄に，図1の月の位置の記号a～dを書け。(完答)

(2) 9月10日午後6時の月の位置は，図1の①～③のどこか。

〔　　　　　〕

(3) bの月は，図2の地球上のX，Yのどちらから観測したか。またア～クのどの月を観測したものか。それぞれ記号で答えよ。

地点〔　　　　〕月の位置〔　　　　〕

図2

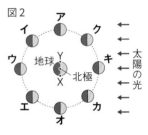

(4) 時期をかえて，明け方に西の空に見えた月を2週間観測した。月の形はどのように変化したか。ア～ウから選び，答えよ。

〔　　　　　〕

ア．三日月→半月→満月　　イ．満月→新月→半月　　ウ．満月→半月→新月

3節／月と惑星の見え方

2 日食，月食について，次の問いに答えなさい。 【4点×7】

(1) 太陽全体が月にかくされる現象（　A　）と，太陽が月の外側に少しはみ出して細い光の輪が見える現象（　B　）を，それぞれ何というか。　　　A〔　　　　〕　B〔　　　　〕

(2) 太陽と月の見かけの大きさがほぼ同じために日食は起こる。地球から太陽までの距離は，地球から月までの距離の約400倍である。太陽の直径は，月の直径の約何倍か。　〔　　　　〕

(3) 日食，月食が起こるとき，月・太陽・地球はどの順で一直線上に並んでいるか。それぞれ太陽の光の進む向きにそって答えよ。

日食〔　　→　　→　　〕　月食〔　　→　　→　　〕

(4) 日食は新月のときに起こる現象だが，新月のたびに毎回日食が起こるわけではない。その理由を，公転面という言葉を用いて簡単に書け。

〔　　　　　　　　　　　　　　　　　　　　　　　　　　　　　　　　〕

(5) 日食の観測後，次の満月が見られるのは約何週間後か。　〔　　　　〕

3 図1は，太陽・金星・地球の位置関係を，図2は金星の満ち欠けを示したものである。これについて，次の問いに答えなさい。【4点×7】

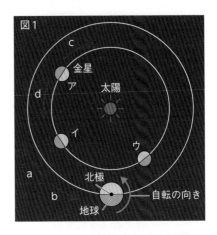

図1

(1) 図1の地球の公転の向きは，**a**，**b**のどちらか。〔　　　〕

(2) 図1の金星の公転の向きは，**c**，**d**のどちらか。〔　　　〕

(3) 明けの明星といわれる金星の位置は，図1の**ア**〜**ウ**のどれか。すべて答えよ。〔　　　〕

(4) よいの明星といわれる金星の位置は，図1の**ア**〜**ウ**のどれか。すべて答えよ。〔　　　〕

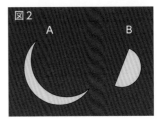

図2

(5) 金星が図2の**A**，**B**のように見えるとき，金星は，図1の**ア**〜**ウ**のどの位置にあるか。　A〔　　　〕　B〔　　　〕

(6) 図1の**ウ**の位置に金星があるとき，金星はいつごろ，どの方位の空に見えるか。（完答）

いつごろ〔　　　〕　方位〔　　　〕

4 右の図は，ある日の夕方の月と金星の位置を観察してスケッチしたものである。これについて，次の問いに答えなさい。【4点×6】

(1) 月や金星は，何の光を受けて光っているか。〔　　　〕

(2) 図は，東・西・南・北のどの空のようすか。〔　　　〕

(3) 金星を真夜中に見ることができないのはなぜか。公転という言葉を使って，理由を簡単に書け。
〔　　　　　　　　　　　　　　　　　　　　　　　　　　　　　　〕

(4) 金星は，月と同じように満ち欠けして見える。このとき，見かけの大きさが変化する。その理由を簡単に書け。〔　　　　　　　　　　　　　　　　　　　　　　　　〕

(5) 4日後の同じ時刻の月の形と位置を，次の**ア**〜**ケ**からそれぞれ選び，記号で答えよ。

ア．三日月　　**イ**．半月(上弦)　　**ウ**．半月(下弦)　　**エ**．満月　　**オ**．新月

カ．右に移動する。　**キ**．左に移動する。　**ク**．図の位置とほぼ同じ。　**ケ**．地平線の下。

形〔　　　〕　位置〔　　　〕

4章　地球と宇宙

外惑星の見かけの大きさ

金星は満ち欠けをし，見かけの大きさが変わることを学習した。外惑星の火星も見かけの大きさが変化する。この変化の大きさは，何によって決まるのだろう。また，この変化はどれぐらいの周期で起こるのだろうか。

疑問1 火星の見かけの大きさが，大きいときと小さいときではどれくらいちがうのかを計算するにはどのようにすればよいのだろう。

疑問2 火星が地球に最も接近してから次に接近するまでの期間は，どうすればわかるのだろう。

資料1 地球と外惑星の位置関係と距離

```
        合
     X年で1周 (X>1)

       1年で1周

    地球の
    軌道      太陽        最も離れた
                         ときの距離

           地球
                         最も近づいた
  外惑星Aの軌道            ときの距離

     外惑星A
        衝
```

資料2 外惑星と地球の平均距離

惑星	最も近づいたときの距離（衝）	最も離れたときの距離（合）
火星	0.783 億 km	3.775 億 km
木星	6.287 億 km	9.279 億 km
土星	12.798 億 km	15.79 億 km
天王星	27.254 億 km	30.246 億 km
海王星	43.548 億 km	46.54 億 km

※「合」のとき，外惑星Aは太陽と重なるので見ることができない。合に近い位置にあるとき，地球から最も離れている。これに対して，「衝」では外惑星Aと地球は最も近づいている。

資料3 地球と火星の公転周期と公転の速さ

惑星	公転周期（年）	1日に回転する角（度）
地球	1.000（約365日）	0.986
火星	1.881（約687日）	0.524

> 公転周期が短いということは，惑星が公転軌道を動く速さが速いということだね。

考察1 見かけの大きさのちがいを計算する。

月食が起こるのは，月の大きさは太陽の約400分の1だけど，地球から太陽までの距離が月までの距離の約400倍で，月と太陽の見かけの大きさがほぼ同じだからだったね。

惑星の見かけの大きさ（直径）は，地球からの距離が2倍になれば，約2分の1になる。つまり，見かけの大きさは地球からの距離にほぼ反比例する。火星の（資料1の）場合，

最も離れたときの距離÷最も近づいたときの距離
＝3.775÷0.783＝4.8

よって，平均的には，火星が接近したときの見かけの大きさは，最も小さく見えるときの5倍ぐらいとわかる。

ただし，火星の公転軌道は楕円なので，地球に接近したときの距離は毎回ちがい，2018年に大接近したときの距離は，2019年に最も離れたときの距離の約$\frac{1}{7}$倍だった。

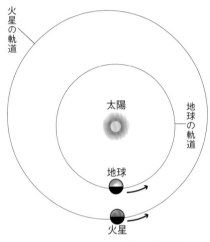

↑火星と地球の実際の公転軌道のようす（イメージ）
地球の公転軌道は，楕円だがほぼ円に近い。火星の公転軌道ははっきりとした楕円である。

考察2 地球と火星が接近する時期の間隔を求める。

地球の方が火星より速く公転するので，接近した後，地球が火星より先に進んでどんどん位置がずれていくね。位置のずれが360°になったら，どうなるのかな。

最接近した火星と地球の位置がずれ始め，そのずれが360°になるとき，2つの惑星は再び最接近することになる。地球の公転周期は365日，火星は687日で，公転する速さは地球の方が速い。地球が再び火星に追いつく（ずれが360°になる）には，約780日（約2年2か月）かかる計算になる。

2つの惑星が出会うのが2年ちょうどでなく，2年2か月かかるため，地球と火星が最接近（衝）する位置と距離は毎回異なることになる。例えば，2035年9月11日の最接近では5691万kmまで近づく一方で，2027年2月20日の最接近では1億142万kmと，ほぼ2倍も差が出ると計算されている。

中学生のための
勉強・学校生活アドバイス

同じ問題集を何度もやろう！

「結菜，問題集解いてるの？」

「そう。いま丸つけしてたんだけど…，同じような問題がいつもできなくて…。」

「戸川はふだんまちがえた問題ってどうしてる？」

「…？　答えを見て書き写すようにしてるけど。」

「**まちがえた問題は印をつけてわかるようにしておいて，答えを写す前にもう一度解いてみる**といいよ。」

「それでもわからなかったら？」

「**理解できるまで，解説をじっくり読むようにする。**」

「ふむふむ。」

「**印をつけた問題は，3日後くらいにもう一度解いてみるんだ。それでも解けなかったら，また3日後に解いてみる。**」

「津田くん，すごくしっかり解き直ししてるんだね。」

「たしかに，そこまですればできるようになりそう…！」

「解けなかった問題を解けるようにすることが，勉強ではすごく大切だからね。」

「なるほど…！」

「同じように，問題集もあれこれいろいろなものをやるより，**同じ問題集を何度もやりこむ方がおすすめ**だよ。」

「何度もってどのくらい？」

「オレは，1冊の問題集は，最低でも3回はやるようにしてるかな。」

「す…すごい…！　…早希もそんなにたくさんやってるの？」

「わたしは“**自分用のできない問題集**”をつくって，それを何度も解くようにしてるかな。」

「自分用の問題集？」

「**よくまちがえる問題とか，解けたり解けなかったりするような問題をコピーして，ノートにはりつける**の。」

「なるほど！　そうすれば，苦手な問題を何度も練習できるね。わたしもそれ，やってみようかな！」

248

5 章

自然・科学技術と人間

1 エネルギー資源の利用

```
教科書の要点
```

① 発電の方法

◎ **水力発電**…ダムにためた水を落下させ、発電機を回す。

◎ **火力発電**…**化石燃料**を燃やして高温・高圧の水蒸気をつくり、発電機を回す。

◎ **原子力発電**…核分裂で発生する熱で高温・高圧の水蒸気をつくり、発電機を回す。

② 原子力発電と放射線

◎ **放射線**…高いエネルギーをもった粒子や電磁波の流れ。

◎ **放射能**…放射性物質が放射線を出す能力。

◎ **原子力発電の課題**…放射性廃棄物の管理。事故が起こったときの被害が大きい。

③ 再生可能なエネルギー

◎ **太陽光発電**…光電池を使って発電する。

◎ **風力発電**…風で発電機を回して発電する。

1 発電の方法

水力発電、火力発電、原子力発電などがある。

❶ 発電の方法…電気エネルギーは、多くを**水力発電、火力発電、原子力発電**から得ている。しかし、2011年の福島第一原子力発電所の事故以降、原子力発電から得られる電力の割合が減少し、**太陽光発電や風力発電**などによる発電量が増加している。

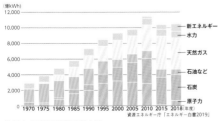

↑日本の電源別発電電力量

発展 日本人のエネルギー消費量

日本人の1人あたりのエネルギー消費量は1年間で平均約1.5×10^{10}J、1秒間では約500Jである。その半分を電気エネルギーとして使っている。

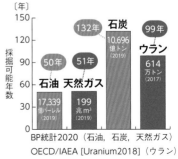

BP統計2020（石油、石炭、天然ガス）
OECD/IAEA [Uranium2018]（ウラン）

↑エネルギー資源の採掘可能年数

❷水力発電…川など
にダムをつくって
水をため，高い位
置から水を落下さ
せ，タービンを回
して発電する。

水力発電のしくみ

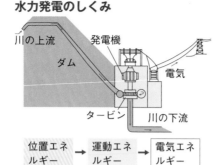

位置エネルギー → 運動エネルギー → 電気エネルギー

a 長所…燃料が不
要で，二酸化炭
素などの温室効果ガスが出ない。

b 短所…ダムをつくる場所が限られる。ダム建設による自然
環境への影響が大きい。

❸火力発電…石油・石炭・天然ガスなどの**化石燃料**を燃やし
て高温・高圧の水蒸気をつくり，タービンを回して発電する。

火力発電のしくみ

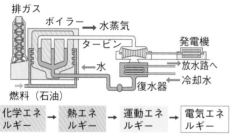

化学エネルギー → 熱エネルギー → 運動エネルギー → 電気エネルギー

a 長所…大きな出力で発電でき，需要に応じて出力調整できる。
b 短所…資源に限りがある。化石燃料を燃焼させるために，**地
球温暖化**の原因物質である二酸化炭素が発生する。

❹原子力発電…原子炉の中で，核分裂のエネルギーに
よって高温・高圧の水蒸気をつくり，タービンを回
して発電する。

a 長所…少量の燃料から莫大なエネルギーをとり出
せる。二酸化炭素などの温室効果ガスを出さない。

b 短所…原子炉内で放出される放射線が外部にもれ
る危険があること。使用済み核燃料を安全に処理
する問題がある。

⤵**くわしく** **温室効果ガス**

二酸化炭素は，熱エネルギーをたくわ
える（吸収する）はたらきがあるので，大
気中の二酸化炭素濃度が高くなると，宇
宙に放出される熱が大気中にとどまって
しまう。二酸化炭素がビニルハウスのよ
うなはたらきをするので，温室効果ガスと
いわれ，地球温暖化の原因となっている。

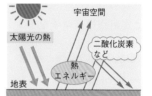

太陽光の熱　宇宙空間　二酸化炭素
など　熱エネルギー　地表

地球の平均気温が上昇すると，極地の氷
や氷河がとけ，海水面が上昇し，陸地が
失われるといった被害が出る。

⤵**くわしく** **化石燃料**

石油・石炭・天然ガスは，大昔の生物
の死がいが地層の中で長い間に変化して
できたものである。このため，これらを
化石燃料といっている。

↑火力発電所

原子力発電のしくみ

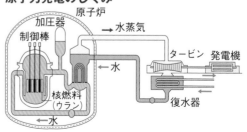

原子炉　加圧器　制御棒　→水蒸気　タービン　発電機　←水　核燃料（ウラン）　復水器　←水

核エネルギー → 熱エネルギー → 運動エネルギー → 電気エネルギー

2 原子力発電と放射線

放射線には α 線，β 線，γ 線，X 線，中性子線などがある。

❶放射線…高いエネルギーをもつ粒子や電磁波の流れ。α 線，β 線，γ 線，X 線，中性子線などがあり，次のような性質がある。

a 目に見えない。

b 透過性（物体を通りぬける性質）がある。

c 電離作用（原子をイオンにする性質）がある。

❷放射線の種類と特徴

a **α 線**…ヘリウムの原子核の流れ。＋の電気をもつ。

b **β 線**…電子の流れ。－の電気をもつ。

c **中性子線**…原子核から飛び出した中性子の流れ。

d **X 線**…原子核の外から出た電磁波の流れ。

e **γ 線**…原子核から出た電磁波の流れ。

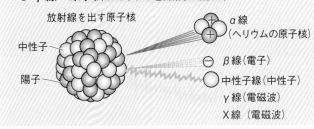

❸放射線と放射能…**放射線**を出す物質を放射性物質，放射性物質が放射線を出す能力を**放射能**という。

・放射線，放射能，放射性物質の３つのちがいを，電灯に例えると，放射線は電灯の光，放射能は電灯の光を出す能力，放射性物質は電灯となる。

❹放射線の単位…ベクレル，グレイ，シーベルトがある。

a **ベクレル（記号 Bq）**…放射性物質の放射能の強さを表す。1 Bq は，放射性物質の原子が1秒間に1個の割合で変化して放射線を出すときの放射能の強さ。

b **グレイ（記号 Gy）**…物質や人体が受けた放射線のエネルギーの大きさを表す。

くわしく　X線，電磁波

レントゲン（ドイツ）は，1895年，黒い紙でおおわれたクルックス管から出たものが，写真フィルムを感光させることに気づき，これをX線と名づけた。

さらに，ベクレル（フランス）は，1896年，ウランから目に見えなくて，物質を透過して写真フィルムを感光させるものが出ていることを発見し，それを放射線と名づけた。また，電磁波は，電気と磁気の波で，ラジオで使う電波や光なども電磁波の一種である。

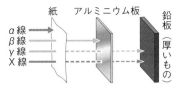

⬆放射線の物質を突きぬける能力（透過力）

電灯

光を出す能力
↓
光の強さを表す単位
カンデラ（cd）

光

明るさの単位
ルクス（lx）

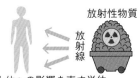

放射性物質

放射能
↓
放射能の強さを表す単位 ベクレル（Bq）

放射線

人体への影響を表す単位
シーベルト（Sv）

⬆放射線と放射能

c シーベルト（記号 Sv）…放射線が人体に与える影響を表す

ときの単位。1ミリシーベルト（mSv）＝$\frac{1}{1000}$シーベルト。

❺ **自然放射線と人工放射線**…わたしたちは，常に大気や食物，地面，宇宙から**自然放射線**を受けながら生活し，さらに，医療の診断などで利用される**人工放射線**がある。

　自然放射線の年間放射線量は約2.4ミリシーベルト（世界平均，日本の場合は約2.1ミリシーベルト），また，胸部のレントゲン撮影の1回の放射線量は約0.1ミリシーベルトである。

❻ **放射線とその影響**…放射線を受けることを被ばくといい，体外から放射線を受ける**外部被ばく**と，呼吸や食事で体内にとり入れた放射性物質から放射線を受ける**内部被ばく**がある。

・大量の放射線を受けると，細胞の遺伝子が損傷してがんになる危険性が高くなる。

❼ **原子力の利用の課題**…放射性物質が原子炉外にもれると，水や土壌，農作物，水産物などが汚染され，人体にも健康被害が出る危険がある。また，使用済み核燃料や冷却水の安全な処理など，さらに研究して解決しなければならない課題がある。

1人あたり1年間に受ける自然放射線（世界平均2.4mSv）

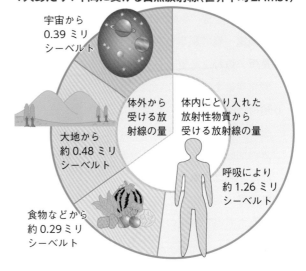

宇宙から
0.39ミリ
シーベルト

体外から受ける放射線の量

体内にとり入れた放射性物質から受ける放射線の量

大地から
約0.48ミリ
シーベルト

呼吸により
約1.26ミリ
シーベルト

食物などから
約0.29ミリ
シーベルト

発展　放射性物質の半減期

　放射性物質は，放射線を放出してほかの安定した物質に変化し，時間とともに減少していく。放射線を放出する原子の数が半分になる時間を半減期といい，放射性物質によって決まっている。

　例えば，放射性物質のヨウ素131の半減期は約8日，セシウム137の半減期は約30年，原子力発電の核燃料として使われるウラン235（陽子と中性子の数の合計が235個であるウラン原子）の半減期は約7億年である。

3 再生可能なエネルギー

　環境を汚染するおそれは少ないが，発電効率など課題も多い。

❶ **再生可能なエネルギー資源**…太陽のエネルギーなどいつまでも利用できるエネルギーを**再生可能なエネルギー**という。太陽光発電，風力発電，地熱発電，バイオマス発電など，新しいエネルギー資源の開発が進んでいる。

❷太陽光発電…光エネルギーを電気エネルギーに変える装置（光電池）によって発電する。一般住宅にも設置が進んでいる。

　a 長所…大気汚染物質や二酸化炭素を排出しない。

　b 短所…夜は発電できない。天気によって発電量が変わる。大規模な太陽光パネルの設置は，自然破壊が生じる場合がある。

❸風力発電…風で風車を回し，発電機を回して発電する。

　a 長所…燃料を必要としない。二酸化炭素を排出しない。

　b 短所…風がふかないと発電できない。設置場所が限られる。風車の回転による騒音や鳥の衝突などが懸念される。

▲太陽光発電

❹地熱発電…地下のマグマの熱でつくられた高温・高圧の水蒸気でタービンを回して発電する。

　a 長所…燃料を必要としない。二酸化炭素を排出しない。

　b 短所…利用できる場所が国立公園内に多く，立地が限られる。開発費や調査費が高く，稼働までに長時間かかる。

▲風力発電

❺バイオマス発電…農林業から出る作物の残りかす，家畜のふん，間伐材などを燃焼させたり，微生物を使ってアルコールやメタンを発生させ，これらを燃焼させて火力発電と同様に発電する。

▲地熱発電

　a 長所…バイオマスを確保できれば，火力発電と同じで安定した発電量が見こめる。ゴミや廃材を減らすことができる。

　b 短所…廃棄物収集に費用がかかる。バイオマスの安定した確保がむずかしい場合がある。

ここ に注目　燃料電池

　水を電気分解すると，水素と酸素が発生する。燃料電池はこの逆の反応で，水素と酸素のもつ化学エネルギーを電気エネルギーに変換する発電設備である。

燃料電池

水素＋酸素 ⇄ 水＋電気エネルギー

水の電気分解

　水素と酸素の化学反応で水ができ，発生するエネルギーを電気としてとり出せる。

1．水素は水素極で電子を離して水素イオンになる。
2．水素から離れた電子は，外部の回路を通って空気極に電流として流れる。
3．空気極では空気中からとり入れた酸素が電子を受けとり酸素イオンになる。
4．酸素イオンは水素イオンと結合して水になる。

a 長所…発電のとき，生成される物質は水だけである。

b 短所…天然ガスなどから水素をとり出すとき二酸化炭素が発生する。

くわしく　バイオマス

　エネルギー源として利用できる生物体をバイオマスという。

　生物は，太陽のエネルギーを利用して光合成を行うことができる植物が出発点になっている。このため，バイオマスから得られるエネルギーは，再生可能なエネルギーといえる。

254

2 さまざまな物質とその利用

教科書の要点

① プラスチックの性質と利用

◎ **プラスチック**…石油などから人工的に合成された合成樹脂。有機物である。

◎ **プラスチックの性質**…電気を通さない，腐りにくい，さびない，加工しやすい。

◎ プラスチックは自然界では分解されない。分別回収してリサイクルする。

② 新素材の利用

◎ **機能性高分子**…導電性高分子，吸水性高分子，吸湿発熱素材，生分解性高分子。

◎ **炭素繊維**…鉄と比べて軽く，引っぱりの強度が強く，しなやかである。

◎ **形状記憶合金**…変形させても，加熱や冷却によってもとの形にもどる金属。

1 プラスチックの性質と利用

プラスチックは19世紀末に発明された人工的な有機物。

❶**プラスチック**…石油などから人工的に合成され，熱や圧力によって成形できる有機物である。合成樹脂ともいう。

❷**プラスチックの性質と用途**

a 軽くて腐りにくく，さびない。軽くてじょうぶであることから，従来の素材である木や鉄，ガラス，陶器などに一部置きかわって広く使われるようになった。

b 電気を通さず，柔軟性があることから，絶縁体として電気コードの被ふくなどに使われている。

c 高温にすると，とけてやわらかくなり，加工しやすい。加熱していろいろな形の製品をつくることができる。

d さまざまな水溶液や薬品によって変化しにくいので，水溶液や薬品の容器に使われている。

くわしく 合成繊維

プラスチックを繊維状に加工してつくり出した繊維を合成繊維という。合成繊維は軽くてじょうぶな上に，さまざまな性質の繊維に加工でき，大量生産が可能という特徴がある。最近は，ペットボトルをリサイクルしてつくり出した合成繊維も登場し，衣料品に広く使われるようになった。

くわしく プラスチックのマーク

プラスチックのリサイクルを効率よくできるように，使われているプラスチックの種類を示す識別マークがつけられている。

カップPS
外装フィルムPP

❸**プラスチックの種類と性質**…おもなプラスチックには，次の
ような種類があり，それぞれ性質が異なっている。

 いろいろなプラスチックの性質

プラスチック名 （略語）	用途例	性質	燃え方	水への浮き沈み	密度 （g/cm³）
ポリエチレン （PE）	・レジ袋 ・食品用ラップ ・灯油タンク	・油や薬品に強い。	とけながら 燃える。	浮く。	0.91～0.96
ポリプロピレン （PP）	・ストロー ・弁当箱 ・ペットボトルのふた	・熱に強い。	とけながら 激しく燃える。	浮く。	0.90～0.92
ポリスチレン （PS）	・食品トレイ 　（発泡ポリスチレン） ・CDケース	・発泡ポリスチレンは断 熱性，保温性がある。	すすを出して 燃える。	沈む。 （発泡ポリスチ レンは浮く。）	1.05
ポリ塩化ビニル （PVC）	・消しゴム ・水道管 ・ビニルシート	・薬品に強い。	燃えるがす ぐに消える。	沈む。	1.38
ポリエチレンテレ フタラート（PET）	・ペットボトル ・卵パック ・繊維素材	・透明で圧力に強い。 ・うすく透明な容器を つくりやすい。	燃えにくい。	沈む。	1.37
アクリル樹脂 （PMMA）	・水族館の大型水そう ・ボールペン ・眼鏡のレンズ	・厚い透明な板をつく りやすい。	燃える。	沈む。	1.17～1.20

❹**プラスチックの廃棄**…プラスチックは，自然界の**細菌類**や
菌類（➡p.273）によって分解されにくく，自然界に放置され
て海に流出したプラスチックごみは，紫外線による劣化や波
の作用を受けてくだかれて小さくなっていく。このプラスチ
ックを海の生物がとりこむ問題が生じている。海に流出した
プラスチックごみを回収することはむずかしく，プラスチッ
クの使用を減らすなどのとり組みが進められている。

a 代替可能なものはプラスチックを使わない。

b 自然界に流出しないように，プラスチックを回収してリサイ
クルする。また，プラスチックごみを燃料として活用する。

くわしく▶ 発泡ポリスチレン

気泡をふくませたポリスチレン。発泡
スチロールともいう。加工しやすく，軽
量である。断熱性が高いために，食品ト
レイのほかに，断熱材として利用され
る。

くわしく▶ マイクロプラスチック

5 mm以下のプラスチックをマイクロ
プラスチックというが，1 mm以下のマ
イクロプラスチックの回収はほぼ不可能
といわれている。

Column 生分解性プラスチック

　プラスチックの多くは石油を原料としており，放置しておいても腐ることがないために，ごみとして処理することに手間がかかっていた。この問題を解決するために開発されたのが生分解性プラスチックである。

　生分解性プラスチックは，植物などからつくられていて，土の中などに長い時間放置しておくと，微生物のはたらきで分解され，最終的に二酸化炭素と水になる。環境にやさしいプラスチックとして注目されている。

©アフロ

② 新素材の利用

すぐれた性質をもつ素材が人工的につくられている。

❶機能性高分子…導電性高分子，吸水性高分子，生分解性高分子，吸湿発熱素材，感光性高分子など多くの種類が開発されている。

　a 導電性高分子…電気を通すプラスチックである。プラスチックは絶縁体だが，電気を通すプラスチックが次々に開発されてきた。銀行のATMや自動販売機，スマートフォンのタッチパネル，パソコンやディスプレイなどに使われている。

　b 吸水性高分子…プラスチック自体の質量より，数十倍〜千倍の質量の水を吸収して保持できる。紙おむつや土壌保水材などに使われている。

　c そのほかの素材として，光が当たると性質が変わる**感光性高分子**，汗などの水分によって発熱し，保温に優れた**吸湿発熱素材**などがある。

❷炭素繊維（カーボンファイバー）

合成繊維などを高温で焼いて炭素化したもの。軽くて強く，繊維から建設材料，機械部品，航空機の機体のほか，つりざおやゴルフクラブ，テニスラケットなどにも使われている。

⬆炭素繊維

💬**くわしく**──**高分子化合物**

　水の分子は水素原子2個と酸素原子1個の合計3個の原子からできている小さな分子である。これに比べて，高分子化合物は多数の原子が結びついた大きな分子である。プラスチックのほかに，デンプン，タンパク質，DNAなどいずれも高分子化合物である。

生活　夏の「打ち水」と吸湿発熱素材

　汗などの水分を吸収して発熱する繊維を吸湿発熱素材という。アンダーウエアやスポーツウエアなどに使われるようになった。汗を吸収するとあたたかくなるのはなぜだろうか。

　これは，夏の「打ち水」と逆の反応を利用したものである。水をまくと涼しく感じるのは，液体の水が水蒸気に変化して蒸発するとき，まわりから熱（気化熱）をうばうからである。これとは逆に，水蒸気が水に変わるときに発熱する（凝縮熱）ことを利用したものである。つまり，からだから出た水蒸気が，繊維に吸着して水に変わるときに発熱するのである。吸湿発熱素材では，繊維を細くして全体の表面積を大きくするなど，発熱の効果を高めている。

❸カーボンナノチューブ…日本で発見されたもので，炭素原子が図のように連なった構造の繊維。アルミニウムより軽く，非常にじょうぶで，熱や電気を伝える性質も高い。燃料電池の電極，配線材料，自動車や航空機などさまざまな用途での研究が進んでいる。

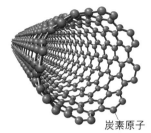
炭素原子
↑カーボンナノチューブ

❹形状記憶合金…ある温度で一定の形状を記憶させることができる合金で，変形させてもその温度にすると，もとの形にもどる。チタン・ニッケル合金，鉄・マンガン・アルミニウム合金などの種類がある。

❺ファインセラミックス…原料を精製し，より細かい粒子にして高温で焼き固めたもの。軽い，かたい，腐らない，さびない，高温に耐えるなどの特徴があり，いろいろな種類がある。

・電子セラミックス…IC基板，磁性素材

・バイオセラミックス…人工骨や人工関節，人工歯根

・機械部品用セラミックス…はさみ，包丁

・耐熱構造材料用セラミックス…耐熱を必要とするものの壁面やエンジン

❻その他の新素材…リニアモーターカーに使われている**超伝導物質**，テレビやスマートフォンに使われている**液晶**，燃料電池に使われている**水素貯蔵合金**などがある。

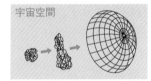
Column　レアメタル・レアアース

　レアメタルとは，リチウム，ニッケル，パラジウム，インジウム，タングステン，白金，レアアース（希土類元素とよばれる17種類の元素）など，資源として量が少なかったり，採掘するのがむずかしかったりする約30種類の金属の総称である。ハイテク製品に欠かせない素材で，デジタルカメラやスマートフォン，CD・DVDなどの光磁気ディスクの材料などに使われている。

　レアメタルの採掘可能年数は数十年ともいわれているので，スマートフォンや家電製品からリサイクルされるようになっている。

3 科学技術の発展

教科書の要点

1 コンピュータとインターネット

◎ **コンピュータ技術**…大量の情報を瞬時に処理できるようになった。

◎ **インターネットの普及**…情報の入手や発信が容易にできるようになった。

2 科学技術の進歩と生活

◎ **科学技術の進歩**…コンピュータなどの活用で，生活が豊かで便利になった。

◎ **最新の科学技術**…ナノテクノロジーや**ロボット，AI（人工知能）**など。

3 循環型社会

◎ **資源の利用**…限りある天然資源を長く利用する工夫が必要である。

◎ **循環型社会**…資源の消費を減らし，廃棄物を出さずにくり返し使用する。

◎ **持続可能な社会**…自然環境を保全しながら，豊かな生活を継続できる社会。

---

1 コンピュータとインターネット

インターネットは便利だが情報の流出などの問題も生じている。

❶ **コンピュータの普及**…コンピュータは小型化，高性能化が急速に進み，個人用，家庭用，事業用に広く使われ，情報の交換や通信手段として使われている。

❷ **インターネットの普及**…インターネットによって，大量の情報を活用できるようになり，個人が世界中の人々と情報を交換できる地球規模のネットワークが形成されている。

❸ **コンピュータ社会の問題点**…個人情報の流出，インターネットを使った犯罪，コンピュータウイルスによる感染，サイバー攻撃，プログラムの破壊，プライバシーの侵害など，さまざまな問題が生じている。

くわしく 量子コンピュータ

量子コンピュータは，現在のコンピュータとは全く異なり，物質をつくっている原子や分子などの量子の性質を扱うコンピュータである。現在のコンピュータは一定の電気の流れが「ある（1）」か「ない（0）」を組み合わせ，これをくり返して高度な計算をする。高密度の集積回路によって高性能化を実現してきたが，これが限界に近づいているのである。

量子コンピュータは「量子ビット」という計算単位を使い，量子の性質を生かして複数のデータを並行して処理する。現在のコンピュータの計算速度を大幅に上回ると期待されている。

Column クラウド（クラウドコンピューティング）

　クラウドは，英語で「雲」という意味だが，ネットワークを経由してユーザーにサービスを提供する形態のことである。これは，ネットワークの通信速度と品質が飛躍的に向上した結果，多くのサービスがネットワークを経由して提供できるようになったからである。データやアプリケーションはネットワーク上にあり，手元のパソコンなどにアプリケーションがなくても，いつでもどこからでもアクセスして利用することができる。

クラウド
データ，アプリ

PC
（パソコン）　スマホ

2 科学技術の進歩と生活

新しい技術は，さまざまなところにとり入れられている。

❶**科学技術の進歩とわたしたちの生活**…科学技術の進歩やすぐれた性質をもつ**新素材**（→p.257）などの開発が進み，わたしたちの生活は，便利で快適になった。その新しい技術はさまざまなところにとり入れられている。

❷**ロボット技術**…工場の生産ラインで使われている産業用ロボットのほかに，災害の現場では消防・防災ロボット，病院や介護施設では介護ロボットや手術支援ロボット，掃除，癒しなどの生活支援ロボットなど，さまざまな分野での活用が広がっている。

↑2足歩行ロボット

・**パワードウエア**…モーターを使って人の力を引き出す，「着るロボット」である。重いものを持ち上げるときの支援，介護者への支援，高齢者への歩行支援，歩行トレーニングの補助などに活用されている。

❸**人工知能（AI）**…AIは，Artificial（人工的な）Intelligence（知能）の頭文字をとったもの。蓄積された膨大なデータをもとにして，これまで人間にしか無理だと考えられていた問題の解決や推論などの作業を，人工的な知能によって行わせる技術である。医療分野の画像診断，自動車の自動運転，自動翻訳，顔認証のシステムなどさまざまな分野で利用が進んでいる。

くわしく 人工知能の研究

　AIは知能のある機械のことだが，そのような機械をつくる研究ではなく，コンピュータを使って，人間の知的な活動の一部と同じようなことをするための研究である。コンピュータのメリットは，長時間，同じ精度で大量の情報を処理できることである。AIの研究は，多岐にわたるが，次のようなものがある。

・音声認識…マイクに話した内容をコンピュータに理解させる研究。カーナビなどのシステムで実用化されている。

・機械学習…収集されたデータから，規則性を見つける研究。

・情報検索…蓄積されたデータから人間が必要とするものを見つけ出す研究。検索エンジンで活用されている。

・ゲーム…人間とのゲームをコンピュータにさせる研究。囲碁や将棋，チェスでは，プロの棋士と対戦している。

・データマイニング…整理されていないデータから役立つ情報を見つける研究。ネットで買い物をすると，おすすめ品が表示されることがある。これは買い物したときのデータをもとにしている。（人工知能学会）

❹CT，MRI…CTとはコンピュータ断層撮影のことで，放射線などを利用して物体の断面画像を得る装置である。

　　MRIは，磁場と電磁波を用いて，体内などの画像を撮影する装置である。放射線をあびることがなく，脳や脊髄などの断面画像を撮影することができる。どちらも医療の分野で大きな成果を上げている。

❺LED，有機EL…LED（発光ダイオード）は半導体で，白熱電球や蛍光灯に比べて消費電力が少なく寿命が長い。赤色，緑色のほかに，青色LEDが開発されてから需要がのびている。有機EL（有機エレクトロルミネッセンス）とは，ある有機物に電圧を加えると発光する現象で，低電力で高い発光が得られる。テレビやスマートフォンのディスプレイに使われ，面照明の材料として期待されている。

❻これからのエネルギー対策…資源のエネルギー効率を高める技術の開発や，**再生可能なエネルギー**（➡p.253）の開発が進められている。家庭でも省エネ，省資源を心がける必要がある。

　a 新しい自動車技術…ガソリンエンジンと電気モーターで走る，二酸化炭素の排出量が通常の半分のハイブリッドカー，二酸化炭素を排出しない燃料電池自動車や電気自動車，ソーラーカーなどの開発や実用化が進められている。

　b コージェネレーションシステム…発電するときに発生する排熱を利用することでエネルギー効率を高めるしくみ。排熱を利用して，温水をつくったり，暖房の熱源とするなど，エネルギーを有効に使うしくみが開発されている。

【発展】**ナノテクノロジー**

　原子や分子の配列をナノスケール（10億分の1m）で制御する技術。従来の技術では開発できなかった機能をもつ素材や装置をつくることができる。原子や分子を操作することによって，人工的な結晶もつくることが可能である。カーボンナノチューブはナノテクノロジーの構成部品として期待されている。

【発展】**ハイブリッドカー**

　ガソリンと電気モーターの両方を動力源とした自動車。ハイブリッドは「複合」という意味である。

　ブレーキを踏むと車輪の回転がモーターに伝わり，モーターが発電機につながって電池を充電する。スタート時は電気モーターがはたらく。

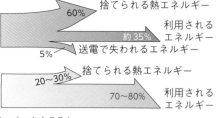

これまでの発電システム

発電所

捨てられる熱エネルギー　60%

利用されるエネルギー　約35%

送電で失われるエネルギー　5%

ガスエンジンや燃料電池など

コージェネレーションシステム

捨てられる熱エネルギー　20〜30%

利用されるエネルギー　70〜80%

↑これまでの発電システムとコージェネレーションシステム

コージェネレーションシステムは，これまでむだになっていた熱を有効利用するしくみだよ。

3 循環型社会

資源の消費を減らし，くり返し利用する。

❶持続可能な社会とその必要性…将来，地球環境を維持できなくなり，現在の生活を継続できなくなるおそれがある。それを避けるためには，**循環型社会**をつくることが必要である。

❷有限な資源の活用…持続可能な社会をめざすためには，有限な資源の消費量を減らし，再利用を進めて資源を循環させることが必要である。たとえば，３Ｒの活動や，工場で進められているゼロ・エミッションのとり組みなどがある。

a ３Ｒの活動

・リデュース（Reduce）…廃棄物の発生を抑制する活動。

・リユース（Reuse）…中古商品などを再使用する活動。

・リサイクル（Recycle）…空き缶，ペットボトルなどを回収し，廃棄物を再資源化する活動。

b ゼロ・エミッション…廃棄物そのものの排出（エミッション）をゼロにするとり組み。製品をつくるときに，どのような副産物，廃棄物が出てくるかを視野に入れ，製品や生産のしくみをつくる。廃棄物を完全にゼロにすることは，現実的には不可能だが，生産過程や原材料などを見直し，再利用できる廃棄物をつくり出すという発想をもって製品の設計をする。

❸持続可能な開発目標（SDGs）…2015年の国連サミットで，「持続可能な開発のための2030アジェンダ」が採択され，2030年までに達成をめざす17の目標が示された。

生活 持続可能な社会のためにナマケモノにもできるアクション・ガイド

レベル1 ソファに寝たままできること
・電気を節約しよう。
・照明を消そう。
・印刷はできるだけしない。紙を節約する。

レベル2 家にいてもできること
・ドライヤーや乾燥機を使わずに髪の毛や衣服を自然乾燥させよう。
・短時間のシャワーを利用しよう。
・紙やプラスチック，ガラス，アルミをリサイクル。

レベル3 家の外でできること
・買い物は地元で！
・訳あり品を買おう！
・買い物にはマイバックを持参しよう。
・使わないものは寄付しよう。

レベル4 職場でできること
・労働者としての自分の権利を知ろう。
・社内の冷暖房装置は省エネ型に！

Column SDGs 生活

SDGsとは，Sustainable Development Goals（持続可能な開発目標）の頭文字をとった略称で，「エスディージーズ」と読む。2015年の国連サミットで採択された，世界を変えるための17の目標である。政府だけではなく，あらゆる団体，企業，学校，個人が協力して，地球や地域がかかえる問題の解決のための具体的な行動を呼びかけている。では，どのようなことができるのか。そのヒントが，国連の広報センターに「持続可能な社会のためにナマケモノにもできるアクション・ガイド」として示されている。

基礎用語 次の〔　　　〕にあてはまるものを選ぶか，あてはまる言葉を答えましょう。

1 エネルギー資源の利用

解答

☐(1) おもな発電方法には，水力，火力，〔　　　〕がある。

(1) 原子力

☐(2) 現在の日本では，発電電力量が最も多いのは，〔　　　〕発電である。

(2) 火力

☐(3) 水力発電で発電される電気は，水の〔　　　〕エネルギーが変換されたものである。

(3) 位置

☐(4) 火力発電で最も多く使われている燃料は，〔石油　石炭　天然ガス〕である。

(4) 天然ガス

☐(5) 原子力発電では，物質を透過しやすい〔　　　〕が発生する。

(5) 放射線

☐(6) 放射線にはα線，β線，γ線，中性子線，〔　　　〕などがある。

(6) X線

☐(7) 〔　　　〕発電は，地下の〔　　　〕の熱でつくられた高温・高圧の水蒸気でタービンを回して発電する。

(7) 地熱，マグマ

☐(8) 再生可能なエネルギー資源として，水力，風力，〔化石燃料　太陽光〕などのほか，間伐材や微生物を使う〔　　　〕がある。

(8) 太陽光，
バイオマス

2 さまざまな物質とその利用

☐(9) プラスチックは，〔　　　〕から人工的につくられた合成樹脂である。

(9) 石油

☐(10) レジ袋に使われているプラスチックは〔PS　PE〕であり，食品トレイに使われているプラスチックは発泡〔　　　〕である。

(10) PE,
ポリスチレン

☐(11) タッチパネルなどに使われている電気を通すプラスチックを〔　　　〕という。

(11) 導電性高分子

3 科学技術の発展

☐(12) LEDは，蛍光灯に比べて〔　　　〕が小さく，寿命が長い。

(12) 消費電力

☐(13) 社会に必要なさまざまな天然資源の循環を可能にし，再利用の割合を高めた社会を〔　　　〕という。

(13) 循環型社会

1 食物連鎖

1 食物連鎖

◎ **生態系**…生物と環境を1つのまとまりとしてとらえたもの。
◎ **食物連鎖**…生物どうしの「食べる・食べられる」という食物によるつながり。
◎ **食物網**…食物連鎖が網の目のようにつながっていること。

2 食物連鎖での数量関係

◎ 肉食動物を頂点，光合成を行う植物を底辺とするピラミッドの形になる。
◎ ピラミッドの底辺ほど個体数が多い。

3 生物どうしのつり合い

◎ **生物のつり合い**…生物の種類や数はあまり変化しない。
◎ **つり合いが保たれるしくみ**…食物連鎖によってほぼ一定に保たれる。

1 食物連鎖

食物連鎖のスタートは必ず植物や植物プランクトンである。

❶ **生態系**…ある地域に生息するすべての生物と，その地域の水や大気，光，土などの環境を総合的にとらえたもの。

・生態系は，生物とほかの生物や生物以外の環境とのかかわりによって常に変化し，環境が変われば生態系も変わる。

❷ **食物連鎖**…自然界の生物どうしは，食べる・食べられるという関係の中で生活している。このような生物どうしの食物によるつながりを食物連鎖という。

a 食物連鎖のつながり…光合成を行う植物などから始まり，植物を食べる草食動物，それを食べる肉食動物につながる。

例 イネ→バッタ→カマキリ→モズ→タカ

b 食物連鎖は複雑…実際の食物連鎖は1つの生物から1つの生物につながっているのではなく，複数の種類の生物が複雑にからみ合っている。

くわしく 生態系

　生物と環境とをまとめてとらえたものが生態系だから，地球全体も生態系ととらえられる。
　また，森林，湖・沼・池，湿原，草原，海洋なども1つの生態系ととらえることができる。

❸食物網…生物どうしの，食べる・食べられるという食物連鎖の関係が網の目のようにつながっていること。

　a **食物連鎖の出発点**…いつも，光合成によって自分で栄養分をつくり出すことができる**植物**などが出発点になり，食物連鎖の最後は大形の**肉食動物**がくる。

$$\boxed{植物} \rightarrow \boxed{草食動物} \rightarrow \boxed{小形の肉食動物} \rightarrow \boxed{大形の肉食動物}$$

　b **食物連鎖の出発点が植物になるわけ**…すべての生物が生きていくためのエネルギーのもとは，太陽のエネルギーである。植物だけは太陽のエネルギーを利用して栄養分をつくることができる。ほかの生物は，太陽のエネルギーを直接利用することができない。

❹陸上の生物の食物連鎖

　・**木の実などの果実や，地下茎，落ち葉なども出発点**…植物がつくり出した有機物をたくわえている果実や，ジャガイモなどの地下茎，落ち葉も食物連鎖の出発点となる。

くわしく　食物連鎖が複雑になるわけ

　自然界では，1ぴきの動物でもいろいろなものを食べている。例えば，イタチはネズミを食べるがバッタも食べる。このように，食物となるものが1種類ではないため，食物連鎖は複雑になる。なお，食物連鎖は季節によっても変化する。

くわしく　草食動物・肉食動物

　植物を食べる動物を草食動物，動物を食べる動物を肉食動物という。

くわしく　生産者と消費者

　下の図で，生産者は光合成を行う植物，消費者は動物である。(➡P.270)

陸上の生物の食物網の例　▶矢印は，食べられる生物から食べる生物に向かって引く。

❺水中の生物の食物連鎖…海や湖など，水中で生活する生物の間にも，陸上の生物と同じように食物連鎖がある。

▶動画　生物のつり合いが保たれるしくみ

a 湖や池で生活する生物の食物連鎖…次のような食物連鎖がある。

湖や池の生物の食物連鎖の例

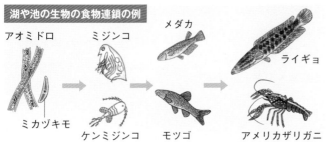

アオミドロ　ミジンコ　メダカ　ライギョ　ミカヅキモ　ケンミジンコ　モツゴ　アメリカザリガニ

・植物プランクトンや水草は光合成によって栄養分（有機物）をつくり出す。光は水中深いところまで届かないので，水面近くの太陽の光が届くところで生活している。

b 海で生活する生物の食物連鎖…次のような食物連鎖がある。

海の生物の食物連鎖の例　水中でも食物連鎖がある。

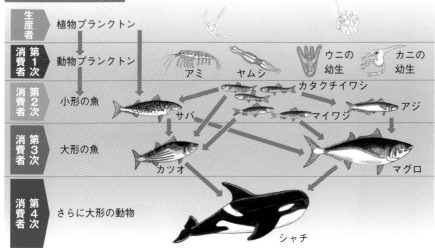

生産者　植物プランクトン

消費者第1次　動物プランクトン　アミ　ヤムシ　ウニの幼生　カニの幼生

消費者第2次　小形の魚　カタクチイワシ　サバ　マイワシ　アジ

消費者第3次　大形の魚　カツオ　マグロ

消費者第4次　さらに大形の動物　シャチ

くわしく　**プランクトン**

プランクトンは，自力で長い距離を移動できない，水中をただよう生物の総称である。陸上の植物のように光合成を行うプランクトンを植物プランクトン，光合成を行わないが自分で動くことができるプランクトンを動物プランクトンという。海洋で生息する植物プランクトンの多くは藻類とよばれるなかまのうち，単細胞のものである。この単細胞の植物プランクトンが水中の食物連鎖の生産者として重要な役割を担っているのである。

くわしく　**水中の生物の大きさ**

水中では，食物連鎖の上位の生物ほどからだが大きくなる。

2 食物連鎖での数量関係

生物の数量関係を図で表すと，ピラミッド形になる。

❶自然界での動物と植物の数量関係…自然界で，動物が生きていくには非常に多くの植物が必要である。

・**食物連鎖での動物と植物の数量関係**…一般に，食べる生物の方が食べられる生物より大形であるため，1頭の肉食動物の生活を維持するためには，多数の食べられる植物や動物が必要である。

❷ピラミッド形…ある限られた地域の中で生活する生物どうしの数量関係を表すと，植物を底辺とするピラミッド形になる。

重要

❸食物連鎖の各段階の生物の全体の質量…植物の質量が最も大きく，食物連鎖の上位の動物の質量ほど小さい。

❹食物連鎖での動物の個体数（生物量のピラミッドでの）
　a 底辺に近い動物…個体数が多い。
　b 頂点に近い動物…個体数が少ない。

❺食物連鎖での各動物のからだの大きさ…一般に，生物量のピラミッドの底辺に近い動物ほどからだが小さく，頂点に近い動物ほどからだが大きい。

発展 **生物の量の表し方**

ある地域の中に生活する生物集団の数量関係の表し方には，食物連鎖の段階別に，個体数，または質量を調べて表す2つの方法がある。

ただし，生物の種類によってからだの大きさがちがうため，生物の数量関係は，個体数より質量で表した方が正確である。

発展 **エネルギーの量もピラミッド形**

食物連鎖の関係にある生物がもつエネルギーや有機物の総量は，植物が最も多く，生物量のピラミッドでの上位の動物ほど少なくなる。

したがって，食物連鎖をエネルギーや有機物の関係で見た場合も，その数量関係を表すとピラミッド形になる。

生物量のピラミッド

一般に，ピラミッドの下の生物ほど，生物の数量は多い。各段階の生物の特徴もつかんでおこう。

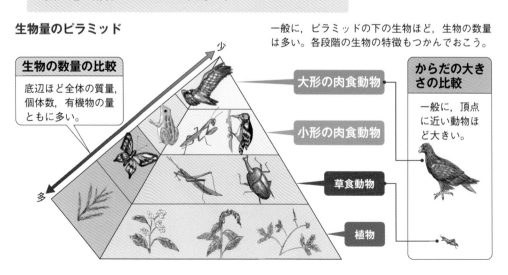

生物の数量の比較
底辺ほど全体の質量，個体数，有機物の量ともに多い。

少

多

大形の肉食動物

小形の肉食動物

草食動物

植物

からだの大きさの比較
一般に，頂点に近い動物ほど大きい。

3 生物どうしのつり合い

ピラミッドの上位の生物は下位の生物の量の影響を受ける。

❶生物の数量のつり合い…ある一定地域で生活する生物は，食物連鎖によってつながっていて，種類や数は全体としてあまり変化がなく，つり合いが保たれている。

❷生物の数量のつり合いが保たれている原因

a 一定地域で得られる有機物の量が一定だから。

b 食物連鎖のため，各段階での生物の数量が一定だから。

・ある生態系の中の各段階の生物の数量の割合は，食物連鎖によりほぼ一定に保たれる。

❸自然の中の生物のつり合い…一般に，生物の数量は，季節によって増減がある。また，何らかの原因で，特定の生物の数が増減したりすることもある。しかし，ふつう食物連鎖の中で，生物の数量は一定に保たれる。

発展 卵から親になる個体数

アメリカシロヒトリは数多くの卵を産むが，親になるのはわずかで，多くは鳥などに食べられてしまう。

〔卵から成虫になる個体数〕

卵　10000個

↓

成虫　8

⚖比較 生物の数量のつり合いが保たれるしくみ

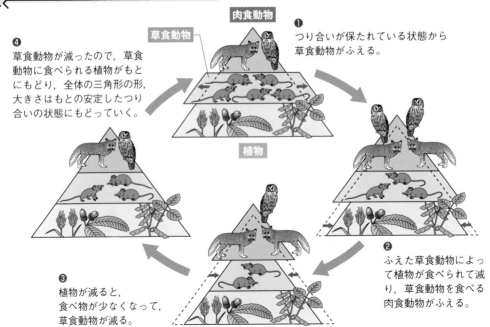

❶ つり合いが保たれている状態から草食動物がふえる。

❷ ふえた草食動物によって植物が食べられて減り，草食動物を食べる肉食動物がふえる。

❸ 植物が減ると，食べ物が少なくなって，草食動物が減る。

❹ 草食動物が減ったので，草食動物に食べられる植物がもとにもどり，全体の三角形の形，大きさはもとの安定したつり合いの状態にもどっていく。

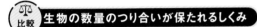

肉食動物　草食動物　植物

❹**個体数の変化**…食べられる側の生物の増減にともなって，食べる側の生物は少し遅(おく)れて増減する。

ここに注目　生物の個体数の変化

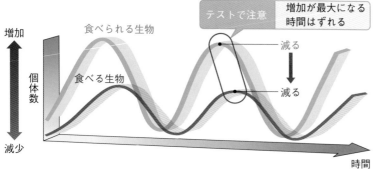

❺**つり合いがくずれた場合**
　a **自然現象でくずされる場合**…火山の噴火(ふんか)，山火事，洪水(こうずい)などの自然災害(さいがい)で生物の生活環境(かんきょう)がこわされ，生物が減少する。生物の数量的なつり合いがくずされる。
　b **人工的にくずされた場合**…人間の活動によって森林が破壊(はかい)されたり，特定の動物を多く殺したりすると，その地域の生物のつり合いがくずれてしまうことがある。

くわしく　**つり合いがくずれると**

　一度くずれてしまった生物のつり合いがもとの状態にもどるには，非常に長い年月が必要である。場合によってはもとにもどらないこともあり，特定の生物が絶滅してしまう場合がある。

Column　**絶滅危惧種(ぜつめつききぐ)**

　飼育・栽培下などでのみ存続している野生絶滅種や，近い将来，野生下で絶滅の危険がかなり高い絶滅危惧種などがある。

　地球の歴史の中では，生物の絶滅は自然に起こってきたが，現在はかつてないスピードで絶滅が進んでいるといわれる。生物は自然の中で密接につながって生活しているので，ある生物の絶滅によってバランスがくずれ，自然環境(かんきょう)全体に大きな影響をあたえることになる。日本では，絶滅のおそれのある野生生物として3716種がリストアップされている（環境省レッドリスト2020）。

↑タンチョウ（絶滅危惧種）

↑ヒョウ（絶滅危惧種）

2 生態系における生物の役割

教科書の要点

1 生産者と消費者
◎ **生産者**…光合成によって，無機物から有機物をつくる植物。
◎ **消費者**…ほかの生物の有機物を消費する動物。

2 土の中の小動物
◎ 落ち葉などを食べる動物とほかの動物を食べる動物がいる。
◎ 土の中の小動物の間には**食物連鎖**が見られる。

3 分解者のはたらき
◎ **分解者**…生物の死がいや排出物などの有機物を無機物に分解するはたらきにかかわる生物。
◎ 生物の死がいや排出物を食べる土の中の**小動物**，**菌類**，**細菌類**が分解者である。

4 菌類・細菌類
◎ **菌類**…カビやキノコのなかま。からだが**菌糸**でできていて，胞子でふえる。
◎ **細菌類**…単細胞生物。分裂でふえる。

1 生産者と消費者

植物などが有機物を合成し，その有機物を動物などが消費する。

❶**生産者**…光合成を行って無機物から有機物をつくる生物（陸上の植物，水中の植物プランクトンなど）を**生産者**という。

❷**消費者**…ほかの生物や生物の死がいなどを食べて有機物を得ている生物を**消費者**という。

　a 生物は生きていくうえで，エネルギーとなる有機物が必要である。有機物をつくることができない動物は，ほかの生物がつくり出した有機物を食物としてとり入れている。

　b 草食動物（第1次消費者）…生産者がつくった有機物を直接消費する動物。　**例** バッタ，モンシロチョウ，ウサギなど。

　c 肉食動物（第2次消費者）…生産者がつくった有機物を間接的に消費する動物。　**例** カエル，トカゲ，キツネなど。

復習 有機物

　デンプンなどの炭水化物，タンパク質，脂肪など炭素をふくむ物質を有機物という。

生産者と消費者

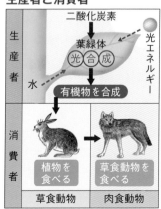

❸生産者と消費者は，呼吸によって有機物を水や二酸化炭素に分解し，生きるために必要なエネルギーを得ている。

2 土の中の小動物

土の中の小動物にも食物連鎖の関係がある。

❶土の中の小動物…落ち葉や土の中には多くの小さな生物（土壌生物）が生活している。

　a 落ち葉の下にすむ動物…クモ，ダンゴムシなど。

　　・ダンゴムシは落ち葉を食べ，ふんを出す。

　b 土の中にすむ動物…ミミズやトビムシなど。

　　・ミミズは落ち葉を食べて，ふんを出す。

　・土中の小動物の採取法

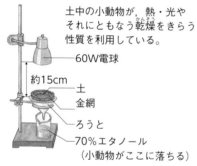

土中の小動物が，熱・光やそれにともなう乾燥をきらう性質を利用している。

60W電球
約15cm
土
金網
ろうと
70%エタノール
（小動物がここに落ちる）

5章／自然・科学技術と人間

2節／生態系と食物連鎖

くわしく　落ち葉の下や土の中のようす

　落ち葉の下はしめっていて，カビがはえ，腐ったように黒くなっている。その下の土は，腐った落ち葉や動物の死がいなどが混じり合ったようになっていて，下にいくほど土に近い状態になっている。

落ち葉の下の小動物

カニムシ　ヤスデ

微小な動物	小形の動物	大形の動物
アカダニ	トビムシ	ミミズ

土の中の小動物

❷土の中の食物連鎖…土の中で生活する，ミミズやトビムシなどの生物の間にも食物連鎖が見られる。

　a 土の中の生産者…植物の根や枯れた木，落ち葉など。

　b 植物を食べる消費者…ミミズ，トビムシ，ヤスデなど。

　c 動物を食べる消費者…クモ，ムカデ，モグラなど。

テストで注意　ヤスデは落ち葉を食べるが，ムカデは小動物を食べる。

テストで注意　落ち葉にも有機物がある

　落ち葉ももとをたどれば，植物が光合成でつくったものであり，有機物がたくわえられている。

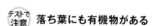

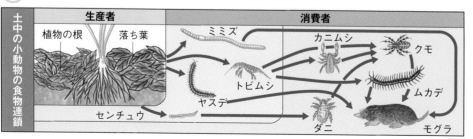

土中の小動物の食物連鎖

生産者　　消費者
植物の根　落ち葉
ミミズ
カニムシ
クモ
トビムシ
ムカデ
ヤスデ
センチュウ
ダニ
モグラ

3 分解者のはたらき

分解者は，有機物を無機物にする。

❶分解者…落ち葉や枯れ木，動物の死がいや排出物などの有機物を分解して無機物にする生物を分解者という。

  a 分解者に属する生物…死がいや動物の排出物を食べる小動物や**菌類・細菌類**。

  b 分解者の生活場所…水中，土中，空気中などのほか，大腸菌などのように，ヒトやほかの生物の体内で生活するものもある。

❷分解者のはたらき…有機物を，呼吸によって二酸化炭素や水，あるいは窒素化合物などの無機物に分解する。このとき発生するエネルギーを利用して生活している。

> **重要**
>
>   **a できる無機物**…有機物である炭水化物，脂肪は水と二酸化炭素に，タンパク質は窒素化合物にも分解される。
>
>   **b 無機物のゆくえ**…分解者のはたらきでできた二酸化炭素や窒素化合物は，再び植物に利用される。
>
>   **c 生物の死がいがたまらない理由**…分解者が分解するため。

❸自然界での分解者…森林の土の中や，川の中には，多数の分解者がいて，植物と動物の死がいや動物の排出物を無機物に分解している。

  a 落ち葉の変化…落ち葉は，小動物に食べられたあと，ふんとして排出され，分解者のはたらきで無機物に分解される。

  b 川の中の分解者…川に，有機物をふくんだ汚水が流れこむと，分解者によって有機物が分解され，きれいな水になっていく。このような分解者のはたらきを，自然の浄化作用という。

生活 人間の生活の中の身近な分解者

分解者は，人間の生活の中でもいろいろなところで利用されている。

・みそ・しょうゆをつくる…コウジカビ（菌類）

・酒類やパンをつくる…酵母菌（菌類）

・ヨーグルトをつくる…乳酸菌（細菌類）

ここに注目　分解者のはたらき

分解者は有機物を無機物に分解する。

有　機　物
枯れた植物，動物の死がいや排出物など

呼吸

分　解　者

二酸化炭素	窒素化合物

水

無　機　物

くわしく──落ち葉の変化

下の層ほど分解が進んでいる

新しい落ち葉

しめった黒い葉

黒い細かい葉

黒い土

赤土の粘土

4 菌類・細菌類

自ら栄養分をつくることができない。

❶**菌類**…カビやキノコのなかま。

  例 アオカビ，クロカビ，シイタケ，マツタケ

a **からだのつくり**…細い菌糸からできていて，葉緑体はもっていない。

  ・**菌糸**…細胞が一列に並んだ細長い糸状のもの。

b **栄養分のとり方**…葉緑体がないので光合成ができず，落ち葉や枯れ木，動物の死がいやふんなどから栄養分（有機物）を吸収している。

c **菌類のふえ方**…胞子でふえる。

ここに注目　**菌類のからだのつくり**

葉緑体をもたず，生物から栄養分を吸収する。

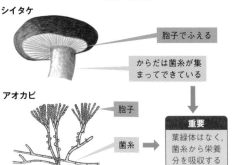

シイタケ
- 胞子でふえる
- からだは菌糸が集まってできている

アオカビ
- 胞子
- 菌糸

重要
葉緑体はなく，菌糸から栄養分を吸収する

比較　いろいろな菌類

↑アオカビ

↑シイタケ

↑マツタケ

❷**細菌類**…単細胞生物で，非常に小さく，顕微鏡でしか見ることができない。

  例 乳酸菌，大腸菌，納豆菌

a **大きさ**…ふつう，0.5〜2 μm くらい。（1000 μm ＝ 1 mm）

b **栄養分のとり方**…生物の死がいなどから吸収する。

c **ふえ方**…分裂によってふえ，1つのからだが2つに分かれる。

発展　アオカビとペニシリン

イギリスのフレミング（1881〜1955）は，アオカビからブドウ球菌の生育を抑制する物質をとり出し，ペニシリンと名づけた。これが現在薬品として使われている抗生物質の始まりである。

比較　いろいろな細菌類

↑乳酸菌

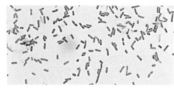

↑大腸菌

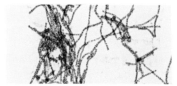

↑納豆菌

重要実験 土中の細菌類によるデンプンの分解を調べる

目的 土などにふくまれる細菌類には，デンプンを分解するはたらきがあるか調べる。

方法 ❶布を広げた大型ビーカーの中に，落ち葉やその下の土を入れ，水を加えてかき混ぜる。

❷布をつつんでしぼり，落ち葉と土をこしとる。

❸ ❷の液をAとBのビーカーに半分ずつ入れ，Bは液を沸騰させてから冷ます。A，Bにデンプン溶液を同量加えてふたをする。

❹2〜3日後，A，Bの液を試験管にとり，ヨウ素液を加えてデンプンがあるかどうかを調べる。

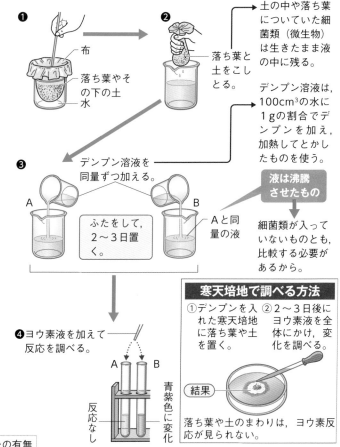

❶ 布 落ち葉やその下の土 水

❷ 落ち葉と土をこしとる。

→ 土の中や落ち葉についていた細菌類（微生物）は生きたまま液の中に残る。

デンプン溶液は，100cm³の水に1gの割合でデンプンを加え，加熱してとかしたものを使う。

❸ デンプン溶液を同量ずつ加える。

A　B　ふたをして，2〜3日置く。　Aと同量の液

液は沸騰させたもの

細菌類が入っていないものとも，比較する必要があるから。

❹ヨウ素液を加えて反応を調べる。

A　B　青紫色に変化　反応なし

寒天培地で調べる方法

①デンプンを入れた寒天培地に落ち葉や土を置く。②2〜3日後にヨウ素液を全体にかけ，変化を調べる。

結果 落ち葉や土のまわりは，ヨウ素反応が見られない。

結果

試験管	ヨウ素液の反応	デンプンの有無
A	反応なし	なくなった。
B	青紫色に変化	ある。

考察 Aでは，ヨウ素反応が見られないことから，デンプンが別のものに変化したと考えられる。

結論 落ち葉や土についている細菌類（分解者）には，デンプン（有機物）を別の物質に分解するはたらきがある。

3 炭素と酸素，有機物の循環

教科書の要点

1 炭素と酸素の循環
◎ 植物は二酸化炭素をとり入れて**光合成**を行い，有機物を合成し，酸素を放出。
◎ 生物は**呼吸**を行い，有機物を分解してエネルギーをとり出す。

2 有機物の流れ
◎ 有機物は，生産者，消費者，分解者と移動し，分解者のはたらきで無機物に分解される。
◎ 分解された無機物は，生産者にとり入れられ，再び有機物に合成される。

1 炭素と酸素の循環

生物が光合成や呼吸を行うことで，炭素・酸素が循環する。

❶生産者における炭素と酸素の流れ

a 有機物の合成…植物が，**光合成**で二酸化炭素と水から有機物をつくり，酸素を放出する。

b 有機物のゆくえ…有機物は，**呼吸**によって必要なエネルギーをとり出したり，からだをつくったりするために使われる。

テストで注意　二酸化炭素・酸素の循環

光合成で放出された酸素は，生物の呼吸に使われ，呼吸で生じた二酸化炭素は再び光合成に使われる。下の図から，これらのはたらきを読みとるときは，矢印の向きに注意すること。

ここ に注目　生態系における炭素と酸素の循環

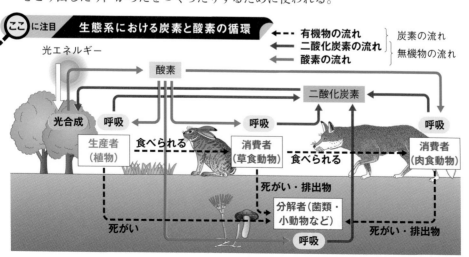

- - - ▶ 有機物の流れ ⎫ 炭素の流れ
━━━▶ 二酸化炭素の流れ ⎱ 無機物の流れ
━━━▶ 酸素の流れ

光エネルギー　酸素　二酸化炭素

光合成　呼吸　呼吸　呼吸

生産者（植物）　食べられる　消費者（草食動物）　食べられる　消費者（肉食動物）

死がい・排出物

分解者（菌類・小動物など）

死がい　呼吸　死がい・排出物

5章／自然・科学技術と人間

2節／生態系と食物連鎖

275

❷消費者における炭素と酸素の流れ…植物がつくった有機物を
直接，または間接的にとり入れ，利用する。

　a生活活動のエネルギーをとり出す…**呼吸**によって，生活活
　動のエネルギーを得ている。

　bからだをつくる。

❸分解者における炭素と酸素の流れ…生物の死がいや排出物（はいしゅつぶつ）か
ら有機物をとり入れ，生活活動のエネルギーを得たり，からだ
をつくったりするのに利用している。

　・分解者のはたらき…分解者は，とり入れた有機物を無機物に
　分解する。このとき，**呼吸**によって酸素をとり入れ，二酸
　化炭素を放出している。

◖くわしく◗ 光合成と呼吸

　エネルギーの出入りから見ると，下の
図のように，光合成と呼吸は逆のはたら
きといえる。

光合成では…

呼吸では…

2　有機物の流れ

❶**有機物の流れ**…有機物は**食物連鎖**（しょくもつれんさ）を通して植物から動物へ
移動する。最終的には，**菌類**（きんるい）**，細菌類**によって無機物に分解
される。分解されてできた無機物は植物にとり入れられ，再び
有機物が合成される。

☁ Column　自然界での窒素（ちっそ）の循環（じゅんかん）

❶**有機物中の窒素**…動物の排出物にふくまれる窒素化合物や，タンパク質がふくまれている植物や動物の死がい
は，菌類・細菌類によって窒素をふくむ無機物に分解される。　❷**大気中の窒素**…大気中の窒素の一部は，マメ
科の植物についている**根粒菌**（こんりゅうきん）などのはたらきによって窒素をふくむ無機物に変えられる。　❸**タンパク質の合成**
…植物は，光合成によってつくられた有機物と，根から吸収した窒素をふくむ無機物を原料として，**タンパク質**
を合成する。

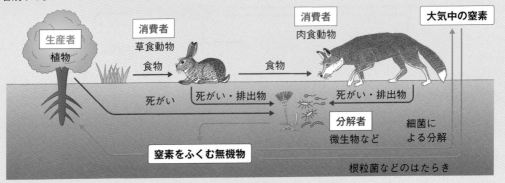

1 食物連鎖

☐(1) ある地域に生息するすべての生物と，その地域の水や土，大気などの生物以外の環境とを総合的にとらえたものを〔　　　〕という。

(1) 生態系
せいたいけい

☐(2) 自然界の生物どうしの食べる，食べられるという食物によるつながりを〔　　　〕という。

(2) 食物連鎖

☐(3) (2)は，実際には生物どうしで複雑にからみ合い，たがいに網の目のようにつながっている。これを〔　　　〕という。

(3) 食物網
しょくもつもう

☐(4) イネ→（　Ａ　）→カマキリ→モズ　の食物連鎖で，Ａに入る生物は，〔タカ　バッタ〕である

(4) バッタ

☐(5) 陸上の食物連鎖の出発点になる生物は〔　　　〕である。

(5) 植物

☐(6) 食物連鎖で生物の数量的な関係は〔　　　〕形に表すことができる。

(6) ピラミッド

2 生態系における生物の役割

☐(7) 食物連鎖の出発点に位置し，光合成によって有機物をつくり出す植物などを自然界の〔　　　〕という。

(7) 生産者
せいさんしゃ

☐(8) 植物などがつくり出した有機物を食べたり，ほかの動物を食べる動物を自然界の〔　　　〕という。

(8) 消費者
しょうひしゃ

☐(9) 菌類や細菌類は，生物の死がいや動物のふんなどの有機物を無機物に分解するので，〔　　　〕という。

(9) 分解者
ぶんかいしゃ

3 炭素と酸素，有機物の循環

☐(10) 生物のからだをつくる有機物には，〔　　　〕がふくまれている。

(10) 炭素

☐(11) 生物の呼吸で生じた二酸化炭素は，植物が〔　　　〕によって有機物をつくる原料となる。

(11) 光合成

☐(12) (11)でできた有機物は，植物から〔　　　〕に移動する。

(12) 動物

1 身近な自然環境の調査

1 身近な自然環境の調査

◎ 生物と自然環境…生物は自然環境の変化に影響される。

◎ 身近な自然環境の調査…例 生息する水生生物から川や湖の水の汚れを調査する。植物の葉の気孔から大気の汚れを調査する。

2 人間の活動と自然環境の変化

◎ 自然環境の変化…生態系が変化する。

◎ 自然界のつり合いと外来種（外来生物）…外来種はつり合いをくずす原因の１つ。

例 マングース，オオクチバス，セイタカアワダチソウなど。

◎ 人間の活動と自然環境…人間の活動が自然環境に影響する。

例 地球温暖化…化石燃料の大量使用と森林減少による，大気中の二酸化炭素濃度の増加が原因と考えられている。

3 自然環境の保全

◎ 環境の保全…自然界のつり合いをくずさず，自然環境を守るとり組みが大切。

◎ 豊かな自然環境を次世代に引き継ぐ責任がある。

1 身近な自然環境の調査

調査対象と地域を決め，調査の内容と方法を考える。

❶ **生物と自然環境**…生物をとりまく大気，水，土などの自然環境が変化すると，生物も大きく影響を受ける。

❷ **身近な自然環境の調査**…地域の環境に応じて，環境をつくる要素と調査する地域を決め，調査内容と方法を考える。

【調査例】 **a 水質**…身近な河川や湖，海に生息している生物の種類と数から，水の汚染の程度を調べる。

b 大気の汚れ…生育している環境がちがう植物の葉の気孔の汚れから調べる。

くわしく　自然環境の調査方法

実験や観察にもとづいた科学的な方法で調べる。図書館の本や資料，インターネットなども利用し，ほかの地域や学校と広く情報交換をして比較する。また，同じ地点の調査を続けて，自然界のつり合いに変化がないかどうか調べることも大切である。

c 土中の生物…土中の小動物や菌類・細菌類を調べる。

d 地域の生物の種類…ある地域に生息する動物や植物の種類や数を調べ，過去のデータや資料と比べる。

2 人間の活動と自然環境の変化

人間の活動の影響は，ここ200年程度の影響が大きい。

❶ **自然環境の変化**…さまざまな生物がつり合いを保ちながら生きている生態系は，環境の変化による影響を受ける。

❷ **自然界のつり合いと外来種（外来生物）**…外来種は自然界のつり合いをくずす原因の1つになる。

a **外来種**…もともとその地域には生息していなかった生物で，人間によって持ちこまれて野生化したもの。

b **外来種の例**…マングースは，ハブを退治するために奄美大島に持ちこまれたが，特別天然記念物のアマミノクロウサギを捕食し絶滅の危機に直面させている。ほかに，つり用の魚として持ちこまれて各地の湖などに放流されたオオクチバスや，ペット用のミドリガメなどがある。

c **国外に出た日本の在来種（在来生物）**…ヨーロッパにおけるイタドリ，北米におけるクズなどがある。

❸ **人間の活動と自然環境**…人類が地球に誕生して以来，人間の生活や産業活動は自然環境にさまざまな影響を与えているが，特に，ここ数百年での影響が大きい。

a **地球の誕生**…約46億年前。地球の熱エネルギーが大地を動かし，太陽からの光エネルギーが大気を循環させてきた。

b **生物の誕生**…約38億年前。多様な種が誕生し，また進化して自然環境を変化させてきた。

c **光合成の始まり**…約27億年前。光合成を行う単細胞生物のランソウ類（シアノバクテリア）という生物が現れ，大量の酸素をつくった。この生物は，ストロマトライトという岩石をつくる。

発展 環境DNA分析

川や海の水を採取して，その水にふくまれている生物の粘液やふんをこしとり，それらのDNAの情報を解析して，生息している生物を明らかにする。環境DNA分析では，採取した水から魚類と両生類のDNAを検出でき，生息している魚などを短時間に調査できる。

日本から出ていく外来種もあるのだ。

⬆ ストロマトライト
層状の構造をもつ堆積岩。シアノバクテリアが生存したことを示している。

d 人類の誕生…約700万年前。進化を重ね，科学や文明を生み出し，自然を開発してきた。

e 人間の活動…ここ200年程度の人間の活動は，地球の自然環境を変化させ，深刻な影響を与えている。

f 地球温暖化…地球の平均気温が少しずつ上昇し，温暖化する傾向にある。

・温暖化の原因…石油や石炭などの化石燃料の大量使用と熱帯林の減少によって大気中の二酸化炭素濃度が増加した。二酸化炭素は，地表から放出される熱を逃がさないはたらきがあるので大気をあたためる効果（温室効果）があり，そのため，地球の平均気温が上昇する。

・温暖化による被害…南極の氷や氷河がとけて海水面が上昇し，低地が海に沈むおそれがある。

地球温暖化のしくみ

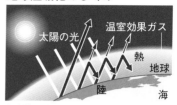

温室効果ガスが増加すると，宇宙に放射される熱が少なくなり，気温が上昇する。

二酸化炭素濃度と地球の平均気温の変化

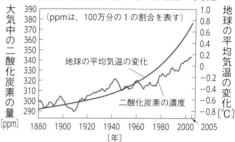

---

3 自然環境の保全

自然環境の保全のしくみをつくる必要がある。

❶ 環境の保全…自然界のつり合いをくずさないように，自然環境を守り，自然と共生する。

a 森林の保護と育成…二酸化炭素の増加をおさえる。里山の維持も自然界のつり合いを保つのに役立つ。

b 生物の保護…自然を守り，動植物の減少と絶滅を防ぐ。

c 川や湖の浄化…下水処理場，合併浄化槽の設置。

d 自然環境への影響の少ないエネルギーの開発と利用

e 資源の再利用と廃棄物の減量（リサイクル）

f 国際的な協力で地球規模の環境問題に対処…SDGsの推進。

❷ 人間とすべての生物の生存にかけがえのない地球

a 豊かな自然環境を，次世代に引き継がなければならない。

b 人間の生活に必要な産業や経済活動を維持しながら，自然環境を保全していく社会のしくみをつくることが必要である。

発展 海に沈むおそれのある モルジブ共和国

インド洋にあるモルジブ共和国は，海面からの高さが約2mの島国で，海面の上昇によって国土が海に沈むおそれが出ている。

くわしく 里山

集落とそのまわりの森林，田や畑，ため池，草原などをふくめた地域全体を里山という。

くわしく 地球規模の環境問題

・オゾン層の破壊…フロン（現在は製造使用が禁止されている）により，上空のオゾンの量が減ったり，オゾンホールができたりすると，地上に達する紫外線が増加する。皮膚がんや白内障がふえたり，農作物の収穫量が減ったりする。

・酸性雨による被害…森林が枯れ，湖沼の酸性化が進み，魚がすめなくなる。歴史的な遺跡や石像などの表面がとける。

実習 水生生物で水の汚れを調べる

目的 川や湖で水生生物を採集し，その種類と数から，水の汚れぐあいを判定する。

採集法 ①水深20cmくらいで流れのある場所を選ぶ。
②石をとり上げ，表面についている水生生物をピンセットで採集する。
③石をとったあとの川底を足でかき混ぜ，流れてきた水生生物を網で受けて採集する。
④採集した水生生物の名前を図鑑などで調べ，種類と数を記録する。

石の表面の生物を採集する。

川底をかき混ぜ，生物を網で受ける。

水質階級の判定のしかた 特に数の多い2種類の生物に2点，それ以外の生物を1点とし，各区分ごとに点数を合計して，点数の最も多い区分をその地点の水の汚れぐあい（水質階級）とする。

水生生物（例）

| カワゲラ類 | ヘビトンボ | サワガニ | ヒラタカゲロウ類 | ナミウズムシ |

| ヒラタドロムシ類 | ゲンジボタル | コオニヤンマ | ヤマトシジミ |

| ミズムシ | ミズカマキリ | タニシ類 |

| ユスリカ類 | チョウバエ類 | サカマキガイ | アメリカザリガニ |

水質のめやすになる生物

水質階級		めやすになる生物	記入欄（例）
I	きれいな水	カワゲラ類の幼虫 ヘビトンボの幼虫 サワガニ ブユ類の幼虫 ナガレトビケラ類の幼虫 ヒラタカゲロウ類の幼虫 ナミウズムシ	1 2
II	ややきれいな水	ヒラタドロムシ類の幼虫 カワニナ類 コオニヤンマ ゲンジボタルの幼虫 ヤマトシジミ	2 1 1 1
III	きたない水	シマイシビル ミズムシ ミズカマキリ タニシ類 ニホンドロソコエビ	1
IV	とてもきたない水	ユスリカ類の幼虫 チョウバエ類の幼虫 エラミミズ サカマキガイ アメリカザリガニ	

結果 右の表の例では，水質階級IIとなる。

2 自然の恵みと災害

教科書の要点

1 活動する大地
◎ **プレート**…地球の表面をおおう十数枚の岩石の層。
◎ **プレートの移動**…プレートは海嶺で生まれて，海溝で沈みこむ。
◎ **プレートの境界**…地震や火山活動がよく起こる。

2 日本の自然の特徴と自然災害
◎ **日本列島の自然の特徴**…海に囲まれ，山の多い南北に長い地形。四季の変化がある気候。
◎ **地震災害**…ゆれによる建築物の倒壊，津波，二次的な火災など。
◎ **火山災害**…火山の噴火によって，溶岩流，火砕流，火山灰や有毒な火山ガスなどが発生する。
◎ **気象災害**…台風や集中豪雨，竜巻，河川のはんらん，土砂崩れ，土石流など。

3 自然の恵みと災害の調査
◎ 人間は自然からさまざまな恵みを受けて生活している。
◎ 過去の災害を調査し，防災対策に生かすことが大切である。

1 活動する大地

プレートの境界付近に火山，地震が集中している。

❶ **プレート**…厚さ100kmほどの板状の岩石の層。地球表面の全体には十数枚のプレートがある。

❷ **プレートの動き**…地球内部の熱によって，プレートは毎年少しずつ移動している。

a **海嶺**…海底には，海嶺とよばれる巨大な山脈がある。海嶺は，東太平洋からインド洋，大西洋へとつながっている。

b **海嶺の割れ目**…海嶺には，尾根すじに沿って多数の割れ目があり，マグマがわき出してプレートができている。

c **プレートの移動**…海嶺で生まれたプレートは，年間数cmから十数cm程度の速さで両側に広がっていく。

日本列島付近の4つのプレート

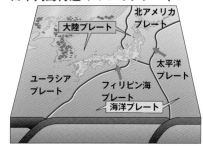

海洋プレートの誕生と沈みこみ

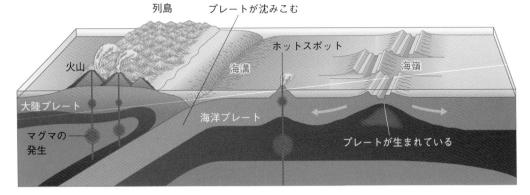

d **大陸プレートと海洋プレート**…大陸がのっているプレートを大陸プレート，海底を形成しているプレートを海洋プレートという。

e **海溝**(かいこう)…移動するプレートどうしがぶつかり合うところでは，重い方のプレートが軽い方のプレートの下に沈みこむ。この沈みこみでできる細長い溝(みぞ)を海溝という。

❸ **プレートの境界**…海溝付近はプレートとプレートの境界にあたる。境界付近ではプレートどうしが押し(お)合う力により，地震や火山活動が起こる。

a **地震の原因**…大陸プレートの下に海洋プレートが沈みこむときに，プレートにひずみが生じ，それがもとにもどるとき地震が発生する。

ここに注目 **日本付近で地震が起こる場所**

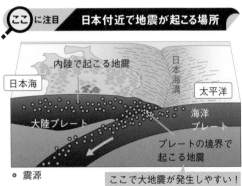

• 震源

ここで大地震が発生しやすい！

ここに注目 **プレートの境界で起こる地震と津波の発生**

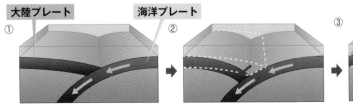

プレートの大きな変動の力が，海水を動かして津波が発生する。

b 世界の火山分布と震央分布…地球には火山や地震が集中している地域がある。世界の火山や震央の分布を調べると，その多くがプレートの境界付近にあることがわかる。

c 日本の火山と震央の分布…日本列島はプレートの境界付近に位置している。火山は100以上あり，震央も日本列島の東側に沿った帯状の地域に集まっている。

> くわしく **海溝型地震**

日本の場合，プレートの境界が海溝であるため，プレート境界型地震は「海溝型地震」ともいわれる。海溝型地震は地震の規模が大きく，また大規模な津波による災害も予想されるのが特徴である。

火山と地震の発生分布

地震の震央の分布

●震央　　マグニチュード≧4.0

火山の分布

▲火山

2 日本の自然の特徴と自然災害

災害にはどのようなものがあるか，種類をおさえよう。

❶日本列島の自然…変化に富み，豊かな自然に恵まれている。

a 日本列島の位置と自然…北半球の中緯度にあり，南北に長く，海に囲まれて山地も多い。

b 気候…東の太平洋と西のユーラシア大陸の影響を受け，四季の変化がある独特の気候である。

c 大地の変動…海洋プレートが大陸プレートの下に沈みこむ境界付近にあるので，火山活動が活発で，地震が多い。

❷日本の自然災害…日本列島は，気象的，地理的特徴から，地震，津波，火山の噴火，台風や大雨による洪水などの自然災害が多い。

> くわしく **日本の気候区分**

南北に長い日本列島は，地域によって気温や降水量に大きな変化があり，気候は下の図のように区分されている。

日本の気候区分

北海道の気候
中央高地（内陸性）の気候
日本海側の気候
瀬戸内の気候
太平洋側の気候
南西諸島の気候

⬆日本の気候区分

❸**地震と火山による災害**…日本は世界でも有数の地震と火山の多い国である。

　a 地震災害…大地のゆれによる建築物の崩壊や土砂崩れ, 津波の発生などがある。火災や水道, 電気, ガスの供給の寸断, 交通網の切断などの二次災害をもたらす。

　b 火山災害…火山の噴火による溶岩流, 火砕流, 火山灰, 有毒な火山ガスの発生により, 人命, 建物, 農作物に多大な被害をもたらす。住民の長期避難も起こる。

❹**気象災害**…台風や集中豪雨がある。

　a 台風…熱帯低気圧が発達したもの。夏から秋にかけて日本に接近, 上陸することもあり, 大雨や強風によって, 大きな被害をもたらす。

　・**台風の被害**…建物の損壊, 河川のはんらん, 家屋や田畑の浸水, 土砂崩れなど

　b 洪水…台風や発達した低気圧, 梅雨前線などによる集中豪雨や大雨で起こる。

↑地震による被害

ここに注目　大災害をもたらした台風の経路

1991年9月第19号
2011年8月第12号
1997年9月第19号
枕崎台風 1945年9月
1982年8月第10号
1998年9月第5号
伊勢湾台風 1959年9月

3 自然の恵みと災害の調査

自然の恵みや地域の過去の災害を調べてみよう。

❶**自然からの恵み**…わたしたち人間は, 自然からさまざまな恩恵を受けている。それなしでは生きていけない。

　a 食料, 水, 酸素…米や野菜などの農作物をはじめ, 海や川の魚, 家畜も自然の恵みの中で育つ。

　b エネルギー資源や鉱物資源, 生活に必要な資材…石油・石炭・天然ガス, 木材や金属材料, 衣類, 紙など。

　c 自然の美しい景観…人間の心にゆとりと安らぎを与える。

❷**自然災害の調査**…自分たちの地域に見られる自然や自然災害について調べ, 理解を深めておこう。

　・**災害例**…自分たちの地域の過去の地震, 津波, 火山の噴火, 洪水, 台風など。ハザードマップも活用する。

くわしく　そのほかの気象災害

　台風や豪雨のほかに, 人や社会に大きな影響をおよぼす気象災害も多い。
　おもなものに, 竜巻, 大雪, 落雷, 雨不足による干ばつ, 異常低温, 異常高温などがある。

くわしく　ハザードマップ

　災害予測図, 防災マップともいう。予想される自然災害による被害の程度や, 避難場所, 避難経路などを地図でまとめたもの。

❸命をはぐくむ地球…地球には命をはぐくむ液体の状態の水が存在し，地球全体の平均気温は約15℃に保たれて，生物が生きていく上で，貴重な環境が保たれている。また，**オゾン層**があることによって生物に有害な紫外線もさえぎられている。

このような地球の環境は，生物にとって最大の自然の恵みといえる。

❹水の恵み…台風や集中豪雨によって大きな災害を受けることもある。しかし，一方で，それらによってもたらされた水は，ダムにたくわえられて**水力発電**によって電気エネルギーに変えられたり，稲作のための農業用水や，工業用水・生活用水として使われたりしている。

↑秋吉台（山口県）

↑釧路湿原（北海道）

↑多摩川上流（東京都）

また，湿潤な気候は，豊かな森林を生み出し，森林資源をもたらしたり，美しい景観をつくり出したりしている。

❺火山の恵み…噴火などによって土石流や火砕流を起こして，周辺に災害をもたらすが，火山の噴火を引き起こすマグマの熱は**地熱発電**として利用されている。また，変化にとんだ地形をつくり出したり，多くの温泉が湧き出したりして，観光資源となっているところも多い。

❻四季の自然…中緯度にある日本は，四季の変化がはっきりしている。四季の変化はレジャーや観光産業によっていかされ，海・山・川・湖など，いたるところでわたしたちの生活を豊かにしているといえる。

↑阿蘇山火口（熊本県）

↑ヒマワリ（夏の代表的な花）

1 身近な自然環境の調査

□(1) 生物は，自然環境の変化に影響される。水生生物では，カワゲ
ラやヘビトンボは〔 きれいな　きたない 〕水に，ヒメタニシや
ミズカマキリは〔 きれいな　きたない 〕水に生息する。

(1) きれいな

きたない

□(2) もともとその地域に生息していた生物を在来種，その反対で，
人間によって持ちこまれ，野生化した生物を〔　　　　〕という。

(2) 外来種

（外来生物）

□(3) 北米で大繁殖しているクズは，日本から北米に持ちこまれた
日本の〔　　　　〕種である。

(3) 在来

□(4) 光合成を行う単細胞生物は約〔 46　27 〕億年前に誕生し，
そこで〔　　　　〕が大量につくられ始めた。

(4) 27，酸素

□(5) 化石燃料の大量使用と世界中の森林減少で，大気中の〔　　　　〕
濃度が増加し，地球の平均気温は〔 上昇　下降 〕している。

(5) 二酸化炭素

上昇

2 自然の恵みと災害

□(6) 地球の表面は，厚さがおよそ〔　　　　〕kmほどの板（プレー
ト）状の岩石の層が組み合わさるようにしてできている。

(6) 100

□(7) 太平洋などの海底にある巨大な山脈を〔　　　　〕という。

(7) 海嶺

□(8) 大陸がのっているプレートを大陸プレート，海底をつくって
いるプレートを〔　　　　〕プレートという。

(8) 海洋

□(9) 海洋プレートは，海嶺で生まれ，〔　　　　〕に沈みこむ。

(9) 海溝

□(10) 日本列島はプレートの〔 中心　境界 〕付近にあり，火山や
地震が多い。

(10) 境界

□(11) プレートは，年間〔 数m　数cm 〕程度の速さで移動している。

(11) 数cm

□(12) 夏から秋にかけて日本に接近，上陸する，熱帯低気圧が発達
したものを〔　　　　〕という。

(12) 台風

□(13) 年間を通じて降水量が多い日本では，豊かな森林や景観をは
ぐくむ一方で，洪水などの自然〔　　　　〕も多い。

(13) 災害

定期テスト予想問題 ①

1節／科学技術と人間

1 水力発電，火力発電，原子力発電について，次の問いに答えなさい。　【4点×7】

(1) 水力発電では，高いところにある水のもつ何エネルギーを利用しているか。

〔　　　　　　　　　　　〕

(2) 火力発電で，エネルギー資源として使用されているおもな物質を2つ答えよ。

〔　　　　　　〕〔　　　　　　　　〕

(3) 火力発電で得られる電気エネルギーは，(2)の物質のもっている何エネルギーが変化したものか。

〔　　　　　　　　　　　〕

(4) 原子力発電について述べた次の文の，（　①　）・（　②　）にあてはまる語句を答えよ。
原子力発電では，原子炉の中で（　①　）原子などの（　②　）分裂のエネルギーを利用して，高温・高圧の水蒸気をつくり，タービンを回す。　①〔　　　　　〕②〔　　　　　〕

(5) 水力，火力，原子力の各発電に共通するしくみは何か。〔　　　　　　　　　　　〕

1節／科学技術と人間

2 新素材について，次の問いに答えなさい。　【4点×7】

(1) 次の特徴をもつ新素材を　　　　から選び，記号で答えよ。

①すぐれた吸水性をもち，紙おむつに使用されたり，砂漠化の防止に役立ったりしている。　〔　　　　〕

②炭素からできていて，金属より軽いのに強く，航空機の翼やスポーツ用品などに使われている。　〔　　　　〕

③原料を高温で焼き固めたもので，エンジン部品や人工骨，包丁，宇宙船の耐熱材などに使われている。〔　　　　〕

④電気を通すプラスチックで，ATM，自動販売機，スマートフォンのタッチパネル，パソコン，ディスプレイなどに使われている。　〔　　　　〕

⑤電球に変わり，照明や信号機などに利用が広がっている。

〔　　　　〕

ア	光ファイバー
イ	炭素繊維
ウ	液晶
エ	ファインセラミックス
オ	導電性高分子
カ	LED（発光ダイオード）
キ	吸水性高分子
ク	形状記憶合金
ケ	超伝導物質

(2) ファインセラミックスといわれる新素材のすぐれた性質を，2つあげよ。

〔　　　　　　　　　〕〔　　　　　　　　　〕

3 コンピュータについて，次の問いに答えなさい。 【4点×4】

(1) コンピュータ部品や技術の進歩によって，コンピュータに蓄積できる情報量と情報を処理する速さはどのように変化したか。〔　　　　　　　　　〕

(2) コンピュータどうしを結ぶことによってできた，個人が瞬時に世界中と情報交換できる通信手段を何というか。〔　　　　　　　　　〕

(3) 自動車の自動運転，自動翻訳などに活用が広がり，コンピュータに蓄積された大量のデータをもとに，コンピュータを使って人間の知的な活動の一部と同じようなことをするための技術を何というか。〔　　　　　　　　　〕

(4) コンピュータネットワークの発達により，どのような社会問題が起こっているか。「不正利用者」という語句を用いて，簡単に答えよ。〔　　　　　　　　　〕

4 次の表は，新しいエネルギーを利用した発電の種類とその発電方法をまとめたものである。これについて，下の問いに答えなさい。 【4点×7】

風力発電	風の力で風車を回して発電する。
地熱発電	地下の（　①　）の熱でつくられた水蒸気でタービンを回して発電する。
バイオマス発電	農林業から出る作物の残りかす，家畜のふん，間伐材などや，微生物を使ってメタンなどを発生させ，これらを燃焼させて，（　②　）発電と同様に発電する。
太陽光発電	太陽の光エネルギーを利用して発電する。
燃料電池	水素と酸素のもつ化学エネルギーを電気エネルギーに変換して発電する。発電のときに生成する物質は（　③　）だけである。

(1) 表の①～③にあてはまる語句を答えよ。

　　①〔　　　　　　　〕　②〔　　　　　　　〕　③〔　　　　　　　〕

(2) 右の写真は，表のどの発電か。〔　　　　　　　〕

(3) 天候に左右されずに発電でき，家庭用にも宇宙船にも利用されているものはどれか。〔　　　　　　　〕

(4) 化石燃料や核燃料などによる発電に比べて，これらのエネルギー資源による発電が有利な理由は何か。〔　　　　　　　〕

(5) 自然を利用した発電の問題点を1つあげよ。〔　　　　　　　〕

定期テスト予想問題 ②

時間 ▶ 40分
解答 ▶ p.308

得点
／100

2節／生態系と食物連鎖

1 右の図は，ある地域における食べる・食べられるというつながり
を示している。次の問いに答えなさい。 【4点×3】

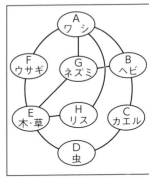

(1) 自然界で，生物どうしの間にある食べる・食べられるというつ
ながりを何というか。 〔　　　　　　　　　〕

(2) このつながりの始まりになっている生物はA～Hのどれか。記
号で1つ選べ。 〔　　　　　　　　　〕

(3) 図のA～Dの生物の個体数を調べると，どうなっているか。次
のア～ウから1つ選べ。 〔　　　　　　　　　〕

　ア．A＝B＝C＝D　　イ．A＜B＜C＜D　　ウ．A＞B＞C＞D

2節／生態系と食物連鎖

2 右の図は，自然界の生物と物質の流れを模式的に示したも
のである。次の問いに答えなさい。 【4点×7】

(1) 図中の ［ A ］，［ B ］が示す気体は何か。

　A〔　　　　　　　　　〕 B〔　　　　　　　　　〕

(2) 矢印①，②による物質の移動は，それぞれ植物の何とい
うはたらきによるものか。

　　　　　①〔　　　　　　　〕 ②〔　　　　　　　〕

(3) 植物のように，みずから有機物をつくり出している生物
［ ア ］を，生態系の何というか。 〔　　　　　　　　　〕

(4) 図中の微生物(菌類・細菌類)は，物質の循環の上でどんなはたらきをしているか。簡単に書け。

〔　　　　　　　　　　　　　　　　　　　　　　　　　　　　　〕

(5) 図は，自然界における酸素と何の循環を示したものか。元素名で答えよ。 〔　　　　　　　〕

3節／自然と人間

3 現在，地球で起きている次の(1)～(3)の環境問題について，特に大きな影響を与えていると考えら
れている物質を，それぞれ下のア～エからすべて選びなさい。 【5点×3】

(1) オゾン層の破壊 〔　　　　　〕 (2) 地球温暖化 〔　　　　　〕 (3) 酸性雨 〔　　　　　〕

　ア．フロン　　イ．二酸化炭素　　ウ．硫黄酸化物　　エ．窒素酸化物

4 土の中の生物について以下の実験を行った。次の問いに答えなさい。 【5点×5】

　右の図のように，落ち葉の混じった土を水の中でよくかき混ぜてから布でこした。こした液にうすいデンプンのりを加え，ポリエチレンの袋に入れて密閉し，2～3日後に①袋の中の気体を石灰水に通して反応を調べた。次に，袋の中の液を試験管にとり，②ヨウ素液を加えてデンプンがふくまれているかどうかを調べた。

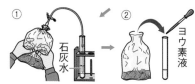

(1)　下線部①で，石灰水はどのような反応を示すか。〔　　　　　　　　　　〕

(2)　(1)の反応から，袋の中にふくまれている気体は何であることがわかるか。気体名を書け。

〔　　　　　　　　　　〕

(3)　下線部②で，ヨウ素液を加えると，色はどうなるか。　〔　　　　　　　　　　〕

(4)　(3)の反応から，土の中の微生物(菌類・細菌類)はどのようなはたらきをしたといえるか。

〔　　　　　　　　　　　　　　　　　〕

(5)　土の中の微生物(菌類・細菌類)などは，そのはたらきから，生態系における何とよばれるか。

〔　　　　　　　　　　〕

5 図のA～C地点で川に生息している水生生物を採集し，水の汚れを調べた。表は，そのときの結果をまとめたものである。次の問いに答えなさい。 【5点×4】

(1)　表の①，③にあてはまるのは，図のB，Cのどちらか。記号で答えよ。

①〔　　　　〕

③〔　　　　〕

調査地点	見つかった生物
①(　　)	ヒラタドロムシの幼虫
	カワニナ
②(A)	サワガニ
	カワゲラ
③(　　)	セスジユスリカの幼虫
	アメリカザリガニ，(a)

ア　コオニヤンマ　　イ　ブユ(幼虫)　　ウ　サカマキガイ

(2)　表のaにあてはまる生物を，右の図のア～ウから選び，記号で答えよ。　〔　　　　〕

(3)　A～C地点で，川の水が最もきれいな地点はどこか。記号で答えよ。　〔　　　　〕

自然界での生物量はどのように保たれるのか

自然界における植物，草食動物，肉食動物などの生物量は，たえず増減をくり返す。ある生物が増えたり減ったりしても，長い時間でみるとつり合いがとれた状態にもどる。そのしくみを考えてみよう。

疑問 ワシやタカなど食物連鎖の頂点にいる動物が見られる地域では，自然環境が維持されているといわれるのはなぜだろうか。

資料1 生物量を表すピラミッド

大形の肉食動物 1
小形の肉食動物 8
草食動物 25
生産者（植物）540
各数字は質量比

・ある沼地の生産者，草食動物，小形の肉食動物，大形の肉食動物の 1 m² あたりの質量を比べて，順に積み重ねると，左の図のようになった。大形の肉食動物の質量に対して，生産者の質量がはるかに大きい。

消費者は大量の
生産者に支えられて
いるんだね。

資料2 生物量は変動するが，長い時間でみると，つり合っている。

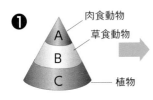

❶
肉食動物
草食動物
A
B
C
植物

つり合っている状態。

❷
A
B
C

草食動物が何らかの
原因で増えた。

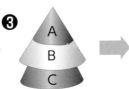

❸
A
B
C

肉食動物が増え，
植物が減る。

❹
A
B
C

草食動物が減る。

肉食動物が減り，草食動物，植物が増える。

考察1 消費者を支える生産者

> 沼地のような小さな生態系を維持するだけで，これだけ多くの生産者が必要だとすると，地球規模での森林の減少がさけばれている現在，地球の環境は，今後どうなるのか心配になってきました。

食物連鎖の頂点にいるワシやタカが見られることは，ワシやタカに食べられる動物も豊富であり，その動物のえさとなる生物も豊富で，生態系のつり合いが保たれていることを示している。

農地の拡大や木材を資源として活用するために，森林の大規模な伐採が進んでいる。とくに，インドネシアやアフリカ，南アメリカなどの熱帯雨林が急激に減少している。1年間に日本の面積の40～60％と同じ面積が減少しているといわれている。

森林の減少は，生物の宝庫といわれるように，そこに生息している多種多様な生物とともに失うことになる。現在，全世界的には森林が減少しているが，アジアやヨーロッパを中心に，さかんな植林活動によって森林が増加している国もある。森林保全は地球環境の保全にとって，重要な課題である。

考察2 生物量のつり合いがくずれる原因

> 生物量のつり合いは，どのようなときにくずれるのだろうか。

例えば，湿原がしだいに乾燥して，植物の種類が入れ替わり，草原や森林に変化していくことは，新たな生態系への変化であるが，一方で，農地の開発，道路や河川の改修など，人間の活動によって生態系のつり合いがくずれることもある。

また，外来種が原因の場合もある。かつて沖縄や奄美大島などで，毒ヘビのハブを退治するために導入されたマングースは，ハブをほとんど食べずに，ヤンバルクイナやアマミノクロウサギなど貴重な在来種を食べてしまい，マングースは現在有害な外来種として駆除の対象になっている。

生態系では，多様な生物が複雑にからみ合って関係しており，微妙なバランスを保っている。1種類の外来種を持ちこんだだけでもそのバランスがくずれ，もとの状態にもどれないこともあるのだ。

5章／自然・科学技術と人間

中学生のための
勉強・学校生活アドバイス

集中が続かないときはどうしたらいい？

「ふ〜…。ちょっと休憩。疲れちゃった。」

「早希でもやっぱり，勉強に疲れたりするんだね。」

「それは，ね。集中できる時間にも限りがあるもの。」

「わたしなんて，毎日"勉強するぞ！"って思っても，すぐ別のことが気になったりして，集中できない日ばっかりだよ。」

「戸川は自分の部屋で勉強してるの？」

「うん，そうだけど。」

「じゃあまずは，**誘惑するものを全部別の部屋に持っていくか，見えないところにしまうようにした方がいいね。**」

「スマホとか，マンガとか，ね。」

「…たしかに。いつも気になってすぐさわっちゃうかも。」

「それから，ストップウォッチで時間をはかって勉強するとか，**きちんと時間を決めて勉強する**のも大切だと思うよ。」

「時間を決めると，その時間は勉強に集中しようっていう気持ちになるものね。」

「そういえば，スケジュールを決めたときもそういう話をしたね。ちなみに2人は，勉強は自分の部屋でやってるの？」

「わたしはふだんは自分の部屋でやるけど，リビングでやったり，図書館に行ったりすることもあるよ。」

「オレも。**放課後に図書館で1時間勉強して，疲れたら家に帰って自分の部屋でもう1時間やる**とかってしてるかな。」

「場所を変えて勉強してるんだね。気分転換になりそう！」

「寝る前の10分とか，お風呂の時間とか，**短い時間でこれをやるって決めて勉強する**のもいいと思う。」

「なるほど。短い時間なら，集中も続きそうだしやる気になるかも。さっそくお風呂で英単語を覚えてみようかな…。」

「ふふ。…話してたらまたやる気になってきたから，今日もあと1時間くらい，受験に向けて勉強頑張りますか。」

「うん！！」

「頑張ろう！」

294

入試レベル問題

1　4本の試験管A〜Dに，それぞれうすい塩酸を10 cm³ずつ入れ，少量のBTB溶液を加えた。この試験管に，うすい水酸化ナトリウム水溶液を次の表に示した体積だけ加え，BTB溶液の色の変化を調べた。表の結果を見て，下の問いに答えなさい。

試験管	A	B	C	D
うすい塩酸の体積〔cm³〕	10	10	10	10
うすい水酸化ナトリウム水溶液の体積〔cm³〕	2	4	6	8
BTB溶液の色	黄色	黄色	緑色	青色

(1)　塩酸に水酸化ナトリウム水溶液を加えたときに起こる化学変化を，化学反応式で書け。

〔　　　　　　　　　　　　　　　　　　　　　　　　　　　〕

(2)　試験管A〜Dにマグネシウムリボンを入れたとき，気体が発生する試験管はどれか。A〜Dから2つ選べ。また，このとき発生する気体の物質名を答えよ。

試験管〔　　　　　　　　〕　　物質名〔　　　　　　　　〕

(3)　試験管A，C，Dの水溶液のpHを，pH試験紙を使って調べた。pHの値が大きい順に，A，C，Dを左から並べよ。　　　　　　　　　　　　〔　　　　　　　　〕

(4)　試験管DでBTB溶液の色が青色になったのは，水溶液中に何というイオンが存在するからか。イオンの名称を書け。　　　　　　　　　　〔　　　　　　　　〕

(5)　試験管A〜Dの水溶液のうち，ふくまれているイオンの総数が最も多いのはどれか。A〜Dの記号で答えよ。　　　　　　　　　　　　　　　〔　　　　　　　　〕

2　図1は，タマネギを水につけて根が1cmくらいのびたとき，先端から約5mm間隔に印を3つつけたあと，さらに1日置いたときの根のようすである。図1の根を根もとから切りとり，うすい塩酸の入った試験管に入れ，約60℃の湯で数分間あたためた。根を水洗いしたあと，根のX，Yの部分を3mmほど切りとって，それぞれスライドガラスにのせ，柄つき針でほぐしてから①染色液を1滴落とした。数分間置いてからカバーガラスをかけ，さらにろ紙をかぶせて②ある操作をしてプレパラートをつくった。これについて，次の問いに答えなさい。

図1

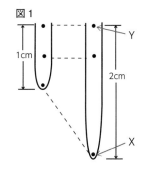

(1) 下線部①の染色液を1つ書きなさい。　　　　　　　　　　〔　　　　　　　　　〕

(2) 下線部②はどのような操作か。簡単に書きなさい。

〔　　　　　　　　　　　　　　　　　　　　　　　〕

(3) 図1のX，Yの部分の細胞を，顕微鏡で観察してスケッチ
したものが図2である。X，Yは図2のa，bのどちらか。

X〔　　　　　〕　Y〔　　　　　〕

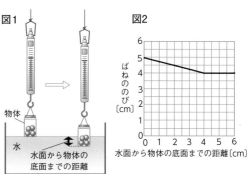

図2　a　　　　　b

(4) bのア〜エの細胞を，アの細胞を始まりとして，細胞分裂
が進む順に並べ，記号で答えよ。　　〔　ア　→　　　　→　　　　→　　　　〕

入試レベル問題

③ 次の図は，ヒキガエルの生殖と発生のようすを模式的に表したものである。X，Yは生殖細胞，
Aは受精卵である。次の問いに答えなさい。

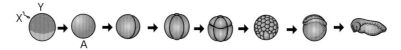

(1) 生殖細胞であるXを何というか。　　　　　　　　　　　　　　　　　　　〔　　　　　　　　　〕

(2) ヒキガエルの体細胞にふくまれる染色体の数は22本である。生殖細胞Yと受精卵Aにふくまれ
る染色体の数はそれぞれ何本か。　　　　　　　　　　　Y〔　　　　　〕　A〔　　　　　〕

(3) 受精卵Aが細胞分裂を始めてから，自分で食物をとり始めるまでの間の個体を何というか。

〔　　　　　　　　　　〕

(4) ヒキガエルと同じなかまとして分類される動物を次のア〜エから1つ選び，記号を書け。

ア．ヤモリ　　　イ．トカゲ　　　ウ．サンショウウオ　　　エ．ウナギ　　〔　　　　〕

④ 図1のように，ばねにつるした物体の底面が
水面に接するまで下げ，さらに物体を下げてい
き，水面から物体の底面までの距離とばねのの
びとの関係を調べる実験を行った。図2は，実
験の結果をグラフに表したものである。ただし，
ばねは0.1Nの力を加えると，1cmのびる。次
の問いに答えなさい。

図1

物体

水

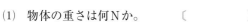

水面から物体の
底面までの距離

図2

ばねののび〔cm〕

水面から物体の底面までの距離〔cm〕

(1) 物体の重さは何Nか。　　　〔　　　　　〕

(2) 物体がすべて水中に入ったとき，物体にはたらく浮力の大きさは何Nか。　　〔　　　　　〕

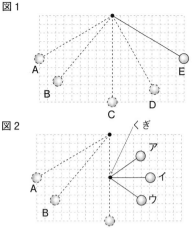

5　図1は，振り子のおもりの運動のようすを表したもので
ある。Eの位置は，おもりをはなしたAの位置と同じ高さ
である。摩擦や空気の抵抗はないものとして，次の問いに
答えなさい。

(1) おもりの速さが最も速いのはどこか。A～Eから選び，
　その記号を書け。　　　　　　　　　　　　　〔　　　　　〕

(2) Bの位置でのおもりの位置エネルギーをa，運動エネ
　ルギーをb，Dの位置でのおもりの位置エネルギーをc，
　運動エネルギーをdとしたとき，a，b，c，dの関係
　を，等号(＝)を用いて1つの式で表せ。

　　　　　　　　　　　　　　　　　　　〔　　　　　　　　〕

(3) 図2のように，支点の真下の位置にくぎを置いて振り
　子の長さを変えると，おもりはどの位置まで上がるか。
　ア～ウから選び，その記号を書け。

　　　　　　　　　　　　　　　　　　　　　　　　〔　　　　　〕

6　右の図は，生態系における炭素の循環を模式的に表したもの
である。図中の➡は有機物の流れを，⇒は無機物の流れを表し
ている。次の問いに答えなさい。

```
      ┌──────────────────────┐
      │   大気中の二酸化炭素    │◀─┐
      └──────────────────────┘  │
     X↓  ↑↑        ↑↑       ↑↑  │
  ┌──────┐ ┌──────┐ ┌──────┐ │
  │生物A│➡│生物B│➡│生物C│ │
  └──────┘ └──────┘ └──────┘ │
      ↓        ↓        ↓      │
  ┌──────────────────────┐   │
  │    死がいや排出物      │   │
  └──────────────────────┘   │
            ↓                  │
       ┌──────┐               │
       │生物D│───────────────┘
       └──────┘
```

(1) 図のXで表される無機物の流れは，生物Aの何というはた
　らきによるものか。その用語を書け。　〔　　　　　　　〕

(2) 生物A，生物B，生物Cは，食べる・食べられるという関
　係の中でつながっている。この食物によるつながりを何というか。　〔　　　　　　　　　〕

(3) 生物A～Dにあてはまる生物の組
　み合わせとして，最も適切なものは
　どれか。右の表のア～エから1つ選
　び，記号で書け。

	生物A	生物B	生物C	生物D
ア	ダンゴムシ	バッタ	カエル	ヘビ
イ	ウサギ	タンポポ	ミミズ	カエル
ウ	タンポポ	ウサギ	ワシ	ミミズ
エ	ワシ	ウサギ	タンポポ	バッタ

　　　　　　〔　　　　〕

(4) 何らかの原因で，生物Bの数量が急激に減少すると，その直後に生物A，生物Cの数量はどう
　なるか。次のア～エから最も適切なものを選び，記号で書け。　　　　　　　　　　〔　　　　〕

　ア　生物Aは減少し，生物Cも減少する。　イ　生物Aは減少し，生物Cは増加する。

　ウ　生物Aは増加し，生物Cは減少する。　エ　生物Aは増加し，生物Cも増加する。

7 図1は，地球の北極側から見た地球，月，太陽の位置関係を模式的に表したものである。これについて，次の問いに答えなさい。

(1) 月のように惑星のまわりを公転している天体のことを何というか。　　　　　　　　　　　　　〔　　　　　　〕

(2) 日本である日に月の観察をしたところ，日没直後に南中していた。このときの月の位置はどこか。**図1**の**ア〜ク**から最も適当なものを1つ選び，記号で書け。　　　　〔　　　〕

(3) (2)のときの月の形はどのように見えるか。**図2**の円の点線を使って，見える形を実線で表せ。

(4) 日食が観察できるのは，月がどの位置にあるときか。**図1**の**ア〜ク**から最も適当なものを1つ選び，記号で書け。　　　　〔　　　〕

(5) 日食が見られるときの月を何というか。次の**ア〜オ**から最も適当なものを1つ選び，記号で書け。

ア. 満月　　**イ.** 新月　　**ウ.** 上弦の月　　**エ.** 下弦の月　　**オ.** 三日月

図1

図2

8 図1は，地球を基準とした，太陽と金星の位置関係を模式的に表したものである。また，図2は，日本のある地点で金星を天体望遠鏡で観察したときのスケッチである。次の問いに答えなさい。

(1) **図2**の金星を観察したときの金星の位置として最も適当なものを，**図1**の**A〜G**から1つ選び，記号で書け。また，観察されたのは，東・西・南・北のどの方位か。

記号〔　　　〕　方位〔　　　　〕

(2) 金星は太陽のまわりを約0.62年で1回公転する。いま，金星が**図1**のFの位置にあるとすると，1年後にはどの位置にあるか。**図1**の**A〜G**から1つ選び，記号で書け。
〔　　　　〕

(3) (2)のときに見える金星の形として最も適当なものを，右の**ア〜エ**から1つ選び，記号で書け。

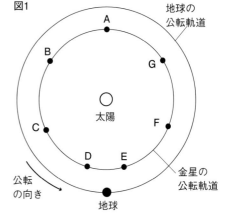

図1

公転の向き

地球の公転軌道

金星の公転軌道

太陽

地球

図2

スケッチは，肉眼で見たときと上下左右が同じになるようにかかれている。

ア　　イ　　ウ　　エ

〔　　　　〕

入試レベル問題 ②

解答 p.310

1　右の図のような装置で，塩化銅水溶液の電気分解を行
ったところ，豆電球が点灯し，陰極の表面に赤色の物質
が付着した。また，陽極の表面からは気体が発生した。
次の問いに答えなさい。

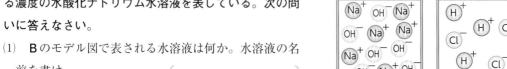

(1) 塩化銅のように，水にとけると水溶液に電流が流れ
る物質を何というか。　　　　　　　　〔　　　　　　　〕

(2) 塩化銅は水溶液中で電離して，イオンになっている。塩化銅水溶液中にふくまれるイオンを化
学式で2つ書け。　　　　　　　　　　　　　　　　〔　　　　　　〕〔　　　　　　〕

(3) 陽極から発生した気体の性質として最も適当なものを，次のア～エから1つ選べ。〔　　　　　〕

ア．非常に軽い気体で，火をつけると燃える。　　イ．黄緑色の気体で刺激臭がある。

ウ．水に非常によくとけて，水溶液はアルカリ性を示す。

エ．空気より重い気体で，石灰水を白くにごらせる。

(4) 電流をしばらく流すと，塩化銅水溶液の青色がうすくなった。その理由を簡単に説明せよ。

〔　　　　　　　　　　　　　　　　　　　　　　　　　　　　　　　　　　　　　〕

2　図1は60 cm³の水溶液A，Bのモデル図で，Aはあ
る濃度の水酸化ナトリウム水溶液を表している。次の問
いに答えなさい。

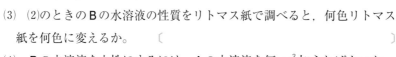

(1) Bのモデル図で表される水溶液は何か。水溶液の名
前を書け。　　　　　　　　　〔　　　　　　　　〕

(2) Aの水溶液10 cm³をとって，Bの水溶液に加えたと
きの，Bの水溶液のようすを図1にならって，図2にかけ。ただし，イ
オンだけを表せばよい。

(3) (2)のときのBの水溶液の性質をリトマス紙で調べると，何色リトマス
紙を何色に変えるか。　　〔　　　　　　　　　　　　　　　　　〕

(4) Bの水溶液を中性にするには，Aの水溶液を何cm³加えればよいか。

〔　　　　　　　〕cm³

(5) 中性になったBの水溶液をスライドガラスに1滴とり，おだやかに加熱して水を蒸発させたところ，白色の結晶が現れた。この結晶になった物質は何か。化学式で答えよ。〔　　　　　　〕

3 次の実験1，2から遺伝の規則性を考えた。あとの問いに答えなさい。

〔実験1〕図1のように，しわのある種子をつくる純系の花粉を使って，丸い種子をつくる純系の花を受粉させると，子にあたる種子では，すべて丸い種子が得られた。

〔実験2〕図2のように，実験1で得られた子にあたる丸い種子を育てて自家受粉させると，孫にあたる種子では，丸い種子としわのある種子が，一定の割合で得られた。

〔遺伝の規則性〕

　実験2で，丸い種子をつくる遺伝子をA，しわのある種子をつくる遺伝子をaとする。図3のように，丸い種子をつくる純系は，Aの遺伝子をもつ染色体が対になって存在している。同様に，しわのある種子をつくる純系は，aの遺伝子をもつ染色体が対になっている。図4は，実験2の結果について考察したものである。Xは，生殖細胞ができるときの細胞分裂を表している。

(1) 実験1のように，対立形質をもつ純系の親どうしをかけ合わせたとき，子に現れる形質を何というか。〔　　　　　〕

(2) 遺伝子の本体は何という物質か。〔　　　　　　〕

(3) 図4で，孫にあたる種子の中で，しわのある種子が1800個得られたとする。次の①，②について，下のア～オから最も適当なものをそれぞれ1つ選び，その記号を書け。

① 丸い種子は何個得られたか。〔　　　　〕

② 丸い種子のうち，Aaの遺伝子をもつ種子は何個得られたか。〔　　　　〕

　ア．900個　　イ．1800個　　ウ．3600個　　エ．5400個　　オ．7200個

(4) Xのような分裂を何というか。〔　　　　　　〕

図1
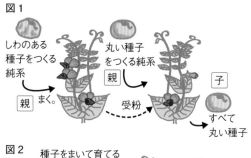
しわのある種子をつくる純系　　丸い種子をつくる純系　　子
親　まく。　受粉　すべて丸い種子
親

図2
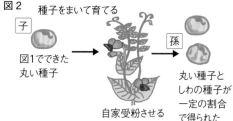
種子をまいて育てる
子　図1でできた丸い種子　　孫　丸い種子としわの種子が一定の割合で得られた
自家受粉させる

図3
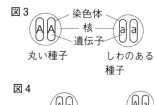
染色体　核　遺伝子
丸い種子　　しわのある種子

図4
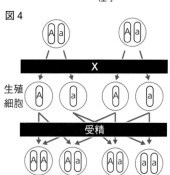
X
生殖細胞
受精

4 次の実験について，あとの問いに答えなさい。ただし，手と記録テープの間にはたらく摩擦力以
外の摩擦や空気の抵抗は考えないものとする。

〔実験〕a 図1のように，1秒間に50回打点する記録タイ
マーを斜面の上部に固定し，台車にはりつけた記録テー
プを手で支え，台車を静止させた。

b 記録テープから静かに手をはなし，台車が斜面を下っ
て水平面上をまっすぐ進む運動を記録した。

c 記録テープを打点が重ならないはっきり判別できる点から
0.1秒ごとに切り離し，図2のように，グラフ用紙にはりつ
けた。

(1) 実験のaについて，図3は，斜面上で静止している台車に
はたらく重力を矢印で表したものである。次の①，②の力を，
図3に矢印で表せ。

① 台車にはたらく斜面方向の力。

② A点を作用点として，記録テープが台車を引く力。

(2) 実験のaについて，斜面が台車を垂直に押す力を何というか。
〔　　　　　〕

(3) 斜面の傾きを大きくすると，(2)の力の大きさはどうなるか。
次のア〜ウから1つ選び，その記号を書け。　〔　　　　〕
ア．大きくなる。　　イ．小さくなる。　　ウ．変わらない。

(4) 実験のb，cについて，図2のDの記録テープの区間におけ
る台車の平均の速さは何cm/sか。

〔　　　　　〕

(5) 実験のb，cについて，台車が水平面上を運動しているとき，この台車の運動を何というか。
〔　　　　　〕

(6) (5)の台車の運動のとき，次の①，②を表すグラフとして，最も適切なものを，下のア〜エの中
から1つずつ選び，その記号を書け。ただし，速さ，移動距離は縦軸にとる。

① 時間と速さの関係〔　　　　〕　　② 時間と移動距離の関係〔　　　　〕

図1

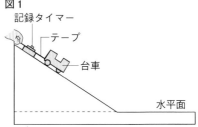

図2

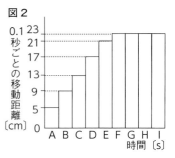

図3

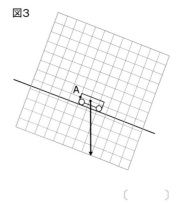

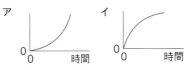

5 太陽の動きを調べるため，西日本のある地点で7月下旬に次の観測を行った。下の問いに答えなさい。

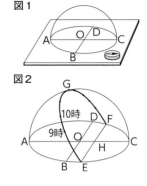

図1

図2

① 図1のように，水平に置いた厚紙に透明半球と同じ大きさの円をかき，円の中心をOとし，Oを通り垂直に交わる線ACとBDを引いた。透明半球を円に重ねて固定し，方位磁針を使って線ACを南北に合わせた。

② 9時に観測を開始し，太陽の位置をサインペンで透明半球上に・印で記録した。これを1時間ごとに16時までくり返した。

③ 図2のように，透明半球上に記録した・印をなめらかな線で結び，この線を厚紙と接するところまでのばして，厚紙との交点をE，Fとした。また，太陽が最も高くなった位置をG，FEとACとの交点をHとした。

図3

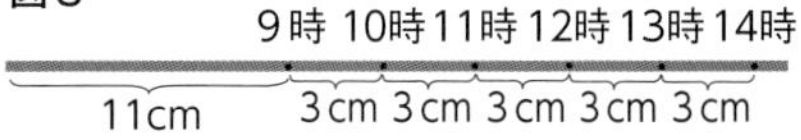

	9時	10時	11時	12時	13時	14時
11cm		3cm	3cm	3cm	3cm	3cm

④ 図2の曲線EGFに沿って細い紙テープを当て，透明半球上の・印を写しとった。図3はその紙テープの一部である。

(1) ②で透明半球上に太陽の位置を記録するとき，サインペンの先の影がどこにくるようにすればよいか。簡単に書け。　〔　　　　　　　　　　　　〕

(2) この観測を行った日のこの地点での日の出の時刻として，最も適当なものを，次のア〜エから1つ選び，記号で書け。　〔　　　〕

ア．5時　　　イ．5時20分　　　ウ．5時40分　　　エ．6時

(3) 図2において，南中高度を表すものはどれか。次のア〜エから1つ選び，記号で書け。

〔　　　〕

ア．∠AOG　　　イ．∠AHG　　　ウ．∠COG　　　エ．∠CHG

(4) 図2の曲線EGFは，太陽の1日の見かけの運動を表している。この運動が起こる理由を述べた次の文の①〜④にあてはまる語句を，下のア〜カからそれぞれ選び，記号で書け。

①〔　　　〕　②〔　　　〕　③〔　　　〕　④〔　　　〕

地球が（　①　）を中心として，1日に1回転，（　②　）から（　③　）へ一定の速さで（　④　）しているからである。

ア．太陽　　　イ．地軸　　　ウ．東　　　エ．西　　　オ．自転　　　カ．公転

(5) この地点で太陽を観測して，図2とほぼ同じ結果が得られる時期として最も適当なものを，次のア〜オから1つ選び，記号で書け。　〔　　　〕

ア．2月下旬　　　イ．3月下旬　　　ウ．4月下旬　　　エ．5月下旬　　　オ．6月下旬

解答と解説

第1章　化学変化とイオン

定期テスト予想問題 ①

p.82～83

1 (1) A，D，E　(2) 電解質 (でんかいしつ)　(3) 非電解質 (ひでんかいしつ)

解説
(2)(3)　水溶液にしたとき，電流が流れる物質を電解質，電流が流れない物質を非電解質という。

2 (1) モーターが回る。　(2) 塩素　(3) イ，エ
(4) 銅　(5) ア　(6) 水素

解説
(2)　陽極 (ようきょく) では塩化物イオンが電極に電子をわたして塩素原子になり，塩素原子は2個集まって塩素分子 (ぶんし) になる。
(4)　陰極では，銅イオンが電極から電子を受けとって銅原子になり，電極に付着する。　(5)(6)　陰極では水素イオンが電極から電子を受けとって水素原子になり，水素原子は2個集まって水素分子になる。

3 (1) 塩化水素　(2) 陽極…塩素　陰極…水素
(3) 気体名…塩素　理由…塩素は水によくとけるため。

解説
(3)　発生する塩素と水素の体積は同じだが，塩素は水にとけやすいので，装置の中にたまる気体の塩素の体積は小さくなる。

4 (1) Ⓐ $^{2+}$…銅イオン　Ⓑ $^{-}$…塩化物イオン
(2) 電離　(3) $CuCl_2$，Cu^{2+}，$2Cl^-$　(4) b
(5) 受けとる　(6) イ　(7) 塩素　(8) $2Cl^-$，Cl_2

解説
(1)(2)　塩化銅は水溶液の中では銅イオンと塩化物イオンに電離している。　(4)(5)　陽イオンは陰極に引か

れ，陰極から電子を受けとって，原子になる。

定期テスト予想問題 ②

p.84～85

1 (1) 亜鉛 (あえん)　(2) マグネシウム
(3) 電子を受けとった…Cu^{2+}　電子を失った…Zn
(4) 色がうすくなる。

解説
(2)　Bで亜鉛に変化がないのは，亜鉛の方がイオンになりにくいからである。　(4)　硫酸銅水溶液中にある青色を示す銅イオンが減ると，色がうすくなる。

2 (1) 電池（化学電池）　(2) 銅板　(3) Zn，Zn^{2+}
(4) イ　(5) 化学

解説
(2)　電解質の水溶液に2種類の金属で電池をつくるとき，＋極になるのは，イオンになりにくい金属。

3 (1) B，C　(2) 7
(3) 名前…水素イオン　化学式…H^+　(4) ア
(5) OH^-　(6) アルカリ

解説
(1)(2)(4)　砂糖水と食塩水は中性でpHは7，pHが7より大きい水溶液はアルカリ性である。

4 (1) ナトリウムイオン，水酸化物イオン
(2) 水酸化物イオン　(3) 水　(4) H^+，OH^-，H_2O
(5) ア　(6) $NaCl$　(7) 塩 (えん)

解説
(6)(7)　中性のときの水溶液中には，ナトリウムイオンと塩化物イオンがあるので，水を蒸発させると塩化ナトリウムの結晶が出てくる。アルカリの陽イオンと酸の陰イオンが結びついてできる物質を塩という。

第2章　生命の連続性

定期テスト予想問題 ①　　　　　p.122〜123

1 (1) エ　(2) C　(3)① ふえ　② 大きく

解説 ‥‥‥‥‥‥‥‥‥‥‥‥‥‥‥‥‥‥

(1)(2)　根の先端付近のCで細胞分裂がさかんである。細胞分裂した細胞は大きくなるので，Cが最ものびる部分になる。Dは根冠の部分と考えられる。

2 (1) 1つ1つの細胞がはなれやすくなる。
　　(2) エ　(3) 名称…核　色…赤色　(4) B

解説 ‥‥‥‥‥‥‥‥‥‥‥‥‥‥‥‥‥‥

(1)　根の先端をうすい塩酸にひたすと，1つ1つの細胞がはなれやすくなり，顕微鏡で観察するときに見やすくなる。　(2)(3)　細胞に酢酸カーミンをたらすと，核の部分が赤色に染色される。

3 (1) 染色体　(2) 染色体が複製されている。
　　(3)（A→）D→E→B→C

解説 ‥‥‥‥‥‥‥‥‥‥‥‥‥‥‥‥‥‥

(1)　細胞分裂が始まる前に，核の中では染色体が複製されて，染色体の数は2倍になっている。　(3)　複製された染色体は，くっついたまま細胞の中央に並び，その後2つに分かれて両端に移動し，新しい細胞の核をつくる。

4 (1) 有性生殖　(2) 卵細胞　(3) 減数分裂　(4) もとの細胞の染色体の数の半分になる。　(5) 体細胞分裂

解説 ‥‥‥‥‥‥‥‥‥‥‥‥‥‥‥‥‥‥

(1)(2)　植物の有性生殖では，雄の精細胞，雌の卵細胞が受精する。　(3)(4)　生殖細胞は減数分裂でつくられ，もとの細胞の染色体の数の半分になる。

5 (1) 無性生殖　(2)①…イ　②…ア　③…ウ
　　④…オ　⑤…エ　⑥…カ

解説 ‥‥‥‥‥‥‥‥‥‥‥‥‥‥‥‥‥‥

(2)　無性生殖には，分裂（ゾウリムシなど），出芽（ヒドラなど），栄養生殖がある。栄養生殖では，ほふく茎（オランダイチゴなど），たねいも（ジャガイモなど），むかご（ヤマノイモなど），さし木（アジサイなど）がある。

定期テスト予想問題 ②　　　　　p.124〜125

1 (1) 卵　(2) 性別…雄　名称…精巣
　　(3) 受精卵　(4) ア→ウ→カ→オ→エ→イ

解説 ‥‥‥‥‥‥‥‥‥‥‥‥‥‥‥‥‥‥

(1)(2)　Aは雌の卵巣でつくられる卵，Bは雄の精巣でつくられる精子という生殖細胞である。
(3)　卵の核と精子の核が合体することを受精といい，受精した卵を受精卵という。

2 (1)①…花粉管　②…受精卵　③…胚　(2) 遺伝子
　　(3)① 精細胞Q…7本　卵細胞P…7本
　　② 14本　(4) 有性生殖

解説 ‥‥‥‥‥‥‥‥‥‥‥‥‥‥‥‥‥‥

(3)(4)　種子植物は，ふつう有性生殖を行う。有性生殖の場合，生殖細胞ができるときに，染色体の数が半分になり，受精後，もとの染色体の数にもどる。

3 (1) 顕性形質　(2) 自家受粉　(3)①…カ
　　②…AA, Aa, aa　③ 3：1　(4) DNA

解説 ‥‥‥‥‥‥‥‥‥‥‥‥‥‥‥‥‥‥

(1)　子の代に現れたのが顕性形質である。　(3)　顕性の遺伝子Aと潜性の遺伝子aの組み合わせで，AA，Aaは顕性の遺伝子Aをもつので，草たけは高くなる。aaの組み合わせのときだけ草たけが低くなる。

4 (1) クジラ…ひれ　スズメ…翼　(2) 相同器官
　　(3) 翼がある。（からだが羽毛でおおわれている。）

解説 ‥‥‥‥‥‥‥‥‥‥‥‥‥‥‥‥‥‥

(3)　シソチョウは鳥類とは虫類の中間の生物といわれ，羽毛と翼があるが，口に歯，翼に爪がある。

第3章　**運動とエネルギー**

定期テスト予想問題 ①　　　　p.184〜185

1 (1) 小さくなる。　(2) 0°　(3) 10N

解説 ─────────────────────────
(2) 2力の角度をどんどん小さくしていくと，合力（対角線の長さ）が大きくなり，0°のとき，最大になる。
(3) 同じ向きの2力の合成だから，2力の和となる。
　4 + 6 = 10〔N〕

2 (1) エ　(2) 反作用

解説 ─────────────────────────
(2) ある物体がほかの物体に力を加えるとき，2つの物体間で，大きさが等しく，一直線上で向きが反対の力がはたらく。これを作用・反作用の法則という。Aが荷車を押す力を作用とすると，荷車がAを押し返す力aが反作用である。

3 (1) 右図
　(2) 90 g　(3) 1.2 N

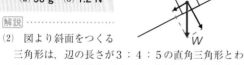

解説 ─────────────────────────
(2) 図より斜面をつくる三角形は，辺の長さが3：4：5の直角三角形とわかる。この三角形と，(1)でかいた斜面に平行な力と重力 W を2辺とする直角三角形は，相似の関係なので，辺の長さは比例する。重力 W は1.5Nだから，
　$1.5〔N〕 \times \dfrac{3}{5} = 0.9〔N〕$ より，おもりの質量は90 g。
(3) 物体が斜面を押す力は，(2)と同様に計算をし，$1.5 \times \dfrac{4}{5} = 1.2〔N〕$ これと垂直抗力がつり合う。

4 (1) ウ　(2) 上，30　(3) 60N　(4) ア

解説 ─────────────────────────
(1)(2) 3 kg（3000g）のおもりにはたらく重力の大きさは30N。物体にはたらく重力の大きさは50Nなので，50 − 30 = 20〔N〕　(3) 定滑車を1つにしたときと同じで，定滑車の左右のロープにはそれぞれ30Nの下向きの力がはたらいている。　(4) 滑車Pには，

下向きに30N，左向きに30Nの力が加わっている。

5 (1) 浮力　(2) 0.4N　(3) イ　(4) ア

解説 ─────────────────────────
(2) 浮力＝空気中での物体の重さ−水中での物体の重さで求められる。空気中での物体の重さは1.2Nなので，1.2 − 0.8 = 0.4〔N〕　(4) 浮力は，物体の，水中の部分の体積が大きいほど大きくなる。

定期テスト予想問題 ②　　　　p.186〜187

1 (1) 0.1秒間　(2) エ，オ，カ　(3) 等速直線運動
　(4) 慣性　(5) 30cm/s

解説 ─────────────────────────
(5) ア〜ウの時間は0.3秒。進んだ距離は，2.0 + 3.0 + 4.0 = 9.0〔cm〕　平均の速さは9.0 ÷ 0.3 = 30〔cm/s〕

2 (1) C　(2) 8.0　(3) イ

解説 ─────────────────────────
(2) 台車のもつ運動エネルギーは質量に比例するので，Cの場合，質量が半分のBの2倍になる。

3 (1) 摩擦力　(2) ア

解説 ─────────────────────────
(1)(2) 毛布の上では，台車には進行方向と逆向きに摩擦力がはたらく。

4 (1) エ　(2) ①…運動　②…大きくなって
　③…小さくなって

解説 ─────────────────────────
(1)(2) おもりがA点からB点に動くと，A点でもっていた位置エネルギーが運動エネルギーに移り変わる。B点からC点に動くときはその逆になる。

5 (1) 6 m　(2) 1200J　(3) 24W

解説 ─────────────────────────
(2) $400〔N〕 \times 3〔m〕 = 1200〔J〕$
(3) $\dfrac{1200〔J〕}{50〔s〕} = 24〔W〕$

定期テスト予想問題 ①
p.242〜243

1　(1) ①…ア　②…イ　(3) 32°
　　(4) 地球が地軸を傾けた状態で公転しているから。

解説

(3) 緯度は90°−（春分・秋分の日の太陽の南中高度）。
　　よって，90°−58°＝32°

2　(1) 赤道　(2) 地軸　(3) ウ　(4) さそり座
　　(5) さそり座　(6) オリオン座　(7) D

解説

(4) 冬至のころは，北半球に当たっている太陽の光の
　　量が少ないので，地球の位置はDである。このと
　　き，太陽の方向にある星座はさそり座である。
(5) 夏至のころの地球の位置はBで，真夜中に南中す
　　る星座は太陽と反対の方向のさそり座である。
(6) 地球がAの位置にあるとき，Aの地球の左側が明
　　け方，右側が夕方になる。よって，夕方に南中する
　　のはオリオン座である。

3　(1) ベテルギウス　(2) ア　(3) イ　(4) ア
　　(5) 午後8時ごろ

解説

(5) 同じ時刻に見える星座の位置は，1年で360°回
　　転するので，1か月では，360°÷12＝30°回転す
　　る。一方，星は1日に1回転するので，1時間で
　　は，360°÷24＝15°移動する。地球の自転の向き
　　と公転の向きは同じなので，1か月後に同じ位置に
　　星座が見える時刻は，30°÷15°＝2〔時間〕早く
　　なる。

4　(1) 黒点　(2) ウ　(3) 太陽が球形をしているため。

解説

(2)(3) 黒点が移動して見えるのは太陽が自転している
　　からである。太陽は球形をしているため，周辺部で
　　は黒点の形が縦長にゆがんで見える。

定期テスト予想問題 ②
p.244〜245

1　(1) （左から）d，c，b，a　(2) ②
　　(3) 地点…Y　月の位置…イ　(4) ウ

解説

(4) 明け方に西の空に見えた月の形は満月で，満月→
　　下弦の月（半月）→新月と変化する。

2　(1) A…皆既日食　B…金環日食　(2) 400倍
　　(3) 日食…太陽→月→地球
　　　　月食…太陽→地球→月
　　(4) 地球の公転面に対して，月の公転面が（約5°）
　　傾いているため。　(5) 約2週間後

解説

(5) 日食は新月のときに起こる。新月から次の新月ま
　　で約29.5日かかるので，新月から満月までは，その
　　半分の約2週間である。

3　(1) b　(2) d　(3) ウ　(4) ア，イ
　　(5) A…ウ　B…イ
　　(6) いつごろ…明け方　方位…東

解説

(3)(4)(5) 金星が，地球から見て太陽の右側（西側）に
　　あるとき，明けの明星が見え，太陽の左側（東側）
　　にあるときは，よいの明星が見える。

4　(1) 太陽　(2) 西
　　(3) 金星は，地球の内側を公転している（内惑星
　　だ）から。
　　(4) 地球と金星の距離が変化するから。
　　(5) 形…イ　位置…キ

解説

(4) 金星は月と同様，太陽の光を反射して光っている
　　ので，太陽，金星，地球の位置関係により，満ち欠
　　けして見える。また，金星は地球との距離が大きく
　　変化するので，見かけの大きさも変わる。

第5章　自然・科学技術と人間

定期テスト予想問題 ①　　　　　p.288～289

1 (1) 位置エネルギー　(2) 石油, 石炭, 天然ガスから2つ。　(3) 化学エネルギー　(4) ①…ウラン　②…核　(5) タービンを回して発電する。

解説

(1) 水力発電では, 水のもつ位置エネルギーを運動エネルギーに変えてタービンを回している。

2 (1) ①…キ　②…イ　③…エ　④…オ　⑤…カ
(2) (例) かたい。軽い。

解説

(2) ファインセラミックスには, 軽い, かたい, 腐らない, さびない, 高温に耐えるなどの特徴がある。

3 (1) 急激に大きく, 速くなった。
(2) インターネット　(3) 人工知能 (AI)
(4) 不正利用者による情報流出

解説

(3) 人工知能は, コンピュータが長時間, 同じ精度で大量の情報を処理することができるメリットを生かして, 人間の知的な活動と同じことを, コンピュータがするための技術である。

4 (1) ①…マグマ　②…火力　③…水
(2) 風力発電　(3) 燃料電池　(4) (例) 資源に限りがない。　(5) (例) 自然の状況に発電量が左右される。

解説

(3) 燃料電池は, 水素と酸素から水をつくるときに電流をとり出す電池である。
(4) 風力発電や太陽光発電など, 資源に限りがないエネルギーを, 再生可能なエネルギーという。

定期テスト予想問題 ②　　　　　p.290～291

1 (1) 食物連鎖　(2) E　(3) イ

解説

(1)(2) 自然界で, 食べる・食べられるという関係を食物連鎖といい, 食物連鎖の始まりは植物である。
(3) 食物連鎖での個体数は, 植物＞草食動物＞肉食動物というように, 食べられるものの方が多い。

2 (1) A…酸素　B…二酸化炭素
(2) ①…呼吸　②…光合成　(3) 生産者
(4) 有機物を無機物に分解している。　(5) 炭素

解説

(1) Aはすべての生物がとり入れ, 植物だけが出しているので酸素, Bはすべての生物が出し, 植物がとり入れているので二酸化炭素である。　(4) 菌類・細菌類などは分解者とよばれ, 動物の死がいやふんなどの有機物を無機物に分解する。

3 (1) ア　(2) イ　(3) ウ, エ

解説

(2) 温室効果ガスの二酸化炭素が大気中にふえ, 地球温暖化をもたらしていると考えられている。

4 (1) 白くにごる。　(2) 二酸化炭素
(3) 変化しない。　(4) デンプンを分解した。
(5) 分解者

解説

(2)(4)(5) 袋の中にいる菌類や細菌類が呼吸して有機物のデンプンを分解し, 二酸化炭素を出している。
(3) デンプンは菌類や細菌類によって分解されるので, ヨウ素液を加えても色は変化しない。

5 (1) ①…B　③…C　(2) ウ　(3) A

解説

(1)(3) ふつう, 川の上流の方が水がきれいであるから, C地点には汚れた水にすんでいるセスジユスリカやアメリカザリガニ, サカマキガイがあてはまる。

入試レベル問題 ①

1 (1) HCl＋NaOH → NaCl＋H₂O
(2) 試験管…A，B　物質名…水素
(3) D，C，A　(4) 水酸化物イオン　(5) D

解説
(1) 塩酸と水酸化ナトリウムが中和して，塩化ナトリウムと水ができる。
(2) 水溶液が酸性のときは，マグネシウムリボンを入れると水素が発生する。BTB溶液の色が黄色のAとBの水溶液が酸性である。
(4) BTB溶液の色が青色になるのは，アルカリ性のときである。アルカリ性の性質を示すのは水酸化物イオンOH⁻が存在するときである。
(5) 水溶液中のイオンのうち，水素イオンH⁺と水酸化物イオンOH⁻が結びついて水ができる。塩酸中のはじめの水素イオンの数はA～Dのどれも同じで，A，B，Cでは水素イオンが減った分だけ，ナトリウムイオンNa⁺がふえているので，イオンの総数は変わらない。Cでは中性なので，水溶液中には塩化物イオンCl⁻とナトリウムイオンが同数ある。DではCより水酸化ナトリウム水溶液の体積が多いので，その分だけナトリウムイオンと水酸化物イオンが多く，イオンの総数が最も多いといえる。

2 (1) 酢酸カーミン（または酢酸オルセイン，酢酸ダーリア）
(2) （指でろ紙を押して）根を押しつぶす。
(3) X…b　Y…a
(4) （ア→）ウ→エ→イ

解説
(1) 染色液は，細胞を生きていた状態で固定するとともに，核や染色体を染めるはたらきがある。酢酸カーミンは赤色に，酢酸オルセインは赤紫色に，酢酸ダーリアは青紫色に染める。
(2) ろ紙の上から指でまっすぐ押して横にずらさないようにする。この操作は，細胞の重なりをなくし，光が通るようにして，観察しやすくするためである。

(4) 体細胞分裂の順序は，❶太くなった染色体が細胞の中央に並ぶ。❷各染色体が縦に2つに分かれて両端に移動する。❸染色体が集まって2つの核になる。❹植物の細胞は，細胞の中央にしきりができて細胞質が2つに分かれる。動物の細胞はくびれるようにして細胞質が2つに分かれる。

3 (1) 精子　(2) Y…11本　A…22本　(3) 胚
(4) ウ

解説
(1) 動物の生殖細胞は，雄の精巣でつくられる精子と雌の卵巣でつくられる卵である。
(2) 生殖細胞の染色体の数は，体細胞の半分である。受精することによって，染色体の数は体細胞の染色体と同じになる。
(4) ヤモリとトカゲはは虫類，ウナギは魚類である。

4 (1) 0.5 N　(2) 0.1 N

解説
(1) 物体の重さは，水面から物体の底面までの距離が0 cmのときのばねののびで求められる。ばねは0.1 Nの力で1 cmのびる。ばねののびが5 cmだから，物体の重さは0.5 Nである。
(2) ばねののびの変化がなくなってからは，物体はすべて水中に入っていると考えられる。ばねののびは5 cmから4 cmに減少しているので，浮力の大きさは0.1 Nである。

5 (1) C　(2) a＋b＝c＋d（a－c＝d－b）
(3) イ

解説
(1) 振り子のおもりの速さは，振り子の支点の真下で最も速くなり，振り子のふれの両端で，速さは0になる。
(2) 振り子のおもりの力学的エネルギーは常に一定であり，位置エネルギーと運動エネルギーの和は，常に一定で変化しない。
(3) 振り子の長さが変化しても，力学的エネルギーは一定で変化しないから，おもりはAと同じ高さまで上がる。

6 (1) **光合成** (2) **食物連鎖** (3) **ウ** (4) **ウ**

解説

(1) 生物の中で，二酸化炭素をとり入れるのは，光合成を行う生産者である。光合成によって合成された有機物は，直接的，間接的にすべての生物に利用される。

(2) 食物連鎖の出発点は，植物であり，次に植物を食べる草食動物，草食動物を食べる肉食動物，食物連鎖の最上位には大形の肉食動物がくる。

(3) 生物Aは有機物を合成する生産者の植物，生物Bと生物Cは生物Aがつくった有機物を利用する消費者で生物Bは草食動物，生物Cは肉食動物である。生物Dは有機物を無機物に分解する分解者だが，菌類や細菌類のほかに，生産者や消費者の死がいなどから有機物を得ているミミズやシデムシなどの小動物もふくまれている。

(4) 生物Bの数量が急激に減少すると，生物Aの数量は，生物Bに食べられる量が減るので，増加する。生物Bを食べる生物Cにとっては，食物が少なくなるので，生物Cも減少する。

7 (1) **衛星** (2) **オ** (3) **右図**
(4) **キ** (5) **イ**

解説

(2)(3) 地球の自転の向きから考えて，太陽光が当たる半球から太陽光が当たらない半球に移る境界の地球上の地点から真南に見える月はオである。オの月は右半分が太陽光を反射してかがやいている。

(4)(5) 日食は，太陽-月-地球の順に一直線に並んだときに起こる。このときの月は新月である。

8 (1) **記号…D　方位…西** (2) **C** (3) **ウ**

解説

(1) 左側が大きく欠けた形なので，金星は太陽の左側（東側）で，地球に近い位置にある。このとき，金星は夕方，西の空に見える。

(2)(3) 金星の公転周期は0.62年なので，1 ÷ 0.62 ≒

1.6より，金星は1年間に公転軌道を反時計回りに約1.6周する。360°×1.6 - 360° = 216°なので，1年後には金星は，公転軌道を1周して，さらにFから反時計回りに216°回転しているから，Cの位置にある。このときの金星は，右側が半分くらいかがやいて見える。

入試レベル問題 ②

1 (1) **電解質** (2) **Cu^{2+}，Cl^-** (3) **イ**
(4) **水溶液中の銅イオンの量が減ったから。**

解説

(1) 水溶液にしたとき，電流が流れる物質を電解質，電流が流れない物質を非電解質という。

(2) 塩化銅は水にとけると電離して，銅イオンCu^{2+}と塩化物イオンCl^-に分かれる。

(3) 陽極から発生した気体は塩素である。

(4) 硫酸銅水溶液の青色は，銅イオンをふくむ水溶液に特有の色である。銅イオンが減ると，青色がうすくなる。

2 (1) **塩酸** (2) **右図**
(3) **青色リトマス紙を赤色に変える。**
(4) **30** (5) **NaCl**

解説

(1) 水素イオンH^+と塩化物イオンCl^-に電離する物質は，塩化水素である。

(2) 水酸化ナトリウム水溶液10 cm³のモデル図には，ナトリウムイオンNa^+と水酸化物イオンOH^-が1個ずつふくまれる。これをBの塩酸の中に加えると，水素イオンH^+1個と水酸化物イオンOH^-1個が中和して水ができる。

(3) (2)の水溶液は酸性である。

(4) Bの水溶液は水素イオンを3個ふくむので，中性にするには水酸化物イオン3個を加える必要がある。

(5) 中性になったとき，水溶液中にはナトリウムイオ

ンNa$^+$と塩化物イオンCl$^-$が存在する。したがって，水を蒸発させると，塩化ナトリウムNaClの結晶がとり出せる。

3 (1) **顕性形質**
(2) **デオキシリボ核酸（DNA）**
(3) ①**エ**　②**ウ**　(4) **減数分裂**

解説

(1) 対立形質のうち，子の代に現れる形質を顕性形質，現れない形質を潜性形質という。丸い種子が顕性形質，しわのある種子が潜性形質である。
(2) 遺伝の情報を，生殖細胞を通して親から子へ，子から孫へと伝えている物質が，染色体にふくまれているデオキシリボ核酸（DNA）である。
(3) 子の遺伝子**Aa**から自家受粉でできた孫の遺伝子の組み合わせは，**AA：Aa：aa** = 1：2：1であり，種子の形では，丸：しわ = 3：1となる。しわのある種子**aa**が1800個できたから，丸い種子はその3倍の1800 × 3 = 5400〔個〕できる。丸い種子のうち，**AA：Aa** = 1：2だから，**Aa**の遺伝子をもつ種子は，5400 × $\frac{2}{3}$ = 3600〔個〕

4 (1) ①②…右図
(2) **垂直抗力**
(3) **イ**
(4) **170 cm/s**
(5) **等速直線運動**
(6) ①**ウ**
　　②**エ**

解説

(1) ① 重力を斜面方向と斜面に垂直な方向に分解する。斜面方向の分力の大きさは2マス分の大きさになる。
② 台車は斜面上で静止しているから，記録テープが台車を引く力の大きさは，①の力の大きさと等しい。**A**を作用点として2マスの長さの矢印をかく。
(2) 斜面の垂直抗力は，重力の斜面に垂直な方向の分力とつり合っている。
(3) 斜面の傾きが大きいほど，重力の斜面方向の分力は大きくなり，斜面に垂直な方向の分力は小さくな

る。したがって，この分力とつり合う垂直抗力も小さくなる。
(4) $\frac{17〔cm〕}{0.1〔s〕}$ = 170〔cm/s〕
(5) 水平面上を運動する台車には，重力と垂直抗力がはたらくが，2力はつり合っているので，台車の運動には関係しない。台車は斜面を下りきったときの速さで，等速直線運動を続ける。
(6) 等速直線運動は，速さは一定なので，横軸に平行なグラフになる。移動距離は時間に比例するので，原点を通る直線のグラフになる。

5 (1) **円の中心O**　(2) **イ**　(3) **ア**
(4) ①**イ**　②**エ**　③**ウ**　④**オ**
(5) **エ**

解説

(2) 太陽が動く速さは一定なので，紙テープ上の長さと太陽が動いた時間は比例する。1時間（60分）に3 cm動いたのだから，日の出（**E**点）から9時までの時間をx分とすると，3：11 = 60：x　x = 220　220分 = 3時間40分だから，日の出の時刻は9時の3時間40分前で5時20分である。
(5) 7月下旬は夏至の約1か月後だから，南中高度がほぼ同じになるのは，夏至の約1か月前である。

さくいん

※太数字のページの語句には，くわしい解説があります。

B
BTB ･･････････････････････ 67
BTB 溶液 ･････････････････ 68

C
CT ････････････････････････ 261

D
DNA ･･･････････････････････ 112
DNA 鑑定 ･････････････････ 113

L
LED ･･･････････････････････ 261

M
MRI ･･･････････････････････ 261

P
pH ････････････････････････ 73
pH 試験紙 ････････････････ 73

S
SDGs ･････････････････････ 262

あ
亜鉛 ･･･････････････････････ 54
アクリル樹脂････････････････ 256
明けの明星･･････････････････ 236
圧力 ･･･････････････････････ 136
アルカリ････････････････ 67,71
アルカリ（マンガン）電池･･････ 62
アルキメデスの原理･････ 144,146
α線 ･･･････････････････････ 252
アンモニア･･････････････････ 71

い
イオン････････････････ 43,70
イオン化傾向････････････････ 55

イクチオステガ･･････････････ 118
位置エネルギー･････････････ 170
一次電池･･･････････････････ 62
遺伝 ･･････････････････････ 106
遺伝子････････････ 91,106,112
遺伝子組換え･･･････････････ 113
遺伝子組換え作物･･････････ 113
緯度 ･･････････････････････ 208
陰イオン･･･････････････････ 43
陰極 ･･････････････････････ 40

う
ウミユリ･･･････････････････ 118
羽毛恐竜･･･････････････････ 120
運動 ･･････････････････････ 148
運動エネルギー･････････････ 172
運動の第2法則･･･････････ 156
運動の第1法則･･･････････ 159
運動の第3法則･･･････････ 160

え
衛星 ････････････････ 198,228
栄養生殖･･･････････････････ 96
液晶 ･･････････････････････ 258
X線 ･･････････････････････ 252
エネルギー････････････ 170,178
エネルギーの変換･･････････ 181
エネルギーの変換効率･･･････ 181
エネルギー保存の法則･･･････ 181
塩 ･･･････････････････････ 77
塩化水素の電離･････････ 46,70
塩化銅水溶液･･･････････ 40,48
塩化ナトリウムの電離･････････ 47
塩化物イオン･･･････････ 45,52
塩酸 ･････････････････ 40,66
塩素 ･･････････････････････ 40

お
オゾン層･･･････････････ 280,286
音エネルギー･･･････････････ 180
オリオン座･････････････ 215,220
温室効果･･･････････････････ 280
温室効果ガス･･･････････････ 251

か
カーボンナノチューブ･･････････ 258
海王星････････････････････ 200
皆既月食･･････････････････ 233
皆既日食･･････････････････ 232
海溝 ･･････････････････････ 283
海溝型地震････････････････ 284
外部被ばく････････････････ 253
海洋プレート･･･････････････ 283
外来種（外来生物）････････ 279
海嶺 ･･････････････････････ 282
外惑星････････････････････ 238
化学エネルギー･････････････ 180
核エネルギー･･･････････････ 180
火山災害･･････････････････ 285
火山分布･･････････････････ 284
火星 ･･････････････････ 199,238
化石燃料･･････････････････ 251
加速度････････････････････ 155
花粉管･･･････････････････ 97,99
カモノハシ･････････････････ 120
火力発電･･････････････ 250,251
環境DNA分析 ･･････････････ 279
慣性 ･･････････････････････ 158
慣性の法則･････････････ 158,159
γ線 ･･････････････････････ 252

き
貴ガス････････････････････ 51
機能性高分子･･････････････ 257
吸水性高分子･･････････････ 257

記録タイマー･･････････････････ 149
銀河･･･････････････････････ 202
銀河系･････････････････････ 201
金環日食･･･････････････････ 232
金星･･････････････････ 199,**234**
菌類･･････････････････ 256,**273**

く

空気電池（空気亜鉛電池）･･････62
クラウド(クラウドコンピューティング) 260
グレイ･････････････････････ 252
クレーター･･････････････････ 231

け

形質･････････････････････ 106
形状記憶合金･･･････････････ 258
経度･････････････････････ 208
月食･････････････････････ 233
原子･･････････････････････ 42
原子核････････････････････ 42
原子力発電･･････････････ 250,**251**
減数分裂････････････････ 98,**104**
顕性形質･･･････････････････ 107

こ

光合成･･･････････････････ 275
洪水･････････････････････ 285
恒星･････････････････････ 202
合成繊維･･･････････････････ 255
公転･･････････････････ **216**,228
高度･････････････････････ 204
黄道･････････････････････ 218
黄道12星座･･･････････････ 219
光年･････････････････････ 202
高分子化合物･･･････････････ 257
抗力･････････････････････ 133
合力･････････････････････ 130
コージェネレーションシステム 261
呼吸･････････････････････ 275
黒点･･････････････････ 195,**196**
コケ植物･･･････････････ 98,**119**
コロナ･･･････････････････ 195
根冠･････････････････････ 91
根粒菌･･･････････････････ 276

細菌類･･････････････････ 256,**273**
再生可能なエネルギー･･･ **253**,261
彩層･････････････････････ 195
最大静止摩擦力･･･････････････ 156
細胞･････････････････････ 92
細胞分裂･･････････････････ **91**,101
在来種（在来生物）････････････ 279
酢酸･･････････････････････ 66
酢酸オルセイン･･･････････････ 94
酢酸カーミン････････････････ 94
さそり座･･･････････････････ 214
里山･････････････････････ 280
作用･････････････････････ 160
作用・反作用の法則････････････ 160
酸･･･････････････････････ **66**,70
３Ｒ････････････････････ 262
酸化銀電池･･････････････････ 62
酸性雨･･･････････････････ 280
酸素･････････････････････ 275

し

シーベルト･････････････････ 253
シーラカンス･･･････････････ 121
自家受粉･･･････････････････ 107
（天の）子午線･･････････････ 206
仕事･････････････ **164**,170,178
仕事の原理･････････････････ 167
仕事率･･･････････････････ 169
指示薬････････････････････ 68
地震災害･･･････････････････ 285
自然放射線･････････････････ 253
持続可能な開発目標（SDGs）262
始祖鳥･･･････････････････ 120
シダ植物･･･････････････ 98,**119**
自転･･････････････････ **207**,213
周期表･････････････････････ 51
充電･･････････････････････ 63
自由落下･･･････････････････ 155
重力･･････････････････ **155**,166
ジュール･･････････････ **164**,170
種子植物･･･････････････････ 119
受精･････････････････ **97**,100

受精膜･･････････････････ 102
受精卵･････････････････ **97**,101
出芽･･････････････････････ 95
受粉･･････････････････････ 97
循環型社会･････････････････ 262
瞬間の速さ･･････････････････ 150
純系･････････････････････ 106
硝酸･･･････････････････････ 66
硝酸カリウム････････････････ 78
消費者･････････････････ 265,**270**
蒸留水（精製水）･･･････････････ 38
小惑星･･･････････････････ 198
植物プランクトン･･･････････････ 266
食物網･･････････････････････ 265
食物連鎖･･･････････････ **264**,276
震央分布･･･････････････････ 284
進化･････････････････････ 118
人工多能性幹細胞(iPS細胞) 113,**114**
人工知能（AI）･･･････････････ 260
人工放射線･････････････････ 253
新素材････････････････ **257**,260

す

水圧･････････････････････ 136
水酸化カルシウム･･･････････････ 71
水酸化ナトリウム･･･････････････ 71
水酸化物イオン･･･････････････ 71
水星･････････････････････ 199
水生生物･･･････････････････ 281
水素イオン･････････････････ 70
水素貯蔵合金････････････････ 258
垂直抗力･･････････････ **133**,161
すい星････････････････････ 198
水力発電･･････････ 250,**251**,286
ストロボスコープ･･･････････････ 149
ストロマトライト･･･････････････ 279

せ

精細胞････････････････････ 97
星座早見･･･････････････････ 221
生産者････････････････ 265,**270**
精子･････････････････････ 100
静止摩擦力･････････････････ 156
生殖･･････････････････････ 95

さくいん

313

生殖細胞…………………… 97
成体……………………… 101
生態系…………………… 264
成長点……………………… 90
生物のつり合い………… 268
生物量のピラミッド…… 267
生分解性プラスチック… 257
赤外線…………………… 179
脊椎動物………………… 116
絶滅危惧種……………… 269
ゼロ・エミッション…… 262
染色液……………………… 94
染色体………………… **91**,103
潜性形質………………… 107

そ

相似器官………………… 120
草食動物……………… **265**,270
相同器官………………… **120**
相同染色体………………… 92
藻類……………………… 119
速度……………………… 150

た

第1次消費者…………… 270
体外受精………………… 100
体細胞分裂…………… **92**,103
胎生……………………… 100
体内受精………………… 100
第2次消費者…………… 270
台風……………………… 285
太陽……………………… 194
太陽系…………………… 198
太陽系外縁天体………… 198
太陽光発電…………… 250,**254**
大陸プレート…………… 283
対立形質………………… 106
対流……………………… 179
他家受粉………………… 107
多原子イオン……………… 43
ダニエル電池……………… 60
炭酸………………………… 66
炭酸カルシウム…………… 78
弾性エネルギー………… 180

炭素繊維（カーボンファイバー） 257

ち

力の合成………………… 130
力の分解………………… 132
地球……………………… 199
地球温暖化…………… 251,**280**
地球型惑星……………… 199
地軸…………………… **207**,222
地質年代………………… 116
窒素の循環……………… 276
地動説…………………… 240
地熱発電……………… **254**,286
中性………………………… 76
中性子……………………… 42
中性子線………………… 252
中和…………………… **74**,76
超電導物質……………… 258

つ

月…………………… **226**,231
月の満ち欠け…………… 228
土の中の小動物………… 271

て

定滑車…………………… 167
電解質………………… **38**,56
電気エネルギー………… 180
電気の量…………………… 42
電気分解……………… **40**,56
天球……………………… 206
電子………………………… 42
電子殻……………………… 51
電磁波…………………… 252
電子配置…………………… 51
電池（化学電池）…… **56**,59
天頂……………………… 206
伝導（熱伝導）………… 179
天道説…………………… 240
天王星…………………… 200
電離………………………… 46
電離作用………………… 252

と

同位体……………………… 42
透過性…………………… 252
動滑車…………………… 167
等速直線運動………… **157**,158
導電性高分子…………… 257
動物プランクトン……… 266
動摩擦力………………… 156
独立の法則……………… 109
土星……………………… 200

な

内部被ばく……………… 253
内惑星…………………… 238
ナトリウムイオン…… **44**,52
ナノテクノロジー……… 261
ナノメートル…………… 258
鉛蓄電池…………………… 62
南中……………………… 204
南中高度……………… **204**,222

に

肉食動物……………… 265,**270**
二酸化炭素…………… **251**,275
二次電池（蓄電池）……… 62
ニッケル水素電池………… 62
日周運動…… 205,210,213,226
日食……………………… 232
日本の気候区分………… 284

ね

熱………………………… 179
熱エネルギー…………… 180
熱の移動………………… 179
年周運動………………… 216
燃料電池……………… **63**,254

の

能率……………………… 169

は

胚…………………… 97,101
バイオマス……………… 254

バイオマス発電 ・・・・・・・・・・・ 254
ハイギョ ・・・・・・・・・・・・・・・・・・ 120
胚珠 ・・・・・・・・・・・・・・・・・・・・・・ 97
ハイブリッドカー ・・・・・・・・・ 261
白熱電球 ・・・・・・・・・・・・・・・・・ 181
ハザードマップ ・・・・・・・・・・・ 285
パスカルの原理 ・・・・・・・・・・・ 141
発光ダイオード ・・・・・・・・・・・ 181
発生（植物） ・・・・・・・・・・・・・ 97
発生（動物） ・・・・・・・・・・・・・ 101
発砲ポリスチレン ・・・・・・・・・ 256
速さ ・・・・・・・・・・・・・・・・・・・・・ 150
速さの単位 ・・・・・・・・・・・・・・・ 150
半減期 ・・・・・・・・・・・・・・・・・・・ 253
反作用 ・・・・・・・・・・・・・・・・・・・ 160

ひ

光エネルギー ・・・・・・・・・・・・・ 180
被子植物 ・・・・・・・・・・・・・・・・・ 97
非電解質 ・・・・・・・・・・・・・・・・・ 38
品種改良 ・・・・・・・・・・・・・・・・・ 113

ふ

ファインセラミックス ・・・・・・・ 258
風力発電 ・・・・・・・・・・・・・ 250,254
フェノールフタレイン溶液 ・・・・ 68
浮沈子 ・・・・・・・・・・・・・・・・・・・ 144
部分月食 ・・・・・・・・・・・・・・・・・ 233
部分日食 ・・・・・・・・・・・・・・・・・ 232
＋極 ・・・・・・・・・・・・・・・・・・・・・ 56
プラスチック ・・・・・・・・・・・・・ 255
プランクトン ・・・・・・・・・・・・・ 266
振り子 ・・・・・・・・・・・・・・・・・・・ 176
浮力 ・・・・・・・・・・・・・・・・・・・・・ 141
プレート ・・・・・・・・・・・・・・・・・ 282
プレート境界型地震 ・・・・・・・・・ 284
プロミネンス（紅炎） ・・・・・・ 195
分解者 ・・・・・・・・・・・・・・・・・・・ 272
分離の法則 ・・・・・・・・・・・・・・・ 108
分力 ・・・・・・・・・・・・・・・・・・・・・ 132
分裂 ・・・・・・・・・・・・・・・・・・・・・ 95

へ

平均の速さ ・・・・・・・・・・・・・・・ 150

ベクレル ・・・・・・・・・・・・・・・・・ 252
β線 ・・・・・・・・・・・・・・・・・・・・・ 252

ほ

胞子 ・・・・・・・・・・・・・・・・・・・・・ 98
放射（熱放射） ・・・・・・・・・・・ 179
放射線 ・・・・・・・・・・・・・・・・・・・ 252
放射能 ・・・・・・・・・・・・・・・・・・・ 252
北斗七星 ・・・・・・・・・・・・・・・・・ 215
北極星 ・・・・・・・・・・・・・・・・・・・ 210
ポリエチレン ・・・・・・・・・・・・・ 256
ポリエチレンテレフタラート ・・ 256
ポリ塩化ビニル ・・・・・・・・・・・ 256
ポリスチレン ・・・・・・・・・・・・・ 256
ポリプロピレン ・・・・・・・・・・・ 256

ま

マイクロプラスチック ・・・・・・・ 256
一極 ・・・・・・・・・・・・・・・・・・・・・ 56
マグネシウム ・・・・・・・・・・・・・ 54
マグネシウムイオン ・・・・・・・・ 44
マグネシウムリボン ・・・・・・・・ 68
摩擦力 ・・・・・・・・・・・・・・・ **156**,166
マンガン乾電池 ・・・・・・・・・・・ 62
満月 ・・・・・・・・・・・・・・・・・・・・・ 226

む

無性生殖 ・・・・・・・・・・・・・・ **95**,103
無胚乳種子 ・・・・・・・・・・・・・・・ 97
ムラサキキャベツ ・・・・・・・・・ 68

め

メンデル ・・・・・・・・・・・・・・・・・ 106
メンデルの実験 ・・・・・・・・・・・ 111

も

木星 ・・・・・・・・・・・・・・・・・・・・・ 200
木星型惑星 ・・・・・・・・・・・・・・・ 199

ゆ

有機 EL ・・・・・・・・・・・・・・・・・ 261
有機物 ・・・・・・・・・・・・・・・ 270,**276**
優性 ・・・・・・・・・・・・・・・・・・・・・ 107
有性生殖 ・・・・・・・・・・・ **97**,100,103

有胚乳種子 ・・・・・・・・・・・・・・・ 97

よ

よいの明星 ・・・・・・・・・・・・・・・ 236
陽イオン ・・・・・・・・・・・・・・・・・ 43
陽極 ・・・・・・・・・・・・・・・・・・・・・ 40
陽子 ・・・・・・・・・・・・・・・・・・・・・ 42
幼生 ・・・・・・・・・・・・・・・・・・・・・ 101

ら

卵 ・・・・・・・・・・・・・・・・・・・・・・ 100
卵割 ・・・・・・・・・・・・・・・・・・・・・ 101
卵細胞 ・・・・・・・・・・・・・・・・・・・ 97
ランソウ類（シアノバクテリア） 279

り

力学的エネルギー ・・・・・・・・・・・ 175
力学的エネルギー保存の法則 176
リサイクル ・・・・・・・・・・・・・・・ 262
リチウムイオン電池 ・・・・・・・・ 63
リチウム電池 ・・・・・・・・・・・・・ 62
リデュース ・・・・・・・・・・・・・・・ 262
リトマス ・・・・・・・・・・・・・・・・・ 67
リトマス紙 ・・・・・・・・・・・・・・・ 68
硫化物イオン ・・・・・・・・・・・・・ 45
硫酸 ・・・・・・・・・・・・・・・・・ 66,**70**
硫酸亜鉛 ・・・・・・・・・・・・・・・・・ 54
硫酸銅 ・・・・・・・・・・・・・・・・・・・ 54
硫酸バリウム ・・・・・・・・・・・・・ 78
リユース ・・・・・・・・・・・・・・・・・ 262
量子コンピュータ ・・・・・・・・・ 259

れ

レアアース ・・・・・・・・・・・・・・・ 258
レアメタル ・・・・・・・・・・・・・・・ 258
劣性 ・・・・・・・・・・・・・・・・・・・・・ 107

ろ

ロボット技術 ・・・・・・・・・・・・・ 260

わ

惑星 ・・・・・・・・・・・・・・・・・・・・・ 198

さくいん

カバーイラスト・マンガ	サコ
ブックデザイン	next door design（相京厚史，大岡喜直） 株式会社エデュデザイン
本文イラスト	加納徳博
図版	株式会社アート工房，有限会社ケイデザイン，株式会社日本グラフィックス
写真	出典は写真そばに記載。　無印：編集部
編集協力	シー・キューブ Co. Ltd., 斎藤貞夫，編集工房 SATTO・東正道
マンガシナリオ協力	株式会社シナリオテクノロジー ミカガミ
データ作成	株式会社明昌堂 データ管理コード：24-2031-0326（CC2020）
製作	ニューコース製作委員会

（伊藤なつみ，宮崎純，阿部武志，石河真由子，小出貴也，野中綾乃，大野康平，澤田未来，中村円佳，渡辺純秀，相原沙弥，佐藤史弥，田中丸由季，中西亮太，髙橋桃子，松田こずえ，山下順子，山本希海，遠藤愛，松田勝利，小野優美，近藤想，中山敏治）

＼ あなたの学びをサポート！／
家で勉強しよう。
学研のドリル・参考書

URL　　　　　https://ieben.gakken.jp/
X（旧 Twitter）　@gakken_ieben

読者アンケートのお願い

本書に関するアンケートにご協力ください。右のコードか URL からアクセスし，アンケート番号を入力してご回答ください。ご協力いただいた方の中から抽選で「図書カードネットギフト」を贈呈いたします。
※アンケートやプレゼント内容は予告なく変更となる場合があります。あらかじめご了承ください。

アンケート番号：305218
https://ieben.gakken.jp/qr/nc_sankou/

学研ニューコース　中3理科

この本は下記のように環境に配慮して製作しました。
●製版フィルムを使用しない CTP 方式で印刷しました。
●環境に配慮して作られた紙を使っています。